인물과
실험으로
보는

스토리
물리학

인물과 실험으로 보는

스토리
물리학

김현벽 · 강다현 공저

글라이더

프롤로그

요즘 대중음악에는 비트가 강한 음악들이 많습니다. 어떤 비트는 심장을 직접 때리듯이 두근거리게 만들고 어떤 비트는 머리카락이 쭈뼛 설 정도로 짜릿합니다. 대부분의 사람들은 누군가가 만든 이런 비트를 감상하는 것만으로 충분하지만 어떤 사람들은 감상에만 그치지 않고 비트를 직접 만드는 것에까지 매력을 느낍니다. 물론 비트를 만드는 것이 음악 창작에 소질 있는 사람들만의 전유물은 절대 아닙니다. 소질이 없는 사람에게도 비트를 직접 만들어 보는 건 무척 재미있는 경험입니다. 스마트 폰 앱 중에 인기 있는 비트 메이킹 앱이 많다는 게 이를 증명하겠지요. 여하튼 비트 메이커들은 다른 창작자들이 어떤 작업을 어떻게 하는지 찾아서 배우고, 자신이 어디서 영감을 얻고 새로운 소리를 어떻게 만들어 낼지 고민하면서 점점 더 깊고 넓은 창작의 세계로 스스로 들어갑니다.

인물과 실험으로 보는 **스토리 물리학**

현장에서 과학 영재들을 가르치다 보면 상상도 못했던 도전적인 질문들을 받게 됩니다. "우주 전체가 회전하면 어떻게 되나요?" "전자는 원자핵 안으로 침투하지 못하나요?" 불시에 이런 질문을 받게 되면 당혹스러움과 함께 학생들이 과학 지식을 받아들이는 것보다도 직접 과학을 하는 것에 이미 더 흥미를 느끼는구나 하고 놀라게 됩니다. 비트 창작자들이 그렇듯이 이들은 기존의 지식에서 새로운 지식을 만들어 내는 그 과정에 진정한 재미가 숨어 있다는 것을 누가 가르쳐 주지 않았는데도 잘 알고 있습니다.

"어떻게 하면 소름 돋는 비트를 만들 수 있습니까?" "그냥 잘" 이런 시원찮은 대답은 창작자들에게 전혀 만족스럽지 않습니다. 마찬가지로 자연의 운행에 대한 학생들의 질문에 어중간한 태도로 접근하는 것은 학생들에게 전혀 상쾌함을 줄 수 없습니다. 학생들은 설득력 있는 '과학적인' 설명이나 토의를 통해야만 납득 내지 만족을 했습니다. 학생들의 열정에 답하기 위해서는 학생들과 같이 공명하여 그들만큼 치열해지는 수밖에 없었습니다. 점점 이런 상황이 쌓여 가면서 "과학을 공부하는 이유는 무엇인가?"라는 근본적 회의에까지 도달했습니다. "과학적 지식을 머릿속에 쌓아 두기 위해서"는 답이 될 수 없었습니다. 지식을 단순히 많이 가지고 있는 것은 점점 인간의 역할이 아닌 게 되어 가고 있는 시대적 상황도 있지만, 더 본질적으로는 과학적 지식과 과학을 한다는 것 자체는 질적으로 다르기 때문입니다. 지금 저자들은 과학을 공부하는 이유는 (과학적 지식을 낳은) 과학적으로 생각하는 법을 배우기 위함이 아닐까라고 점점 확신하고 있습니다. 주어진 과학적 지식에서 다른 과학적 지식을 낳는 창작의 핵심은 과학적으로 생각하는 법이라는 것이지요. 다른 말로 과학하는 태도의 배양이라고 할 수도 있겠습니다.

인문학을 배우는 것이, 단순히 인문학적 지식을 받아들이는 게 아니라 사회와 세상에 대한 인문학적 감수성을 길러서 삶을 힘차게 살아 나가는 데 목적이 있듯이, 과학을 배우는 것은 자연과 세계에 대한 과학적 감수성을 길러서 자연의 원리를 체감하여 마침내 삶을 이롭게 하고 인간을 제약하는 것으로부터 자유로워지기 위해서라는 생각도 해 봅니다.

그럼 이제 과학적 사고 방법에 집중해 봅시다. 이 책의 1부에서는 아리스토텔레스, 뉴턴, 맥스웰을 차례로 만나면서 옛날 사람들의 자연에 대한 생각이 어떻게 변해 왔는지 살펴볼 것입니다. 1부 1장 아리스토텔레스와의 대화에서는 아리스토텔레스와 실존 인물들의 가상의 대화를 통해 4원소설과 우주론을 중심으로 고대 그리스의 자연관을 탐색합니다. 학교에서 배우는 과학 과목에는 아리스토텔레스의 이론이 사실상 배제되어 있습니다. 아리스토텔레스의 자연관 중에는 오류로 밝혀진 것들이 더 많기 때문입니다. 흥미롭게도 오늘날 학생들이 가장 많이 가지고 있는 과학 오개념들은 아리스토텔레스의 관점과 일치하는 경우가 많습니다. 아리스토텔레스는 그만큼 일상적인 상식과 직관에서 자신의 이론을 빚었기 때문입니다. 그렇다면 많은 부분 틀린 것으로 판명된 아리스토텔레스의 자연관으로부터 무엇을 배워야 할까요? 우리가 여기서 관심 있게 지켜보아야 할 것은 특정 지식이 맞는지 틀렸는지가 아니라 자연 과학 철학의 시작이 되었던 아리스토텔레스의 사고 틀을 알아차리는 데 있습니다. 일일이 따져보는 사고의 원류이자, 확인되는 유효한 정보를 모아서 통합된 체계를 만드는 시도의 원조로서 말입니다.

1부 2장 뉴턴과의 대화에서는 만유인력과 광학에 대한 뉴턴의 연구를 살펴보고, 아리스토텔레스의 자연관이 뉴턴의 기계론적 역학을 따르는 우주관으로 정립되는 전환을 탐색합니다.

1부 3장 맥스웰과의 대화에서는 전자기학과 기체 운동에 관한 맥스웰의 연구를 통해 역학적 세계관의 장이론(field theory)적 확장과 확률적 역학관의 등장을 만납니다. 우리는 여기서 현대 물리학의 어렴풋한 전조도 목격합니다. 뉴턴과 맥스웰이 밝힌 자연 법칙은 당연히 아리스토텔레스의 자연관과는 비교할 수 없이 오늘날의 과학 문명과 직접적인 연관성이 있습니다. 하지만 다시 강조하고 싶은 것은 그들이 생산한 지식의 내용보다 그들이 어떻게 관찰과 실험을 통해 수집한 정보를 활용하여 그러한 지식을 생산하게 되었는지 이성의 사용법을 돌아보는 것입니다

2부에서는 1부에서 드러내고자 했던 과학적 사고 과정을 현대로 옮겨 와 독자 스스로 음미해 보도록 하였습니다. 언뜻 이해하기 힘

들어 보이는 실험을 제시한 후 과학자들의 생각법을 이 실험들에 적용할 것입니다. 2부에 등장하는 실험들은 물질-빛-에너지를 아우를 수 있는 현상들로, 종합적이고 흥미로운 설명을 제공할 수 있는 것들로 주로 선정하였습니다. 이 실험들을 이해하는 과정 중에 1부에서 만났던 과학적 안목이 때로는 명시적으로 때로는 암시적으로 반복됩니다. 저자들은 이 현상들을 풀어 나가면서 배경 지식들이 맞물려 최종적으로 현상이 이해되는 경험을 독자들이 누리기를 바랍니다. 지식과 지식을 연결하기 위해 하나하나 따져 가며 논리를 전개했던 과학자들의 사고방식을 따라가 보는 것이지요. 이런 과정을 거쳐서 조금씩 과학을 하는 맛을 알게 되고, 과학을 바라보는 눈이 생기리라고 믿습니다. 과학을 하는 과정을 통해 세상을 새롭게 바라보고, 스쳐 지나갔던 현상에서 질문을 발견하고, 내가 가진 지식을 하나씩 맞추어 나가다 보면 어느덧 새로운 지식에 이르게 됩니다. 이 과정을 배우는 것이 과학을 배우는 목적입니다. 독자들이 이런 즐거움에 이를 수 있다면 좋겠습니다.

2018년 11월
김현벽, 강다현

※ 본문의 인용문에 괄호로 더해진 것은 모두 저자의 보충입니다.

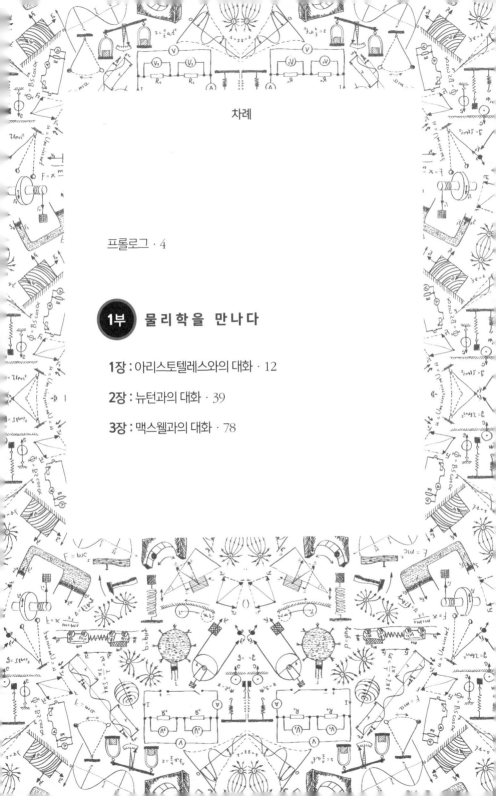

차례

2부   실 험 으 로   들 여 다 본   물 리 학 의   세 계

1부

물리학을 만나다

1장
아리스토텔레스와의 대화

아리스토텔레스(Aristotle, BC. 384~322, 마케도니아 왕국). 그리스 아테네와 약 600km 떨어진 스타게이라에서 출생했다. 17세에 아테네로 유학 온 뒤 플라톤(Platon, BC.428~348, 그리스)의 수제자가 되어 아카데미아에서 20년을 연구한다. 그의 철학과 그가 남겨 놓은 방대한 저서는 서양 사상의 뿌리가 된다.

우리는 2부에서 다루게 될 여러 실험들의 배경 원리에서 현 시대의 과학적 이해와 발상의 씨앗들 중 많은 것이 그리스 철학자들에 의해 제시되었음을 확인하게 될 것이다. 특히 아리스토텔레스는 반복해서 등장할 텐데, 그 이유는 아리스토텔레스 자신이 그 누구보다 세심한 관찰과 사유를 실천하여 생산한 지식들이 많기도 하지만, 아리스토텔레스 시대 이전에 이루어진 여러 논의들을 종합하여 방대한 저작으로 남겨 놓았기 때문이기도 하다. 그의 글들을 지금 읽어 보면 당연히 오늘날의 과학 논증의 언어와는 많은 차이가 있고, 무엇보다 지금은 폐기된 지식이 많이 등장한다. 하

인물과 실험으로 보는 **스토리 물리학**

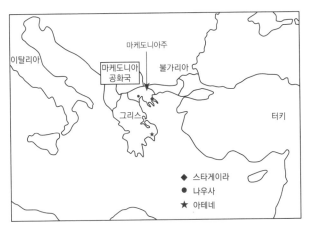

지만 여전히 아리스토텔레스의 철학과 그가 남긴 지식의 가치는 유효한데, 그 이유는 자연 과학적 사고의 원류가 그 안에 담겨 있기 때문이다. 지식과 지식을 맞물려서 하나하나 따져 가는 사고 방법, 거기에서 자연 철학을 유추해 내는 과정, 그리고 그 과정에서 그려 내는 우주와 세계에 대한 큰 그림. 이것을 통해 아리스토텔레스는 철학을 한

(위) 아테네와 스타게이라의 위치. 아리스토텔레스가 알렉산더 왕자를 가르친 미에자(Mieza)라는 마을은 오늘날 나우사(Naousa) 항구 근처이다. 고대의 마케도니아는 오늘날의 그리스 마케도니아주(州)와 그리스 인접 국가인 마케도니아 공화국에 걸친 지역이었다. (아래) 고대 그리스의 유명한 철학자들을 한 곳에 상상하여 그린 그림 (아테네학당. 라파엘로. 1509~1510)

다는 것, 학문을 한다는 것이 무엇인지를 가르쳐 준다. 이성을 통해서 지식을 구축해 나간다는 아리스토텔레스의 정신은 실험과 가설 검증에 기초한 자연 과학의 방법론으로 후대에 발전되면서 세계가

지금과 같은 모습을 하는 데 거의 절대적 영향을 미쳤다. 1부 1장에서는 아리스토텔레스와 제자들 사이의 대화를 통해서 간접적으로 그를 만나고자 한다. 다음의 대화는 역사적으로 실존했던 것은 아니지만 최대한 당시의 사고 방법을 따르고자 하였다. 같이 2,000년 전 그때로 돌아가 보자.

대화 1

기원전 343년 아리스토텔레스는 마침내 레즈보스(Lesbos)섬 생활을 정리하고 마케도니아의 수도 펠라(Pella)로 향한다. 마케도니아의 왕 필리포스 2세(Philip II, BC. 382~336, 마케도니아 왕국)가 자신의 아들인 알렉산드로스(Alexander III, BC. 365~323, 마케도니아 왕국) 왕자의 교육을 위해 아리스토텔레스를 초청한 것이다. 아리스토텔레스는 마케도니아의 동쪽에 있는 스타게이라 지역 출신으로 어찌 보면 마케도니아 사람이라고도 할 수 있었다. 또 필리포스 2세는 어린 시절 아리스토텔레스의 친구이기도 하다. 하지만 왕자의 스승으로 자신을 불러 준 것을 아리스토텔레스는 진심으로 흡족하게 받아들일 수만은 없었다. 필리포스 2세는 아리스토텔레스의 고향인 스타게이라를 정복하고 그곳 지역민들을 노예로 만들었던 것이다. 마케도니아가 가까워 올수록 파괴된 도시와 억압받는 고향 사람들이 떠올라서 아리스토텔레스의 마음은 착잡해졌다. 약 5년 전에 아테네를 떠나던 날이 문득 떠올랐다. '그날도 마음이 썩 편하지는 않았었지…….'

파괴자와 그의 아들. 필리포스 2세의 아들 알렉산드로스 왕자는 훗날 그리스, 중동, 서아시아에 이르는 대제국을 건설하고 대왕이라는 칭호를 역사에 남긴다. 그리스의 사람, 물자, 사상, 문화, 예술이 동방의 그것들과 대융합을 이루어 헬레니즘이라고 불리는 시대가 알렉산드로스 제국에 의해서 열리는데, 인류는 이때 처음으로 출신 국가를 떠나서 세계 시민이라는 개념을 알게 된다. 이는 UN이나 EU가 만들어지기보다도 2,000년 전

알렉산드로스를 가르치는 아리스토텔레스 (Charles Laplante, 1866). 아리스토텔레스와 알렉산드로스 왕자는 덕(virtue)과 정의(justice)뿐만 아니라 생물학, 우주론, 4원소설에 대해서도 이야기했을 것이다. 알렉산드로스 왕자가 13세 때, 아리스토텔레스는 40대 초반에 이 둘은 만났다. 후에 알렉산드로스가 여러 정복 전쟁 중에 획득한 동물과 식물들을 아리스토텔레스에게 연구 표본으로 보내 주기도 했다.

의 일이다. 세계 시민이라는 자각은 지역이나 국가 등의 단체를 자신과 동일시하기보다 개인 각각의 역량과 창조성에서 집중하는 분위기를 만들었다. 이런 분위기는 르네상스를 거쳐서 오늘날까지도 개인의 능력과 자아실현을 최고의 가치로 여기는 전 세계적인 경향으로 이어지고 있다. 세계사를 관통해서 2018년 현재까지 끝없이 이어지는 동서양의 충돌과 교류의 방아쇠를 당긴 상징적인 인물이 바로 알렉산드로스 대왕이다. 하지만 그의 정복 과정에서 벌어진 파괴와 살인 등의 잔혹한 상처는 자세한 기록으로 남아 있지 않더라도 오랫동안 큰 후유증을 남길 터였다.

왕자를 가르치기 시작한 지 1년 정도 지난 어느 날이었다.

"스승님, 오늘 저잣거리에서 사람들의 실랑이를 보았습니다."

"왕자의 관심을 끈 그 일을 들어 봅시다. 허튼 일 하나도 성찰을 통한 배움의 실마리가 되니까요."

벌어진 일은 이러하였다. 저잣거리의 노예 상인으로부터 한 사내가 노예 소년을 사 갔는데, 그 소년의 한쪽 눈이 멀었다며 다시 환불을 하러 온 것이다. 노예 상인은 소년을 팔 때 소년의 눈이 멀지 않았다며 주인이 노예를 험하게 다루어 그리 된 것이니 환불해 줄 수 없다는 입장이었고, 노예를 사 갔던 사내는 노예 상인이 자신을 속였다며 소년의 눈은 처음부터 잘 보이지 않았었고 일을 한 달도 안 시켰는데 눈이 멀었다는 것이었다. 두 사내의 언성이 높아지다 마침내 주먹다짐까지 오갔고, 그 와중에 주인은 노예 소년이 게으르고 모자라다며 소년을 발로 차고 욕하며 침까지 뱉었다. 노예 제도로 경제가 돌아가던 고대 그리스 및 마케도니아에서는 일상적인 모습이었다.

아리스토텔레스는 특별할 것도 없어 보이는 일에서 무엇이 왕자의 마음에 걸렸는지 궁금했다.

"그래서 왕자는 그 다툼에서 무엇을 본 것입니까?"

"저는 노예 소년의 처지가 딱하기도 했고, 좀 더 나은 주인을 만날 수 없을까 생각했습니다. 사람들이 자신의 소유물을 왜 더 아끼지 않는 것인지 안타깝습니다. 노예라도 잘 양육하면 더욱 훌륭한 재산으로 값어치를 할 텐데 말입니다."

"주인에게 거짓말을 하거나 심지어 주인을 폭행하고 도망친 노예의 주인들은 그렇게 생각하지 않을 것입니다."

"노예들의 부도덕함은 알고 있습니다. 그들의 부족함으로 그러한 일들도 있겠으나, 그것을 노예들 모두의 일반적인 일로 생각할 수는 없습니다. 만약 그렇다면 우리가 소를 잘 먹이고 살찌워 열심히 일을 시키듯이, 노예들을 더 잘 이끌어서 사회를 위해 헌신할 수 있게 하는 긍정적인 방향을 생각조차 할 수 없으니까요. 스승님은 노예들의 수준이 그러한 것을 기대할 수 없다고 생각하시는 겁니까?"

고대 그리스의 경제는 철저히 노예 제도에 바탕을 두었다. 노예들은 주로 전쟁을 통해 만들어졌다. 한 명의 노예는 몇 십 년에 걸쳐 주인에게 거의 공짜로 엄청난 양의 노동력을 제공한다. 고대 사회는 이러한 무비용의 노동력을 바탕으로 농업, 어업, 무역, 제조에서 발생하는 부를 막대하게 쌓아 나갔다. 고대 그리스에서 서양 사상의 뿌리가되는 많은 철학들이 펼쳐질 수 있었던 배경에는 이러한 노예제를 바탕으로 한 급격한 사회적 부의 축적이 있었다. 하지만 이는 역설적이게도 물질 만능의 사회 분위기, 사회의 방탕함으로 이어져 오히려 그리스의 쇠락을 앞당겼다.

전 세계적으로 벌어진 인간이 인간을 물건 또는 재산으로 취급한 노예 제도의 철폐 및 노예에 가까운 비인간적 취급을 받는 하층 계급의 해방은 고대 그리스 시대로부터 2,000년 이상 지난 19세기에 들어오면서부터 본격화되었다. 불행히도 이는 오늘날에도 진행 중인

이슈이다. 아리스토텔레스와 왕자인 알렉산드로스가 노예를 사유 재산의 대상으로 보았음은 시대적으로 당연한 이야기이다. 그들을 오늘날로 데려와서 노예 제도에 대한 그들의 생각을 듣는다면 아마 듣고 있기 매우 힘든 궤변으로 들릴 것이다. 만약 그들이 모든 인종과 민족을 뛰어넘는 인류 평등의 사상을 당대에 가졌다면 시대를 너무나 앞선 생각이었을 것이다. 고대 그리스에서 노예제에 대한 비판은 거의 없었고, 노예제와 관련하여 논의되었던 소수 의견들조차도 노예제 자체를 문제 삼지는 않았다. 인류 역사에서 아무리 뛰어난 지성이라 하더라도 시대적 배경을 수천 년 뛰어넘어 생각하는 것은 거의 불가능한 일이다. 몇 십 년 앞을 내다보고 다음 시대를 생각하는 것도 보통의 사람들에게는 무리한 일이다. 오늘날의 우리도 오랜 세월이 지난 후대의 사람들이 보기에 어처구니없는 생각과 행동을 당연시하거나 오히려 장려하며 살고 있을 가능성이 크다.

아리스토텔레스는 사회의 향상성을 믿고 바라는 왕자의 순수함을 알고 있었다. 그리고 그 순수함이 앞으로 얼마나 많은 장벽에 부딪히고 또 다른 장벽을 만들어 낼지 아리스토텔레스 자신의 경험으로부터 직감적으로 느꼈다. 인류의 지성은 잠시 아득한 기분이 들었다. 그는 알렉산더의 순수함이 어리석음으로 자라지 않기를 바랐다.

"저는 노예들이 폭력적으로 다루어야 하는 수준이라고 예단하지 않습니다. 다만 그것이 어떠한 수준의 평균이든 노예에 대한 평균을 들이대 노예를 다루는 방법에 대한 합의를 끌어내고자 한다면, 먼저

인물과 실험으로 보는 **스토리 물리학**

그 평균에 대한 시대적, 상황적, 정치적, 철학적, 심지어 생물학적 성찰이 필요합니다. 이것은 노예 문제뿐만이 아닙니다."

아리스토텔레스는 잠시 말을 멈추고 왕자를 바라보았다. 왕자는 만족스럽지 못한 표정을 지었다. 그동안의 수업에서 많이 보아 온 표정이다. 성찰은 참을성을 필요로 한다.

"만약 화산 폭발이나 거대한 바닷물이 그리스의 섬들을 덮쳤다고 해 봅시다. 이러한 시대에는 어떻게 해야 할까요? 이러한 시대, 이러한 지역에서는 노예들을 잘 관리해야 한다고 논하기 전에 아마 노예를 소유하고 있는 사람들 대부분이 노예들을 더욱 거칠게 부릴 것입니다. 이런 사람들에게 노예는 더욱 잘 다듬어질 수 있으니까 길게 보고서 노예를 거칠게 대하지 말고 잘 보살피라고 어떻게 설득할 수 있을까요? 그냥 노예에 대한 처우를 법으로 정해 버리면 해결이 되는 것일까요?"

아리스토텔레스는 문득 아테네의 학당에서 사람들과 나누었던 무수한 논쟁의 기억이 주마등처럼 지나가는 것을 느꼈다. 사람들은 모두 너무나 빨리 모든 것에 대해 먼저 결론을 지었다. 심지어 철학하는 자들이라고 자칭하는 사람들도 마찬가지였다. 그들은 자신의 생각이라고 떠드는 것들이 이미 내려진 결론에 갖다 붙인 장식물에 불과한 것을 알지 못했다. 아리스토텔레스는 그들과 얼마나 많이 답답한 논쟁들을 했던가. 사실 오늘 왕자가 이야기한 노예 매매 현장에서 발생한 것과 비슷한 실랑이는 늘 있는 일이었다. 아리스토텔레스는 그러한 실랑이가 한심한 게 아니라, 그 실랑이를 해결해 나가는 모습이 너무나 어리고 미성숙하게 보였다. 아리스토텔레스는 잠시 상념을 추스르고 다시 말을 이었다.

"저는 우리에게 생각하는 능력이 있다고 믿습니다. 이렇게 하자 저렇게 하자라고 먼저 선언한 것을 나중에 꾸미는 생각이 아니라 생각다운 생각, 진리에 이르는 길로써의 이성 말입니다. 그리고 이러한 진정한 생각으로서의 이성에 바탕을 둔 실천만이 불화가 없는 균형 잡힌 상태를 가져옵니다. 왕자님의 이야기에서도 그 두 사람은 덕을 닦을 수 있는 기회를 주먹질로 해결하려고 하였습니다. 저는 진실한 이성을 발휘하고 그것으로부터 행동하는 덕을 마케도니아 시민들이 가지길 바라고 있습니다. 이것은 저도 마찬가지입니다. 저 역시 올바른 덕을 탐구해 나가는 과정에 있을 뿐입니다."

왕자는 아리스토텔레스가 왜 노예를 바르게 대하자는 자신의 마음을 헤아려 주지 못하는지 답답했다. 또, 아리스토텔레스가 왕자 자신도 섣부르게 결론으로 치달은 어리석음을 범했다는 가르침을 주는 것 같아서 불편한 마음이 들었다. 왕자의 마음이 흥분하고 있음을 알아차린 아리스토텔레스는 차분히 이야기했다.

"어떠한 일에도 흥분은 좋지 않습니다. 마땅히 화를 내야 할 때 화를 내지 못하는 것은 어리석지만, 알맞게 필요한 만큼 화를 내는 것도 극히 어려운 일입니다."

왕자는 성숙한 면이 있었다. 삐딱하게 이야기하는 대신 자신이 물어야 할 것이 무엇인지 잘 알았다.

"스승님께서는 이 세상의 동물과 식물에 대해서 많은 관심을 가지시고 깊이 관찰을 해 오셨습니다. 사람도 그만큼 오랜 시간 관찰하셨을 것입니다. 감히 단언컨대 많은 사람들은 스승님께서 말씀하시는 그러한 덕을 갖추기는커녕 들어보지도 못했습니다. 스승님은 그러한 덕을 갖추지 못한 사람들에게 어떤 행동을 기대하십니까?"

"진리를 향한 이성 없이 행해지는 모든 행위는 우리를 한 발자국도 나아가게 하지 못합니다. 즉, 그러한 덕을 갖추지 못한 사람들은 그 어떤 행동보다도 이성을 갖추는 것이 먼저입니다. 그렇지만 이런 철저한 이성을 갖추는 게 쉬운 일은 아닙니다. 갖추지 못하면 불행해지고, 갖추는 것은 어렵다면 어떻게 해야 할까요? 답은 명백합니다. 끊임없는 교육과 실천을 통해서 습관으로 만드는 것입니다."

어느덧 아리스토텔레스는 덕의 수련에 대한 철학을 제자에게 설파하고 있었다.

"혹시 이성을 갖추기 전에라도 덕을 행할 수 없는가라고 묻는 것이라면 그러한 경우는 없습니다. 이성 이전에 작동하는 강렬한 충동과 감정에 따른 행동은 바로 동물들이 늘 하고 있는 일입니다. 덕이 부족하다면 우리들은 우선 최소한 자기 성찰과 반성적 사고부터 연습할 수 있겠지요. 이것을 교육 받은 사람들부터라도 성찰에 따른 행동이 습관이 된다면 인간 사회의 모습은 매우 다를 것입니다."

왕자는 아리스토텔레스의 이야기에 반박할 수 없었다. 스승의 이야기는 자신에게도 자명했기 때문이다. 잠시 후 왕자는 말문을 열었다.

"스승님의 가르침은 저에게 분명히 와 닿았습니다. 하지만 저는 성찰과 반성으로 언제까지고 행동을 유보할 수는 없다는 생각이 여전히 마음에 남아 있습니다."

"바로 그것입니다. 우리에게는 행동하고자 하는 억누르기 매우 어려운 충동이 있습니다. 생물적인 충동이라고도 볼 수 있을 정도입니다. 하지만 모든 행동에는 항상 그만큼의 파급력과 책임이 따릅니다. 그 파급력에 비해서 우리는 너무나 신중하지 못합니다. 지금 우리는 행동 이전에 점검이 필요합니다. 왜냐하면 행복은 우리가 행동을 통해 드러내는 활동에 있기 때문입니다. 우리 세계의 불화와 폭력, 다시 말해 불행은 성찰 없는 행동에서 비롯되고 있습니다."

아리스토텔레스 《니코마코스 윤리학》 1566년 그리스어 라틴어 판본. "사안을 고려할 때 그 사안의 본질이 내포하는 모든 측면에서 정밀함을 추구하는 것이 교육받은 사람의 표시이다."

아리스토텔레스는 필리포스 2세와 자신의 고향이 떠올라 다소 황망하게 말을 이었다.

"오늘의 성찰은 우리를 예상했던 것보다 깊은 곳으로 안내한 것 같습니다. 이성과 덕의 실천은 앞으로도 논의할 기회가 많을 것입니다. 물론 왕자님은 이러한 논의보다 이것 또는 저것으로 명백한 결론을 못 내린 게 안타깝고 억울하게 느껴질 것입니다."

왕자가 동의하듯 대답이 없자 아리스토

인물과 실험으로 보는 **스토리 물리학**

텔레스는 한편으로 계속 의구심이 들었던 점을 떠보기로 했다.

"왕자는 그 노예 소년의 한쪽 눈이 보이지 않는 데 더 마음이 쓰이는 것 같습니다."

"네 그럴지도 모르겠습니다. 그 소년의 눈이 양쪽 모두 보였다면 오늘 저잣거리에서 보았던 일은 일어나지 않았을지도 모르니까요."

잠시 대화가 갈 곳을 잃었다.

대화 2

이때 스승과 왕자의 대화를 경청하고 있던 다른 제자인 카산드로스(Cassander, BC. 350~297, 마케도니아 왕국)가 질문을 던졌다. 좀 전의 어색했던 분위기가 조금 누그러졌다.

"눈이 보이지 않게 된 사람의 경우에는 눈에서 빛이 나오는 기능을 잃어버렸기 때문에 사물이 보이지 않게 되는 걸로 배웠습니다. 왕자님이 말씀하셨듯이 스승님은 식물과 동물에 대해서 오랜 시간 관찰해 오셨습니다. 혹시 본다는 눈의 기능이 상실되었을 때 이 기능이 다시 살아나는 경우를 보신 적은 없으셨습니까? 아니면, 다소 불편한 생각일 수도 있지만 사물을 보는 기능이 살아 있는 눈으로 이러한 기능을 잃어버린 눈을 대체시킬 수 있겠습니까?

아리스토텔레스가 왕자의 교사로 수업을 할 때 왕자뿐만 아니라 카산드로스, 프톨레마이오스 1세(Ptolemy I, BC. 367~283?), 헤파이스티온(Hephaestion, BC. 356~324), 클레이토스(Cleitus, BC. 375~328)도 같이 수업을 들었다. 이 중에서 프톨레마이오스 1세는 나중에 이집트의 제 32왕조인 프톨레마이오스 왕조의 창시자가 된다. 그는 학문과 예술을 장려했고 그 자신도 학문에 관심이 많아서 그 유명한 유클리드(Euclid, BC. 300년경)를 후원했다. "기하학에는 왕도가 없다"라는 유명한 말이 프톨레마이오스 1세와 유클리드 사이의 대화라는 설도 있다.

아리스토텔레스는 잠시 숨을 고르고 대답했다.

"매우 독특한 질문입니다. 이 질문의 답에 접근하기 위해서는 우선 시각의 발생에 관해서 정확한 이해가 필요합니다. 먼저 이런 질문을 해 보겠습니다. 눈이라는 생체 기관은 스스로를 볼 수 있는가?"

"우리가 거울에 우리의 모습을 비추어 보듯이, 우리의 눈을 거울에 비추어 볼 수 있습니다. 생체의 다른 부분들은 눈을 통해 직접적으로 볼 수 있지만 눈만큼은 거울이라는 다른 도구가 있어야만 눈 자체를 볼 수 있습니다."

카산드로스가 신중하게 대답했다. 위엄 있는 사람 앞에서 학생이 스스로 몸가짐을 조심하듯, 아리스토텔레스와 같은 대스승 앞에서 제자들은 뚜렷한 의식 속에서 자기 생각의 의도와 뜻을 분명히 자각하면서 답하였다. 위대한 스승이 제자들의 내면에 미친 본질적인 영향은 어쩌면 명확하게 생각하는 습관을 길러 준 것이라고 할 수 있다.

"신중한 대답입니다. 다른 사물을 보는 기능을 하는 눈이라는 기관은 눈으로서의 자신을 볼 수 없습니다. 말을 조금 바꿔 보겠습니다.

눈은 보는 기능을 하지만 그러한 기능을 하는 기관으로서의 눈 자체의 물질 구성체를 볼 수는 없습니다. 눈을 구성하는 질료(물질)가 질료로써의 자신을 보지 못한다면, 본다는 기능이 눈의 질료에 내재되어 있는 것이 아니라고 할 수 있을 것입니다. 그렇다면 '보는 기능이 내재되지 않은 눈이 어떻게 외부 사물을 보는가?' 혹은 '본다는 것은 어디서 발생하는가?'라고 질문할 수 있습니다."

"스승님, 자신을 볼 수는 없지만 외부는 볼 수 있는 능력이 눈에 내재되어 있을 수도 있지 않습니까?"

"그런 경우에는 눈이라는 질료 자체에 눈 자신의 질료와 자신이 아닌 질료를 구분하는 능력이 이미 있다는 뜻일 텐데, 그렇다면 신체의 일부로서의 눈은 신체의 나머지 기관을 신체 외부의 사물들처럼 눈 자신이 아닌 외부 질료로 인식해 내야 합니다. 하지만 이것은 상식에 비추었을 때 매우 어색한 일입니다. 눈이라는 것이 종합된 신체를 이루는 일부분이 아니라 개별적 독립성을 유지한 채 신체에 더부살이를 하고 있다는 뜻이 되기 때문이지요."

"……."

제자들로부터 다른 대답이 없자 아리스토텔레스는 다시 이전의 질문으로 돌아갔다.

"자, 본다는 기능이 눈의 질료에 내재되어 있지 않다면 본다는 것은 어디서 발생합니까?"

우리는 평소에 사물을 본다는 사실 자체, 나아가 사물을 알아볼 수 있다는 사실 자체에 대해서 의심하지 않고 살아간다. 그래서 위의 질문을 현대인들에게 한다면 아마 대부분 "눈이 보니까 보는 거지 어디서 보냐고? 무슨 억지 같은 소리야"라고 반문할 것이다. 그러나 오늘날의 해부학 관점에서 보더라도 눈 자체는 렌즈에 불과하다. 렌즈는 사물을 보는 것이 아니라 사물의 상을 렌즈의 초점 위치에 맺어줄 뿐이다. 렌즈가 사물을 '알아볼 수'는 없는 노릇이다. 우리가 사물을 보는 행위와 사물을 알아보는 행위는 망막에 맺힌 상의 모습과 뇌에 저장된 정보와의 비교를 통해서 이루어진다. 뇌과학의 관점에서 말하자면 사물을 보는 건 뇌인 것이다. 이런 첨단 지식이 고대 그리스 시대 때는 없었다. 그렇다면 아리스토텔레스는 이 문제에 대해서 어떻게 접근했을까? 본다는 것에 대해서 아리스토텔레스의 형상과 질료 이론을 바탕으로 한번 사유해 보자.

　"모든 존재하는 실체는 형상과 질료로 이루어져 있습니다. 나무 의자 모양의 물체가 있을 때 나무라는 질료는 나무 의자의 쓰임과 목적까지 포함하는 실체를 다 드러낼 수 없습니다. 의자로써 기능함을 간직하고 그래서 의자로 기능할 수 있게 하는 그 무엇이 바로 형상입니다. 조심할 것은 여기서 형상은 저의 스승님이셨던 플라톤 선생님께서 말씀하신 이데아 같은 개념이 아니라는 것입니다. 이데아가 시간과 공간을 초월하여 존재하는 것이라면 제가 말하는 형상은 질료와 함께 실체를 구성함으로써만 존재합니다."
　아리스토텔레스는 여기서 잠깐 말을 멈추고 제자들이 자신의 말

　　　　　　　　인물과 실험으로 보는 **스토리 물리학**

을 이해하면서 듣고 있는지 둘러보았다. 제자들은 집중해서 듣고 있었다. 아리스토텔레스는 계속 말을 이었다.

"우리가 사물을 본다는 것은 사물의 질료뿐만 아니라 사물을 규정하는 형상까지 보는 것입니다. 특히 사물의 형상을 알아보고 그것의 기능과 목적을 알아채는 것은 우리에게는 형상을 저장하고 기억하는 능력이 있기 때문입니다. 우리에게 저장된 형상과 눈을 통해서 본 형상을 비교하는 것이지요. 그렇다면 이 비교하는 행위는 무엇의 행위인가? 즉, 질료(물질)로서의 눈은 빛을 내보내서 흑색과 백색이 섞여 만들어진 물체의 색깔과 색의 경계로부터 물체의 모양을 수집해주지만, 그렇게 우리 안에 전사된 바깥 물체의 색깔과 모양을 종합해서 '형상'으로 인지하는 것은 무엇인가?"

여기서 아리스토텔레스는 잠시 숨을 돌렸다. 제자들은 스승이 중요한 이야기를 하고 있음을 직감적으로 알았다.

"그것은 바로 우리의 '영혼'입니다."

여기서 영혼이라는 단어는 우리에게 오해를 불러일으키기 쉬운데, 21세기의 세상에서 영혼은 초자연적인 것, 종교적인 것, 미신적인 것 등의 인상과 붙어서 사용되는 경향이 있기 때문이다. 하지만 아리스토텔레스는 자신의 저서 《영혼에 관하여(On the Soul, De Anima)》(BC. 350년경)에서 영혼을 생물학적 관점에서 매우 포괄적으로 정의하는데, 그의 정의에 따르면 식물도 영혼을 가진다. 우리가 만약 인간의 보는 행위에 한정해서 아리스토텔레스의 영혼을 이해한다면 대략적으로 다음과 같다. 생물체가 가지는 생물학적 감각 지각, 이것을 종합하여 생물체가 외부 세상을 내면적으로 그려 내는 능력, 그렇게 그려 낸 세상과 더불어 생물체가 최종적으로 가지는 내면적인 감상. 즉, 오늘날의 개념으로 치면 신경생리학적 작용과 뇌의 정보 종합 능력 정도를 영혼이라고 지칭한 것이다. 그래서 《영혼에 관하여》라는 책은 영성이나 종교적 내용을 담은 책이 아니라 생물학 책에 가깝다.

과학사에서 가장 유명한 논쟁을 꼽으면 빛의 본질과 관련한 파동설과 입자설의 대립이 반드시 들어간다. 고대 그리스 시대에도 빛에 대한 논쟁이 있었다. 그러나 그것은 파동설과 입자설의 대립은 아니었고, 시각視覺과 관련한 이론의 대립이었다. 주요 대립은 눈이 빛을 내보내기 때문에 볼 수 있다는 주장과 눈이 빛을 받기 때문에 볼 수 있다는 주장 사이에 있었다. 눈이 빛을 방출하기 때문에 사물을 볼 수 있다는 주장은 그 근거로 고양이처럼 밤에 눈이 빛나는 동물들이 있다는 것과 어두운 방에서도 물건을 분간할 수 있다는 걸 들었다. 이 경우에 눈에서 방출된 빛이 일종의 더듬이 같은 역할을 한다고 본 것이다. 플라톤은 자신의 저서 《티마이오스(Timaeus)》(BC. 360년경)에서 눈의 빛 방출설을 지지한다.

한편, 아리스토텔레스는 《감각과 감각 대상에 관하여(On sense and the sensible)》에서 눈의 빛 방출설, 눈의 빛 흡수설 모두와 다른 주장을 한다. 아리스토텔레스는 시각을 위한 중간물질을 도입한다. 물체가 이 중간물질에 변화를 주고 이 변화가 눈에 닿아서 사물을 볼 수 있다는 것이다. 또한《영혼에 관하여》에서 시각을 논하면서 모든 색깔은 흑과 백의 조합이라고 주장하였다. 사실 중간물질 변화에 의한 시각 발생설과 색깔의 흑백 조합설 두 주장 모두 틀린 것인데, 의외로 현대인들 중에는 시각과 색깔에 관해서 아리스토텔레스와 비슷한 개념을 가지고 있는 경우가 종종 있다. 이 외에도 일반인들이 가지고 있는 자연 과학 오개념 중에는 아리스토텔레스로부터 비롯한 것들이 많이 있는데, 그만큼 아리스토텔레스의 이론은 겉보기에는 일상적인 상식과 관찰에 부합하는 것이 많다는 뜻이기도 하다. 시각 이론은 빛에 대한 이론의 발전과 해부학 및 심리학의 발전과도 밀접하게 연계되어 오늘날의 뇌과학에서도 진지하게 다루어지는 주제이다. 고대 그리스의 색깔에 대한 이론은 뉴턴의 프리즘 실험을 거쳐 맥스웰의 색깔 회전판 연구로 이어진다.

"보는 것은 영혼이라는 스승님의 말씀은 질료로서의 눈을 복구하는 것이 영혼의 기능을 복구하는 것과 별개라는 뜻입니까?"

"그럴 수도 있고 아닐 수도 있지요. 아직 성급하게 결론으로 달려가지 맙시다. 우리가 추론해 낸 것은 질료로서의 눈과 형상을 '알아보는' 영혼의 기능이 각자 담당하는 역할이 있다는 것입니다. 물론 이것은 눈이 없어도 '알아보는' 영혼이 별개로 있다는 뜻은 아닙니다. 영혼은 감각 기관과 합쳐져 전체로서 존재하기 때문입니다. 정

'본다'는 것은 무엇이고 어떻게 가능한가?

리해서 말하자면, 그 노예 소년이 질료로서의 눈을 다친 것인지, 그래서 영혼이 '알아보는' 영혼으로 작동하지 못하게 된 것인지 혹은 질료로서의 눈과는 별개로 '기존의 형상들과 비교하는' 영혼의 기능이 손상된 것인지부터 알아봐야겠지요. 그런데, 이 두 가지의 다른 손상을 복구하는 일이 별개의 것인지는 좀 더 깊은 논의가 필요합니다."

아리스토텔레스의 논점을 현대적인 관점으로 바꾸면 '안구가 손상되어 실명한 것인지, 시신경 또는 후두엽이 손상되어 실명한 것인지 살펴봐야 한다' 정도로 해석할 수 있을 것 같다. 오늘날 같았으면 실험용 쥐의 뇌에 전극을 삽입하거나, 뇌의 특정 부위에 발광 유전자를 발현시켜서 시신경과 시각의 관계를 직접적으로 살펴볼 수 있을 것이다. 또 다른 쥐의 눈을 이식하였을 때 시각 기능의 복구가 어떻게 이루어지는지 실험해 볼 수도 있을 것이다. 그럼 현대의 자연 과학 관점에 잘 어울리지 않고 오히려 오개념을 부추길 수 있는 아리스토텔레스의 형상과 질료 철학이 오늘날 가지는 간접적 교훈은 무엇일까? 당대의 상식과 논리에 기초하여 집요하게 추론을 전개하고 자신의 논리의 최후에 최후까지도 그 이전 시대의 신비적·신화적 해석또는 이전 시대의 권위로 후퇴하지 않았다는 점이 아닐까?

인물과 실험으로 보는 **스토리 물리학**

대화 3

그 다음날, 다소 흥분된 프톨레마이오스의 질문으로 수업이 시작되었다.

"스승님 어제 월식을 보셨습니까?"

"보았습니다. 천구의 움직임이 느리지만 위엄 있게 생생히 연출되는 것을 다시 한 번 느꼈습니다."

"정말 장관이었습니다. 경외감과 알 수 없는 두려움으로 넋이 나간 채 월식을 보던 저는 문득 의아한 생각이 들었습니다. 월식 중에 보름달이 유난히 붉어졌기 때문입니다. 저는 천상의 원소 에테르를 완벽한 원소로 알고 있습니다. 그리고 에테르는 자신 이외의 완벽한 원소가 없기 때문에 변화가 없습니다. 그래서, 달의 운동을 에테르가 유지하는 것이라면, 어찌하여 달의 색깔이 붉어지는지 그 이유를 쉽게 알아낼 수 없었습니다."

제자의 흥분은 월식의 감상 때문이기도 했지만 자신의 궁금증을 빨리 해소하고 싶은 마음에서였음을 아리스토텔레스는 알아챘다.

"뛰어난 관찰과 추론입니다. 아주 유익한 질문이 될 것 같습니다. 그럼 한번 같이 고민해 봅시다. 마침 어제 우리는 본다는 것과 색깔에 대해서 논의했었습니다. 프톨레마이오스가 다시 이것을 간략히 정리해 볼 수 있을까요?"

제자는 잠시 말을 고르더니 곧 유창하게 대답했다.

"물체와 눈 사이에는 시각을 위한 중간물질이 있어서 물체가 중간물질에 미친 영향이 눈에 우선 닿습니다. 눈에 닿은 이 영향을 영혼이 종합하면서 기존에 알고 있던 형상과 비교하여 우리는 비로소 물체를 알아보게 됩니다. 물체가 중간물질에 미치는 영향은 물체의 색깔에 따라 달라지는데, 색깔은 기본적으로 흑색과 백색의 조합으로 이루어집니다."

앞서 언급하였지만 이것은 현대에 와서 틀린 이론으로 판명되었다. 다만 여기서는 그들이 자신들의 관점을 가지고 어떻게 어디까지 생각을 전개할 수 있었는지 그 과정을 살펴보자.

"잘 말해 주었습니다. 그럼 이제 천상의 구조에 대해서 한번 요약을 해 봅시다. 천체는 지구를 중심으로 차례대로 달, 수성, 금성, 태양, 화성, 목성, 토성, 그리고 그 바깥의 별들로 이루어져 있습니다. 그리고 천체는 공 모양의 천구 내에서 지구를 중심으로 동심원을 이루어 원운동하고 있습니다. 지금의 논의에서 한 가지 기억할 점은 각각의 천체가 원운동하고 있는 구 껍질들은 양파 껍질처럼 서로서로 맞닿아 있다는 것입니다. 즉, 달이 원운동하고 있는 구 껍질의 안쪽은 지구를 포함하는 구 껍질과 닿아 있고, 바깥쪽은 수성이 원운동하고 있는 구 껍질과 닿아 있습니다."

천체의 운동에 대한 논의는 플라톤의 아카데미에서부터 스승 플라톤이 중요하게 다루던 주제였다. 아리스토텔레스는 스승과 토론하던 그때의 기억이 잠시 머리를 스쳤다. '스승님은 특히 기하학과 천구의 운동을 같이 이야기할 때 매우 즐거워하셨지.'

제자들은 천구의 구조에 대해서 이미 알고 있었기 때문에 질문 없이 가만히 경청하고 있었다. 스승은 논의를 4원소설로 이어 갔다.

"이제 원소들이 천구에서 어떻게 위치하는지 이야기해 봅시다. 지구 위에서 일어나는 현상들은 불변하는 현상들이 없습니다. 예를 들어 나무를 태우면 불, 연기, 수분이 나오고 다 타고 나면 재가 남습니다. 이것으로부터 우리가 알 수 있는 것은 무엇입니까?"

"지구 위의 모든 물질은 흙, 물, 공기, 불의 네 가지 원소로 이루어져 있고, 이 4원소들은 서로 변화가 가능하다는 것입니다."

"그렇습니다. 지구에서 원소들의 변화가 없었다면 식물이 자라고 사람이 태어나는 것 같은 일도 없었을 것입니다. 나무가 타지도 않았을 것이고 그야말로 모든 변화와 생성이 없었을 것입니다. 원소들의 변화가 가능한 것은 원소 각각이 지향하는 바가 있기 때문입니다. 예를 들어 흙은 지구 중심 방향, 불은 그와 반대되는 지구 중심에서 바깥쪽 방향을 향하고자 합니다. 이렇게 자신이 원래 있던 곳으로 가려 하는 경향이 바로 변화와 생성을 만드는 원리입니다."

고대 그리스의 4원소설이 이야기하는 원소는 오늘날의 원소와는 다른 개념이다. 오늘날의 원소는 불변의 것이지만 고대 그리스의 4원소는 불변의 것이 아니다. 다만 4원소와 오늘날의 원소 개념 사이에 매우 중요한 공통점이 하나 있는데, 그것은 둘 모두 물질을 가리킨다는 것이다. 4원소는 '이데아'나 '형상' 같은 추상적 개념이 아니었다. 그렇다. '불'도 물질로 취급했었다! '불'을 물질로 생각한 경향은 연소에 대한 플로지스톤설(18세기)과 열熱에 대한 열소 이론(19세기)에서도 그 흔적을 찾아볼 수 있는데, 이런 이론들은 결국 실험적인 방법론의 시험을 통과하지 못하고 역사 속으로 사라지게 된다. 4원소설이 얼마나 끈질긴 위력을 발휘했는지 간접적으로 알 수 있는 대목이다. 하지만 역설적이게도, 구분 가능한 근본 물질이 있다는 발상과 이 근본 물질이 변할 수 있다는 발상은 현대 과학에도 남아 있다. 남아 있는 정도가 아니라 아주 중요한 사실이다!

"한편, 천체의 운동은 어떻습니까? 역사 이래 천상의 운동은 변화 없이 이어지고 있습니다. 지상의 복잡하고 일견 무질서해 보이는 변화와 생성이 천체에는 적용되지 않는 것이지요. 천체는 다만 시작도 없고 끝도 없는 완벽한 원운동을 하고 있습니다. 이는 절대로 변화무쌍한 4원소로 지탱될 수 없는 일입니다. 오로지 순수한 원소, 이름하여 에테르가 지배하는 영역이 바로 천체의 영역입니다."

사실 아리스토텔레스는 자신의 저서 《천체에 관하여(On the Heavens, De Caelo)》(BC. 350년경)에서 천상의 순수한 물질을 가리키는 용어로 '에테르' 대신 '기본체(primary body)'라는 용어를 사용했다. 후대의 저술가들에 의해 이 물질을 가리키는 용어로 '에테르'가 굳어지게 되었는데, 여기서는 편의상 에테르로 지칭하기로 하자.

아리스토텔레스는 잠시 제자들을 둘러보았다. 제자들은 지금의 논의가 어디로 이어질지 긴장하며 집중하고 있었다.

"그러면 질문을 던져 보겠습니다. 4원소의 관점에서 현상을 분석해 본 적이 있다면 아마 쉽게 답할 수 있을 겁니다. 질문은 이것입니다. 천구에서 원소들은 어떤 층위를 이루고 있는가?"

프톨레마이오스가 대답했다.

"원소들의 상승 경향과 하강 경향을 고려해서 천구에서 원소들의 배열을 한번 추측해 보겠습니다. 지구에는 4원소들이 끊임없이 서로 변하고 있습니다. 지구 밖에서는 상승 경향이 낮은 원소는 지구 쪽으로 상승 경향이 높은 원소는 지구에서 멀어지는 쪽으로 배열할 것입니다. 그렇다면 원소들의 층은 지구로부터 차례대로 흙, 물, 공기, 불이 됩니다. 그리고 불의 층 바깥쪽에 달이 원운동하는 층이 있고 여기서부터는 오직 에테르만이 존재합니다."

대답을 들은 스승은 대답의 함의를 아직 스스로 깨우치지 못한 제자를 위해서 제자가 말한 내용을 반복했다.

"달 바깥쪽의 천구부터는 에테르가 차 있고 거기서부터는 다른 원소가 없기 때문에 원소의 변화가 있을 수 없습니다. 반면, 달과 지구 사이에는 4원소가 채워져 있고 이 원소들은 서로 변할 수 있습니다."

제자는 여전히 알아채지 못했고, 아리스토텔레스가 덧붙였다.

"그런데 시각 전달 물질은 무엇으로 되어 있습니까?"

"4원소로 되어 있습니다. 아! 그렇다면 지구상의 시각 전달 물질은 속성이 변할 수 있을 것입니다."

제자는 잠시 생각에 잠겼다가 말을 이었다. 아리스토텔레스는 제자를 기다려 주었다.

"그런데 이 시각 전달 물질이 너무 광범위하게 퍼져 있기 때문에 평소에는 이러한 속성 변화를 볼 수 없는 것이군요. 이 속성이 변하려면 넓은 범위에 걸쳐서 원소의 변동이 있어야 합니다."

"탁월한 추측입니다. 조금 더 논의를 이어 가 봅시다. 월식 중에 달이 붉게 보였던 때는 정확히 언제였습니까?"

"지금 생각해 보니 달이 지구 그림자에 모두 들어간 후에 붉게 보였던 것 같습니다."

"그렇다면 달의 운동이 달보다 안쪽 천구의 4원소에 영향을 미치는 것일까요? 그러면 평소의 보름달은 왜 붉게 보이지 않는 걸까요?"

"스승님 혹시 4원소 각각의 경향성이 태양, 지구, 달과 연관이 있는 건 아닐까요? 만약 그렇다면 태양, 지구, 달이 정렬되는 위치가 4원소의 변화에 영향을 미칠 수 있을 것 같습니다."

제자는 갑자기 무언가를 깨달은 듯 맹렬히 질문들을 쏟아 내기 시작했다.

"어떻습니까? 천구의 운동이 조금은 생생히 느껴지지 않습니까? 천구의 운동은 우리와 전혀 상관없는 별개의 일이 아닙니다. 자 그럼 이제부터 천구의 정렬이 지구상에서 일어나는 4원소의 변화에 어떤 영향을 미치는지 한번 논의해 봅시다. 이것은 천구의 정렬 문제로 따로 다루어 볼 가치가 있어 보입니다."

보름달이 붉게 보이는 경우가 있다. 바로 월식 때이다. 월식이 일어날 때 달이 지구의 그림자 안에 모두 들어가고 나면 달은 매우 불그스름한 색을 띤 소위 '블러드 문'이 된다. 지구가 태양을 점점 가리면서 태양이 직접 달을 비추는 빛을 모두 차단하고 나면 태양에서 온 빛 중에서 지구의 대기권을 지난 빛만이 달을 비추게 된다. 이때 지구의 대기권은 푸른빛을 산란시키고 붉은빛을 통과시킨다(지구에서 낮이 환한 이유와 하늘이 푸른색을 띠는 이유가 이

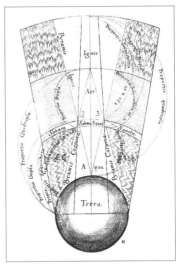

흙, 물, 공기, 불로 이루어진 원소구(elemental sphere)를 보여 주는 대우주의 조각(Robert Fludd, 1617).

때문이다). 즉, 지구 둘레를 따라서 대기에서 투과된 붉은빛만이 달을 비추게 되고 달은 이 빛을 반사하기 때문에 달이 섬뜩한 붉은빛을 띠는 것이다. 이런 복잡한 현상을 고대 그리스의 철학 관점에서는 어떻게 해석해 낼 수 있었을까? 이는 천체의 정렬, 4원소의 변화, 시각 전달 물질이 서로 얽힌 문제로, 그들의 철학으로도 쉽게 결론 내릴 수 있는 문제는 아니었을 것이다. 여러분은 어떤가? 아리스토텔레스의 관점에서 이 문제에 대해서 더 깊이 논의할 수 있겠는가?

아리스토텔레스가 지지한 지구 중심설(천동설)과 천구의 완벽한 원운동이 결합된 우주론은 아리스토텔레스의 권위를 업고서 중세의

월식 때 관찰되는 블러드 문.

신학과 만나 신성시된다. 이 때문에 여기에서 벗어나는 우주론이 나오기까지 매우 험난한 과정을 거쳐야 했다. 비단 우주론뿐만이 아니라 물리학, 화학, 생물학 등 거의 모든 자연 과학 영역에서 아리스토텔레스의 그늘을 극복하고 성장해 가는 과정이 과학사라고 해도 좋을 정도이다. 이처럼 아리스토텔레스의 권위는 후학들에게 엄청난 부담을 안겨 주었지만 이것은 그가 그만큼 종합적이고 체계적인 철학 체계를 구축했다는 뜻이기도 하다. 아리스토텔레스는 개개의 관심 대상에만 적용되는 중구난방의 학설을 세우지 않았다. 그는 4원소와 에테르를 가지고 형상과 질료의 원리에 따라 이 우주의 모든 것을 구축했다. 그리고 이 우주 안에서 인간이 어떻게 살아가야 하는지 가치와 덕에 대해서 고민했다. 아리스토텔레스는 자신의 세밀한 관찰력과 섬세한 이성을 최대한 발휘하여 우주, 인간, 사회를 아우르는 체계를 완성함으로써 자기 스스로의 덕을 닦고 실천했던 것이다.

인물과 실험으로 보는 **스토리 물리학**

2장
뉴턴과의 대화

인간 뉴턴을 이해하는 것은 어쩌면 그가 세운 법칙을 이해하는 것보다도 어려울 수 있다. 뉴턴은 하나의 정형화된 스테레오 타입으로 불리길 거부하는 경력과 성격을 가지고 있었다. 신학자, 수학자, 물리학자, 자연 철학자, 연금술사, 국회의원, 조폐국 이사 및 국장 등 세속과 비세속, 철학과 행정을 오가는 그의 학문적 행적을 어떻게 하나의 특징으로 단정 지을 수 있을까? 또,

뉴턴(Sir Isaac Newton, 1642~ 1726, 영국 잉글랜드)이 안치된 웨스트민스터 사원의 묘

연구에 있어서는 신화적 인물한테서나 볼 법한 집중력과 집요하다 싶은 끈기와 참을성을 보였으나 자신을 향한 학문적 비판에는 역사상 유례가 없을 정도로 공격적이고 예민하게 대응했던 그를 두고 '그는 이런 성격의 사람이었다'라고 어떻게 평가 내릴 수 있을까?

(왼쪽) 1900년대 후반에 복원되어 2003년 일반인에게 공개된 뉴턴의 생가 울즈소프 매너(Woolsthorpe Manor). (오른쪽) 원래 사과나무 대신 1800년대 초에 새로 심은 뉴턴 생가의 사과나무. (아래) 뉴턴이 태어나고 유년기를 보낸 울즈소프는 케임브리지에서 100km, 런던으로부터는 170km 정도 떨어진 시골이다.

아리스토텔레스 이후 2,000년, 인류는 르네상스를 거쳐 과학적 방법론이라는 인류사에 없었던 탐구 방법을 고안해 내고 있었다. 뉴턴의 시대에는 스콜라 철학이 저물고 역학적 인과론이라는 새로운 철학이 대두되었는데, 이것이 4원소설과 4원인설을 앞세운 아리스토텔레스의 전방위적 자연 철학을 대체할 수 있을지는 아직 아무도 장담할 수 없었다. 뉴턴은 일찍이 역학적 인과론에 깊이 매료되어 대학 과정에서 가르치지 않는 새로운 철학서들을 스스로 연구한다. 그리고 이 모든 새로운 생각들과 고대 그리스의 기하학을 녹여서 《자연 철학의 수학적 원리(Philosophi æ Naturalis Principia Mathematica)》(1687) 라는 찬란한 기념비를 세운다. 이것은 아리스토텔레스를 극복하는 새로운 자연관이 성공적으로 개척되었음을 선언하는 사자후이자 뉴턴 이후 모든 후대인들의 지성을 밝히는 등대가 된다. 웨스트민스터 사원에 안장된 그의 석관 아래에 새겨진 라틴어 묘비명에는 다음과 같은 구절이 있다. "필멸자들은 인류에게 그토록 위대한 영예가 있었음을 크게 기뻐한다."

대화 1

1666년 여름 청년 뉴턴은 작년부터 고향인 울즈소프에 돌아와 있었다. 대역병이 런던에 번지기 시작하자 케임브리지의 대학교는 선제적으로 휴교령을 내리고 학생들과 교직원을 해산시켰던 것이다. 런던 대역병의 원인은 페스트균에 감염된 쥐벼룩을 통해서 사람이 이 세균에 감염되었던 것인데, 당시는 질병의 원인이 눈에 보이지도 않는 작은 미생물 때문일 것이라고는 상상도 못하던 시대였다. 그러니 쥐나 벼룩이 병(세균)을 옮긴다는 것도, 거리에 넘치는 말똥이나 사람 똥에 여러 가지 균이 살고 있어서 병을 일으킬 수 있다는 것도 알지 못했다. 따라서 왜 위생이 질병 예방에 중요한지 알 수 없었고, 런던 시민의 25% 가까이 사망하고 나서 더 이상의 숙주가 없어 역병이 자연히 사그라들 때까지 거리와 사람들은 병이 번지기 시작하던 때와 똑같이 더러운 상태였다. 당시 사람들은 자신들의 모습을 누추하다고 생각했을지는 모르지만 위생 관념 자체가 없었기 때문에 더럽다고 생각하지는 않았던 것이다. 중세를 벗어나 르네상스가 도래

한 지도 300년 이상의 세월이 흘렀지만, 약 30년 전까지만 해도 갈릴레오가 겨우 화형을 면할 수 있었던 여전히 그런 시절이었다. 사람들은 파괴적인 전염병을 타락한 도시에 대한 신의 형벌이라고 여겼다.

뉴턴은 오후의 햇살을 받으며 집 근처를 산책하고 있었다. 넓게 펼쳐진 농장과 여기저기 쌓여 있는 비료, 건초들이 시골의 냄새를 풍기고 있었다. 자신이 농사에 전념해서 지주의 지위를 누리길 원했던 어머니, 그런 어머니를 설득하고 자신을 대학에 추천까지 해 주었던 외삼촌, 대학에서의 신학 공부, 자신이 따로 관심을 가지고 공부했던 데카르트와 갈릴레오의 철학 등이 두서없이 섞여서 주마등처럼 떠올랐다가 사라지고 다시 떠오르는 대로 내버려두면서 걷고 있었다.

'우주는 과거, 현재, 미래로 이어지는 역학적 인과의 사슬이 아니란 말인가? 역학으로 포착되지 않는 인과와 인과로 포착되지 않는 현상이 있다는 말인가?'

'기계론적 우주관이 아리스토텔레스의 대★철학 만큼이나 포괄적인 철학이 될 수는 없는가?'

"도련님 안녕하세요."

지나가던 젊은 시골 청년의 인사가 뉴턴의 생각을 끊었다. 뉴턴은 인사한 사람이 누군지 잠시 쳐다보고는 곧 답했다.

"아 그래 너 아직 여기서 일하고 있었군."

뉴턴이 킹스 스쿨(The King's School)에서 중등 교육을 받던 중 어머니의 강권으로 울즈소프로 돌아와 잠시 농사일을 한 적이 있었다. 그 때 안면을 튼 제법 똘똘한 농사꾼 아이가 하나 있었는데, 지금 뉴턴 앞에 서 있는 앳된 청년이 바로 그 아이였다.

"그래 네 이름이 조지였었지?"

"존이에요. 존 바튼."

존은 뉴턴이 사색에 빠져 있는 걸 알았지만 그냥 지나가지 않고 반가운 마음에 덜컥 인사를 했던 것이다.

"역병 때문에 도련님이 울즈소프에 오셨다는 건 얼마 전에 소문으로 들었어요. 병세는 언제 진정이 될까요? 얼른 신의 처벌이 가라앉았으면 좋겠어요."

존은 성호를 그었다.

"나는 따로 페스트의 증상이나 시체를 조사하지는 않았어. 그리고 병에 걸린 사람들의 신앙심과 죄도 조사할 수가 없었지. 그래서 페스트에 대해서 내가 할 수 있는 말은 없어. 물론 우리의 타락은 응당한 신의 처분을 받을 거야. 하지만 그것과는 별개로 우리에게는, 역병에 감염된 살아 있는 사람에게서 병세가 어떻게 진행되는지, 그리고 병으로 죽은 시체에서는 부패하기 전까지 어떤 일이 일어나는지, 병세가 악화되었다가도 살아나는 사람은 어떤 과정을 겪는 것이지, 역병이 피지는 사람들 사이의 관계는 무엇인지를 살펴보고 이해하는 것이 필요하다고 생각해."

뉴턴은 다소 장황하게 대답했다. 신학과 철학의 세계에 발을 담근 젊은이의 혈기 때문이리라.

"윽, 저는 그런 사람들 옆에 간다는 생각만으로도 병에 걸릴 것 같아서 무섭습니다요. 그런 사람들 옆에 가느니, 저는 제 할 일에 충실하면서 큰 욕심 부리지 않고 기도를 드리겠어요."

"병이 퍼지는 걸 깊이 따져 보지 않는 것이야말로 신이 부여한 능력을 발휘하지 않는 나태함일 수도 있어."

존은 따로 대꾸하지 않았다. 뉴턴은 조금은 심심하기도 했고, 몇 주째 생각하던 문제에 대해 누군가에게 말하고 싶은 기분도 마침 들어서 존에게 조금은 뜬금없는 질문을 던졌다.

"존은 달의 크기가 얼마나 된다고 생각하지?"

"글쎄요. 별로 생각해 본 적이 없어서…… 영국 땅덩어리보다는 크지 않겠습니까?"

"달의 면적은 유럽 면적의 3.7배야. 영국, 프랑스, 독일 등등 다 포함하는 유럽 말이야. 영국으로만 치면 약 156배지. 그러니까 달 표면에 156개의 영국을 맞춰 넣을 수 있어."

"어, 생각보다는 훨씬 큰 것 같은데요. 이것도 신의 섭리겠지요?"

존은 사실 런던에도 가 본 적이 없었기 때문에 영국 땅의 크기에 대해서 감이 없었고, 달의 크기에 대해서는 더더욱 감도 관심도 없었다. 그래서 존의 대답은 무미건조했고 딱히 놀람의 흔적조차 없었다.

"그래 크지. 그런데 저렇게 큰 것이 왜 땅으로 떨어지지 않을까?"

"그거야, 원래부터 달은 저기 하늘 위에 있었으니까요."

존은 뉴턴이 당연한 걸 다 묻는다고 생각했다. '나한테 왜 이런 걸

묻는 것일까?'

뉴턴은 차분히 설명했다.

"지금으로부터 약 2,000년 전에 그리스에서 살았던 아리스토텔레스라는 사람은 지상과 천상은 구분되어서 서로 다른 운동 법칙을 따른다고 생각했어. 존 말대로 달은 처음부터 하늘에 있어서 지상으로 떨어질 이유가 없다는 것이지. 그리고 지상에서 물체가 아래로 떨어지는 것은 물체가 흙이라는 원소를 포함하고 있는데 흙은 자신이 원래 있던 장소인 지구 중심으로 향하는 성질이 있기 때문이라고 주장했어."

"과연 그렇군요. 그래서 저 커다란 달은 하늘 위에서 계속 떠 있고, 그에 비하면 턱없이 작은 우리는 아무리 뛰어도 땅으로 떨어지는 것이네요. 사람은 흙에서 자라나는 것을 먹으니까요."

"그런데, 그게 꼭 그렇지만도 않아. 아리스토텔레스의 주장에 따르면 지상에서는 흙을 많이 포함하는 물체가 더 빨리 떨어져야 해. 그런데, 실제로 떨어뜨려 보면 큰 바위나 작은 바위나 같은 속도로 떨어지거든."

"그럼 흙을 조금이라도 포함하기만 하면 다 같은 속도로 떨어지는 건가요?"

뉴턴은 자신의 기대보다 존의 머리 회전이 빠른 것에 놀랐다.

"아니 나는 조금 다르게 생각했어. 지상에서 물체가 떨어지는 것은 흙의 성질과는 무관하다고 말이야. 사실 흙이 마치 자신의 고향을 찾아가듯 지구 중심으로 향한다는 성질 같은 것은 터무니없다고 생각해."

"흙의 성질 때문이 아니라면, 그럼 물체가 어떻게 떨어질 수 있는 거죠?"

뉴턴은 소리 없이 빙긋이 웃어 보였다. 존을 보면서 잠시 뜸을 들이다 대답했다.

"그건 지구와 물체가 서로 끌어당기기 때문이야."

잠시 정적이 흘렀다. 존은 뉴턴이 갑자기 농담을 하는 것인지, 아까 달 얘기부터 자신을 놀려먹으려고 다 지어낸 것인지 혼란스러워졌다. 뉴턴이 유년기 때 일으켰던 몇몇 사고들은 아직도 동네에서 회자되고 있었다.

"하하하 도련님도, 아 깜빡 속았네요. 역시 도련님의 장난은 종잡을 수가 없어요."

뉴턴은 여전히 미소를 지으며 대답했다.

"아니, 아니, 농담이 아니야. 농담처럼 들리겠지만 말이야. 흙이라서 끌어당기는 것이 아니라 지구와 물체가 그냥 서로 끌어당긴다는 말이야."

존은 갑자기 긴장이 되었다. 이 대화가 문득 뉴턴의 지독한 장난처럼 느껴지면서 자신이 어디까지 속아 주는 척해야 하는 것인지, 어느 장단에 맞춰야 하는 것인지 판단이 서질 않았다. 돌연 산들바람이 존의 어깨 위를 지나갔다. 어쨌든 뉴턴은 이 게임을 계속하고 싶은 것처럼 보이니까……. '그래 그럼 어디까지 하는지 한번 볼까?'

존이 물었다.

"그냥 끌어당긴다구요? 그럼 지구하고 물체에 눈에 안 보이는 무슨 팔이라도 달린 건가요? 그리고 흙이 고향을 찾아가는 것이 아니라면 처음부터 물체를 지구가 왜 끌어당겨야 하는 거죠?"

"아주 좋은 질문이야. 내가 강조하고 싶은 것도 그 부분이야. 물체를 왜 끌어당기는지, 다시 말해 무슨 목적으로 끌어당기는지는 몰라. 그리고 서로 떨어진 것들이 어떻게 서로의 존재를 알고, 어떻게 끌어당기는 힘을 발휘할 수 있는지도 몰라. 그런데 재미있는 건 이런 것들을 몰라도, 그러니까 흙이 고향을 찾아 돌아간다는 식의 주장을 덧붙이지 않아도 우리가 이 힘들의 정확한 양을 수학적으로 계산할 수 있다는 거야. 그리고 이 힘을 받는 모든 것의 운동을 정확히 계산하고 물체의 궤적을 알 수 있다는 것이지."

물리학이 밝힌 사실 중에서 가장 심오한 내용 중 하나이지만 누구나 들어 본 적이 있어서 이제는 상식이 되어 버린 사실을 꼽는다면 아마도 $E=mc^2$과 만유인력의 법칙이 꼽힐 것이다. 하지만 뉴턴의 만유인력의 법칙이 발표될 당시에는 지금과는 사정이 매우 달라서 이 법칙이 처음부터 학계에서 대대적인 환영을 받은 것은 아니었다. 원격 작용이라는 유령 같은 어떤 작용을 도입했다는 것과, 그러한 작용의 원인에 대해서는 무관심한 채 오로지 그 작용의 결과만 수학적으로 기술했다는 것이 주요 비판이었다. 특히 이런 비판의 선봉에 섰던 라이프니츠(Gottfried Wilhelm Leibniz, 1646~1716, 독일)는 중력을 '영원한 기적', '오컬트적인 성질', '초자연적인 것'이라는 직설적인 표현으로 비판했다. 라이프니츠가 보기에 '작용을 매개해 주는 그 무엇도 없이 멀리 떨어진 물체 사이에 묻지도 따지지도 않고 힘이 작용한다'라는 건 전혀 자연 철학(특히 모든 변화에는 역학적 충돌이 작용해야 한다는 역학적 철학)으로 납득할 수 있는 것이 아니었기 때문이다. 이러한 비판에 대한 뉴턴의 입장은 1713년에 출판한《자연 철학의 수학적 원리》2판에 추가된 다음의 문장으로 요약된다.

"나는 아직까지 중력이 갖는 이런 성질들의 이유를 현상으로부터 발견할 수 없었다. 그리고 나는 (그럴듯한) 가설을 가정하지 않겠다. 현상으로부터 추론된 것이 아니라면 무엇이나 가설로 불려야만 한다. 그리고 그런 가설들은 그것이 형이상학적이든 형이하학적이든, 혹은 오컬트적 성질에 기반했든 역학적 성질에 기반했든 실험 철학에 있을 자리가 없다. 이 철학 안에서 특정한 명제는 현상에서 추론되고, 그 후에 귀납에 의해 일반화된다." – 뉴턴,《자연 철학의 수학적 원리》2판 중에서

위 문장에서 뉴턴이 말하는 가설은 '실험으로 증명될 수 없는 가정'에 가까운 의미로 요즘 우리가 실험 시간에 사용하는 (실험적 검증 또는 반증의 대상으로서의) 가설이라는 용어와는 차이가 있다. 관점에 따라서는 뉴턴이 '현상으로 확인될 수 없는 가정은 물리학자의 관심이 아니다'라는 선언을 한 것으로 볼 수도 있는데, 이후부터 물리학은 이런 스타일을 (반드시 전적으로 따르는 것은 아닐지라도) 비

인물과 실험으로 보는 **스토리 물리학**

교적 충실히 따르게 된다. 하지만 이처럼 현상에 기반한 수학적 원리로서의 물리학에 만족하지 않고, 더 깊이 자연 철학적 원인을 묻고 늘어진 경우에 물리학의 새로운 돌파구가 마련되어 왔다는 것은 하나의 아이러니라고 하겠다.

뉴턴은 갑자기 땅에서 작은 돌을 집어서 들판 저쪽으로 던졌다. 존은 뉴턴이 돌을 집어 올릴 때 깜짝 놀라서 굳은 채로 있다가 뉴턴이 다른 쪽으로 돌을 던지는 걸 보고 안심했다.

"돌이 떨어지는 궤적 그리고 돌이 떨어질 시각까지도 예측할 수 있지. 나는 이런 생각이 들어. 굳이 이 힘에 목적을 찾고자 한다면, 운동 그 자체, 다시 말해 궤적 그 자체가 운동의 목적이었던 건 아닌가 하고 말이지. 왜냐하면 그것 말고는 우리에게 드러난 것, 우리에게 결과를 주는 것이 없기 때문이야."

존은 뉴턴이 농담을 하는 게 아니라는 걸 깨달았다. 다만 운동이니 궤적이니 하는 뉴턴의 진지한 말이 무엇을 뜻하는지는 이해하기 힘들었다. 뉴턴은 독백하듯이 말을 이었다.

"흙이라는 지상의 원소에 기대는 힘이 아니라면 말이지, 이 힘은 지상에 한정되어질 이유도 없어."

전전히 존의 눈을 쳐다보면서 뉴턴이 말했다. 뉴턴의 손가락은 하늘을 가리키고 있었다.

"그렇다면, 저 위의 달도 지구와 서로 끌어당기고 있다는 얘기겠지."

"음…… 그럼 그처럼 큰 달은 왜 땅위로 안 떨어지는 거죠? 작은 돌멩이는 오히려 떨어지는데."

존은 무의식적으로 자기가 즉각적으로 질문을 던진 것에 놀랐고, 자신의 말투가 조금 날카롭고 비아냥거리는 듯한 것에 놀랐다. '도대체 도련님은 대학에 가서 무슨 공부를 한 거야? 이런 게 대학에서 배운다는 것인가? 아니면 공부를 너무 오래 해서 정신이 조금 이상해진 건가?'

"좀 전에 내가 돌멩이 하나를 수평으로 던졌지? 던져지는 돌멩이가 빠를수록 돌멩이는 멀리 떨어져. 그렇다면 돌멩이를 점점 더 빠르게 던진다면 어떻게 될까?"

존은 뉴턴이 뭘 말하고 싶은 건지 종잡을 수 없었다. 그래서 가만히 있는 수밖에 없었다.

"만약 돌멩이를 점점 빨리 던진다면 어떤 빠르기에서는 돌멩이가 지구 반대편에 떨어질 수도 있을 거야. 그런데 이것보다도 더 빠르게 던진다면 지구를 한 바퀴 돌아서 처음 던진 자리에 떨어지게 할 수도 있겠지. 또 더 빠르게 하면, 지구 두 바퀴, 지구 세 바퀴를 돌아서 처음 던진 자리에 떨어져. 이런 일이 어디까지 가능할까? 계속 가능해! 그럼 마침내 지구를 무한히 돌 수 있는 빠르기에 도달하지. 혼동하지 말아야 할 것은 이 빠르기 자체는 무한이 아니라는 거야. 그리고 이 빠르기보다 더 빨라지면 돌멩이는 지구로 다시 떨어지지 않고 어딘가로 날아가 버리게 돼."

뉴턴은 매우 신이 난 듯 이야기했다. 존은 지금 뉴턴이 한 얘기하고 자기가 달에 대해서 던진 질문하고 무슨 상관이 있나 싶었다.

"달은 지구를 무한히 돌게 된 돌멩이와 같은 신세야. 지구가 달을 끌어당기는 힘 때문에 달은 지구로 영원히 낙하하고 있지만, 동시에 영원히 땅에 닿지 못하는 상태인 것이지"

《자연 철학의 수학적 원리》에 실린 뉴턴의 대포 그림. 위성이 어떻게 행성 주위를 계속해서 공전할 수 있는지 직관적으로 보여 주고 있다.

존은 솔직하게 이야기했다.

"도련님, 방금 하신 말씀은 어쩐지 앞뒤가 안 맞는 것 같은데요."

"그렇게 들릴 수도 있겠지. 그렇지만 돌멩이가 땅 위로 떨어지는 모습과 달이 지구 주위를 도는 모습을 정확히 같은 법칙으로, 같은 수학식으로 계산할 수 있다면? 그렇다면 이것은 단순히 지구와 달이 끌어당긴다는 것 이상을 의미하게 돼. 지상의 운동은 지상에 있는 네 가지 원소의 성향이 원인이고 천체의 운동은 에테르의 완벽한 성질 때문이라는 별도의 설명처럼 더는 지상과 천상을 분리할 이유가 없어져. 사실 나는 지상과 천상의 운동 법칙이 같다고 확신해. 또, 지상과 천상을 가리지 않고 우주에 있는 모든 물체 사이에 끌어당기는 힘이 있어서, 이 힘 때문에 태양 주위를 수성, 금성, 지구, 화성, 목성, 토성이 돌고 있다고 생각해."

"그러니까 어쨌든 도련님은 돌멩이랑 지구가 서로 끌어당긴다는 말씀이시죠? 그리고 달과 지구가 끌어당기고요. 뭐 여기까지는 도련님께서 말씀하시는 그 수학이라는 것으로 뭔가를 보일 수 있다고 하시니까 오묘한 뭔가가 있을 수도 있겠지요. 그런데, 세상 모든 것이 끌어당긴다고요? 그럼 도련님과 저 사이도 그렇다는 말씀이세요?"

물론 존은 뉴턴의 황당한 이야기를 끊으려고 질문을 한 것이다. 설사 뉴턴이 멍청한 질문이라고 얘기해도 존은 상관없었다. 어차피 뉴턴의 말은 더는 아무래도 상관없는 이야기처럼 느껴졌기 때문이다.

"물론이야! 존이 내 이야기를 이해하는 것 같아서 조금 놀라운걸. 모든 물체, 지금 존과 나 사이에도 끌어당기는 힘이 있어. 대신 그 힘은 매우! 매우! 작아서 신체가 체감할 수 있는 수준이 아니야. 그런데 존이나 나 둘 중의 한 사람이 점점 더 질량이 커지면, 아 질량이라는 말이 어렵다면 조금 틀린 표현이지만 다른 말로 무거워지면 말이야, 우리 둘은 그 당기는 힘을 점점 분명히 느낄 수 있게 돼. 만약 내가 지구만큼 무거워진다면 존은 지금 당장 내 쪽으로 '떨어지게' 될 거야. 즉, 우리가 지구로 떨어지는 이유는 지구가 그만큼 어마어마하게 질량이 크기 때문이야."

존은 입을 굳게 다물고 힘겹게 고개를 끄덕였다.

"음, 다른 예를 들어 볼까? 주위에 아무것도 없는 평평한 땅에서 수직으로 추(다림추)를 늘어뜨리면 그 추는 지구 중심을 향할 거야. 하지만 만약 산 근처에서 다림추를 늘어뜨리면 그 다림추는 산 쪽으로 조금 치우치게 되겠지. 산과 다림추가 서로 끌어당기고 있으니까 말이야. 서로 반대편 산비탈에서 다림추가 기울어지는 각도들의 차이를 잴 수 있다면 이 힘의 크기를 알 수 있을 거야. 물론 이 힘은 매우 작아서 아주 정밀한 각도 측정 도구가 있어야 하겠지만 말이야."

네빌 마스클린(Nevil Maskelyne, 1732~1811, 영국 잉글랜드)은 1774년 스코틀랜드의 시할리온(Schiehallion)산 아래에서 다림추를 늘어뜨리는 실험을 진행한다. 시할리온산은 비교적 대칭적인 모양에 외따로 떨어져 있었기 때문에 다림추 실험에 적격이었다. 하늘에 고정된 별(북반구에서는 주로 북극성)을 바라보는 시선과 늘어뜨려진 다림추 사이의 각도를 측정하면 관측자의 위도를 알 수 있는데, 산 아래에서는 평지에서 측정할 때와는 다른 위도 값을 주었던 것이다. 이 오차는 시할리온산과 다림추 사이의 만유인력 때문에 발생한 것으로 이론적인 만유인력 값을 구하기 위해서는 시할리온산의 질량을 알아야 했다. 산의 질량을 구하는 방법은 의외로 간단했는데, 산에서 채취한 돌로부터 산의 대략적인 밀도를 구한 후 산의 크기를 측량하여 두 값을 곱하였다(물론, 돌을 채취하는 일과 산을 측량하는 일 자체는 간단한 일이 아니었다). 그런데 지구의 밀도를 산의 밀도와 동일하게 가정하고서 다림추에 발생할 오차를 이론적으로 계산하였더니 관측과 맞지가 않았다. 네빌은 지구의 밀도가 지구 표면보다 훨씬 커야만 이론과 관측이 잘 일치함을 깨달았는데, 네빌의 관측으로부터 추정된 지구의 밀도는 물보다 4.5배 컸다. 이 값은 오늘날의 측정값(비중 5.5)에 비해 20% 정도 작은 것이다. 네빌의 실험으로 당시 지구속이 비어 있다는 가설이 반박되었고, 지구의 내부는 대부분 철로 되어 있을 것이라는 가설이 대두된다.

이 다림추 실험을 처음으로 제안한 사람은 바로 뉴턴이었다. 뉴턴은《자연 철학의 수학적 원리》에서 적당한 크기의 산을 가정했을 때 산의 질량에 의한 만유인력의 효과가 얼마일지 추산하고는 그 크기가 작음에 대해서 다소 비관적인 어조의 평가를 남긴다. 하지만 측정 도구가 뉴턴이 추산한 미세한 각도 차이를 측정할 수 있을 정도의 정밀도에 이르자 이야기는 달라졌던 것이다. 뉴턴이 떨어지는 사과를 보고서 만유인력에 대한 발상을 얻었다는 일화는 후대에 지어낸 이야기라는 것이 정설이지만, 다림추와 산의 만유인력을 생각해 낼 정도의 뉴턴이었다면 사과의 낙하도 당연히 만유인력의 관점에서 바라보았을 개연성이 크다. 만유인력의 발견자인 이상 사실상 주위의 모든 현상에 대해서 평생 동안 만유인력의 프레임으로 봤을 가능성이 크고, 만약 그렇지 않았다면 그것이 오히려 이상했을 것이다. 운동 법칙과 만유인력에 대한 뉴턴의 발상은 모두 울즈소프 매너에 머무는 동안 이루어진 것으로 알려져 있다.

존은 어느덧 시간이 꽤 흐른 걸 알았다.

"도련님께서 공부를 많이 하신 것은 알겠지만, 저는 아직도 잘 이해를 못하겠어요. 그리고 지상과 천상의 운동에 차이가 없다는 말씀도 편하게 들리지는 않습니다. 땅은 땅이고 하늘은 하늘이니까요."

존은 최대한 뉴턴의 눈치를 보면서 이야기했다. 뉴턴의 어머니는 울즈소프 일대의 농장을 거의 대부분 소유하고 있었기 때문이다.

"하하하, 그래 그 말도 맞는 말이야. 존을 불편하게 하려고 한 건 아닌데, 너무 기분 나쁘지는 않았으면 좋겠어. 그런데 나는 여기 사과 농장의 사과가 익으면 아래로 떨어지는 것과 달이 지구를 돌고 있는 것이 다른 이유가 아니라 같은 법칙 때문이라는 게 더 전율스러워. 어쨌든 내 얘기를 끝까지 들어 줘서 고마워. 나는 이만 들어가 봐야겠어."

"저도 이만 가 보겠습니다요. 안녕히 들어가세요."

존은 뉴턴과의 대화가 드디어 끝난 것이 다행스러워 안도의 한숨을 내쉬며 발걸음을 빨리했다. 다음번에 뉴턴과 마주치면 멀리서 목례만 하고 지나가야겠다고 생각했다.

푸른 하늘(대기)은 우리를 우주의 냉혹한 환경에서 보호해 주는 따뜻한 보호막인 동시에 우주와 우리가 분리되어 있다는 착각을 주는 눈가리개이다. 이 때문에 아마도 지상의 모든 생명체들은 우주 공포증에 걸리지 않고 심리적 안정감을 가지는지도 모르겠다. 이런 분리감은 지상과 천상이 별개라는 아직도 통용되는 뿌리 깊은 관념을 인간에게 심어 주었는데, 달 바깥의 천구와 그 아래 지상의 세계는 그래서 운영되는 법칙마저도 다르다고 옛날부터 생각했다. 뉴턴이 한 일은 이런 가짜 눈가리개를 걷어 올리는 것과 같았다. 신화와 미신으로 이해되거나 혹은 신성시되는 물질의 세계가 아니라 바로 나와 직접적으로 접촉하고 있는 세계로서의 하늘과 우주가 열린 것이다. 뉴턴은 만유인력을 연구하면서 어쩌면 우주 전체에 대한 그런 실제적인 체감을 가졌던 것은 아닐까? 이제 인류는 눈을 가리고 있던 시절로 되돌아갈 수는 없다. 뉴턴의 연구로 장엄한 무대로서의 우주로 뛰어드는 길이 활짝 열렸기 때문이다.

대화 2

1667년 초 대학은 아직도 임시 휴교 중이었다. 하지만 런던의 흉흉한 소식은 작년 여름 이후로 점점 잦아들고 있었고 뉴턴은 이제 대학으로 곧 돌아갈 수 있을 것 같았다. 늦겨울의 날씨는 쌀쌀했다. 밭에는 녹지 않은 눈이 쌓여 있었고 하늘은 낮인데도 우중충한 구름이 낮게 깔려서 어두웠다. 뉴턴이 열어 놓은 2층 방의 창문을 통해 농장의 묵은 거름 냄새가 어슴푸레 올라왔다. 2층 방의 한쪽 벽에는 뉴턴이 어린 시절 만들었던 책장이 있었다. 뉴턴은 거기에 재작년 휴교령이 떨어졌을 때 고향으로 오면서 같이 가져왔던 유클리드의《기하학 원론》, 갈릴레오의《두 가지 주요 세계관에 관한 대화》, 데카르트의《방법서설》을 꽂아 두었다. 책장 맞은편의 책상에는 조그마한 사발과 접시가 놓여 있었는데, 사발에는 두어 가지의 가루가 담겨 있었고 접시에는 뭔가가 타고 남은 재가 쌓여 있었다. 책상 위에는 노트도 펼쳐져 있었는데, 노트 옆에 놓인 펜에 묻혀 놓은 잉크는 창문을 열어 두어서 그런지 이미 굳어 있었다.

집 정문 쪽에서 약간의 웅성거리는 소리가 들렸다. 아마 누가 찾아온 것 같았다. 뉴턴은 농장일로 찾아온 농부이겠거니 하고 있었는데, 곧 계단을 밟고 올라오는 소리가 들린 후 누군가 방문을 노크했다.

"네, 들어오셔도 됩니다."

방문을 열고 들어온 사람은 말쑥한 차림의 외삼촌이었다. 뉴턴의 외삼촌 윌리엄 에이스코프(William Ayscough)는 케임브리지 트리니티 칼리지 출신의 성직자였다. 그는 뉴턴이 중등학교를 졸업하고 케임브리지 트리니티 칼리지에서 계속 공부할 수 있도록 자신의 누이인 뉴턴의 어머니를 설득했다. 윌리엄은 조카인 뉴턴을 각별히 생각하고 있었다.

"삼촌! 어쩐 일이세요? 그동안 잘 지내셨어요?"

뉴턴은 삼촌이 뜻밖에 방문해서 놀라기도 하고 반갑기도 했다.

"마을 사람을 방문할 일이 있어서 잠시 지나가던 차에 오랜만에 네 얼굴이나 볼까 싶어서 들렀구나. 네가 와 있다는 소식은 작년에 들어서 이미 알고 있었다."

뉴턴은 창문을 닫으면서 말을 했다.

"삼촌 여기 앉으세요. 건강해 보이셔서 정말 다행이에요. 교회에 계신 분들도 다들 안녕하시죠?"

"그래 큰일 없이 지내고 있는 걸 감사드리고 있단다."

윌리엄은 의자에 앉으며 방안을 잠시 둘러보고 말을 이었다.

"너는 어떠니? 학교는 지낼 만하니?"

"네 물론이죠. 사람들도 좋고 공부도 잘 되어서 휴교령이 내려지기 전에 장학생으로 선정되었어요."

"그래, 늦었지만 축하한다. 네 어머니도 좋아하셨겠구나."

윌리엄은 빙긋 웃으며 축하하다가 조카와 자기 누이 사이가 그렇게 살갑지 않은 걸 떠올리곤 아차 싶었다. 그는 얼른 화제를 돌렸다.

"그래, 집에 와서는 어떻게 지냈니? 어릴 때 네가 이것저것 만들고 사고도 치던 기억이 나는데, 요즘도 뭔가에 몰두하고 있는 거니?"

삼촌은 일어나 책상 위의 가루에 코를 가져가서 냄새를 맡았다.

"무슨 냄새지? 여기서 늘 풍기는 말똥 냄새는 확실히 아닌데 무엇을 연구하고 있었던 거지?"

"갈아 놓은 가루는 납과 약간의 철, 그리고 석회예요."

뉴턴은 무엇을 연구하고 있었는지 직접 답하지 않고 에둘러 말하였다. 윌리엄은 잠깐 경직된 것처럼 보였다가 천천히 허리를 펴면서 똑바로 일어났다. 잠깐 생각을 정리한 윌리엄은 침착하게 물었다. 목소리에서 평정을 잃지 않으려는 것 같았다.

"혹시, 이게 그럼 삼촌이 생각하고 있는 그런 거니?"

삼촌이 말하는 그런 거는 연금술을 가리키는 것이었다. 뉴턴은 삼촌의 어조가 조금 불편해졌다. 마치 왜 이런 미신 같은 것에 빠져 있는지 모르겠다는 비난과 생각 없이 구는 철부지 어린아이를 나무라는 훈계처럼 들렸기 때문이다.

뉴턴이 연금술에 대해서 탐닉에 가까운 연구를 했다는 사실은 비교적 최근에야 밝혀졌다. 뉴턴은 연구에 있어서 예민하고 깐깐한 성격으로 자신의 연구가 비판받는 걸 무척 싫어했다. 그래서 과학 연구와 관련된 글들도 바로 발표하지 않고 혼자서 보관하는 경우가 많았다. 과학 연구보다 훨씬 더 논란의 대상이 될 수 있는 신학이나 연금술 관련 글들은 당연히 개인적으로만 보관하고 있었다. 이렇게 쌓이고 쌓인 글들의 파편이 생전에 출판한 연구보다 훨씬 많았다. 그가 남긴 이런 노트는 1,000만 단어 분량에 달하는데, 이 중에는 물리학과 수학뿐만 아니라 신학에 대한 자료도 상당한 양이 있고 어떤 것은 교리 논쟁을 일으킬 수도 있는 연구 내용을 담고 있다. 그래도 이런 부분은 그의 생전에 대중에게 이미 알려진 이미지와 어느 정도 일치는 하는데, 왜냐하면 뉴턴은 당대에 과학자로서 뿐만 아니라 신학자로도 알려져 있었기 때문이다. 그런데 이 자료 중에 사람들을 깜짝 놀라게 했던 건 100만 단어 분량이 연금술에 관한 것이었다는 점이다. 100만 단어면 지금으로 치면 소설책 10여 권 분량이다. 이는 뉴턴이 심심풀이나 취미로 연금술을 연구했던 게 아니라 진지하게 연구에 임했다는 걸 뜻한다. 이런 방대한 분량의 노트는 그의 생전에 알려진 행적과 너무도 다른 것이어서 많은 사람들이 이것을 어떻게 이해해야 할지 충격에 빠졌고 심지어 그의 연금술 연구를 부정하거나 축소 해석하려는 경향도 있었다. 마치 국가 대석학으로 자국민을 넘어서 주변 국가에서도 칭송받았던 사람이 알고 보니 개인적으로 유사 과학을 진지하게 연구하고 있더라는 경우와 비슷한 일이 벌어진 것이다. 그의 이런 연구가 세상에 알려지게 된 건 그가 남긴 노트 중 연금술과 신학을 다룬 것들이 1936년 런던 소더비 경매에 나온 게 계기가 되었다. 그날 경매에서 연금술과 관련한 뉴턴의 노트를 상당량 낙

뉴턴의 연금술 노트 일부분 사진. 연금술은 상징과 비유를 통해 전파된다.

찰 받은 사람 중에 그 유명한 경제학자 케인즈(John Maynard Keynes, 1st Baron Keynes, 1883~1946, 영국 잉글랜드)도 있었다. 케인즈는 이 경매 이후에도 개인적으로 뉴턴의 연금술 노트를 꾸준히 수집해서 스스로 연구한다. 케인즈가 이 연구로부터 내린 결론은 뉴턴은 이성의 시대를 열어젖힌 인물이기보다, 오히려 인류가 먼 옛날부터 나름의 문명과 지식이라는 것을 쌓아 올린 방법인 신비주의적 방식의 전통에 기대어 서서 결과적으로 그것을 매듭지은 인물에 가깝다는 것이었다. 과연 뉴턴은 냉철한 과학자와 몽상에 빠진 신비주의자 중에서 어디에 가까운 인물이었을까? 우리에게 정형화된 뉴턴의 이미지가 실존했던 인간 뉴턴에 얼마나 가까운지 판단하기 위해서는 뉴턴이 남긴 연금술과 신학에 대한 방대한 분량의 노트들에 대한 연구가 더 필요할 것 같다.

"네 맞아요, 삼촌. 연금술에 관심을 가지고 있어요. 하지만 제가 철학자의 돌을 찾고 있는 것은 황금 때문만은 아니에요. 물질의 변화 원리와 물질의 변화에 관여하는 비물질적인 요소의 핵심을 알고 싶은 것이 더 큰 이유예요. 저는 물질과 비물질에 대해서 4원소설보다 더 세심하고 구체적인 이해가 반드시 있을 거라는 생각이 들어요."

윌리엄은 입을 다문 채 코로 숨을 깊이 들이마셨다가 내쉬었다.

"그래, 여기서 연금술의 내용에 대해서 너와 논쟁하지는 않으마. 다만, 나는 네가 길을 잃는 건 아닌지 걱정이구나. 그리고 저잣거리에서 연금술로 사기를 당하고 고통에 처하는 사람들을 나는 많이 보았단다. 그래서 연금술이 혹세무민의 기술에 불과한 것은 아닌가 하는 의심이 점점 강하게 드는구나. 네가 혹시라도 그런 어지러운 일에 휘말리지 않기를 기도하마."

뉴턴이 연금술을 연구한 게 황금과 영생에 대한 사적인 욕망에서 비롯되었는지, 혹은 그의 물리학과 수학에 대한 연구처럼 (어쩌면 가장 깊은 곳에 숨겨져 있다고 믿어지는) 자연의 원리에 대한 학문적 호기심에서 비롯되었는지는 분명치 않다. 연금술 연구의 전통에는 그 내용을 오직 자격이 있는 사람만 알게 한다는 암묵적 룰이 있었다. 그래서 연금술과 관련된 저술은 온통 비유, 은유, 상징으로만 쓰인다. 일종의 비인부전非人不傳 또는 천기누설 방지 같은 장치인데, 그렇다 하더라도 누가 연금술을 연구하고 있는지까지 우주적 비밀로 유지해야 할 사항은 아니었다. 그런데 뉴턴은 자신이 연금술 연구를 하고 있다는 것도 (거의) 철저히 평생에 걸쳐서 비밀로 유지했는데, 아마도 뉴턴 스스로도 자신의 연금술 연구가 대중에게 알려지면 어떤 사회적 물의가 빚어질지 잘 알고 있었던 것 같다.

"삼촌의 걱정은 잘 알겠어요. 그리고 제 신앙심은 변함이 없어요.

만약 저의 탐구가 저를 현명하게 만들지는 못할망정 저를 어리석게 만든다면 저는 그걸 바로 집어던져 버릴 거예요."

뉴턴의 목소리가 조금 격앙되었다. 윌리엄은 어깨를 한 번 으쓱하고는 어색해진 분위기를 털어 버렸다. 뉴턴은 삼촌의 표정이 누그러지는 것을 보았다. 삼촌은 뉴턴이 어릴 때부터 뉴턴을 아들처럼 아꼈고 뉴턴과 함께 좋은 추억을 공유하고 있었다. 그날 오후 뉴턴은 윌리엄에게 만유인력과 프리즘 실험에 대해서 이야기해 주었다. 윌리엄은 뉴턴과 함께 간단히 저녁을 먹은 후 돌아갔다. 윌리엄이 돌아갈 때까지 둘은 연금술에 대한 이야기는 더는 꺼내지 않았다.

뉴턴이 런던 대역병의 여파로 케임브리지의 대학교가 휴교한 동안 울즈소프에서 지낼 때 만유인력, 미적분학, 광학에 대한 기본적인 발상과 초기 연구를 진행한 것은 잘 알려져 있다. 하지만 연금술에 대한 그의 관심과 연구가 정확히 언제부터, 어떤 계기로 시작되었는지 분명하지 않은 점이 많다. 그의 연금술 연구는 그가 남긴 노트로 미루어볼 때 《자연 철학의 수학적 원리》 저술에만 몰두한 1684년에서 1686년 사이를 제외하고 평생에 걸쳐 꾸준히 이루어진 것으로 보인다. 하지만 뉴턴이 자신의 집중력과 창의성을 이렇게나 쏟았는데도 연금술 연구에서 딱히, 최소한 자신만이라도 만족할 만한 진전은 없었던 것으로 추측된다. 당시는 보일(Robert Boyle, 1627~1691, 아일랜드)이 보일의 법칙을 발표(1662년)하는 등 연금술이 마침내 화학으로 넘어가기 시작하는 근대 화학의 여명기였다. 보일 역시 연금술 연구의 연장선상에서 자신의 연구를 진행했던 것인데, 그럼 뉴턴은 왜 자신의 연금술 연구를 화학적인 연구로 발전시키지 못했을까?

이는 그의 노트에 대한 연구가 더 진행되어야 분명해지겠지만, 아마도 물질의 변화에 있어서 어떤 비물질적 요소의 개입이라는 관점을 끝내 포기하지 못한 것이 부분적인 원인은 아니었을까 추측해 본다. 물론 직접적인 연구 성과의 유무만이 연구자 개인에게 의미 있는 것은 아닐 수 있다. 어떤 연구에 몰두한 그 자체로 연구자의 삶과 그의 다른 연구에 미치는 간접적인 영향이 있을 것이기 때문이다. 최근에는 뉴턴이 연금술 연구에서 얻은 영감을 자신의 광학 연구에 활용했을 가능성이 있다는 주장도 제기되고 있는 걸 고려하면, 뉴턴의 연금술 연구는 겉으로 내세울 성과가 없었던 것처럼 보이는 이면에 사실은 뉴턴의 인생에 유기적이고 다각적으로 얽혀서 막대한 영향을 끼쳤을지도 모를 일이다.

《자연 철학의 수학적 원리》를 통해서 물체의 운동 원리를 밝히고 《광학(Optics)》(1704)을 통해서 빛의 비밀을 한 꺼풀 벗긴 그였기에, 만약 물질의 변환에 대한 연구가 화학 연구로 이어졌고, 물질과 비물질에 대한 고찰이 심리학이나 뇌과학으로 이어졌다면 물질·빛·비물질을 아우르는 뉴턴만의 큰 그림이 완성되었을 수도 있겠다. 하지만 결과적으로 뉴턴은 물질 연구에 있어서 조금은 주류에서 비껴 서 있게 되었고, 화학의 시대를 여는 대업은 다른 과학자들이 맡게 되었다. 연금술은 화학 혁명을 거친 후 정략적 물질과학으로 거듭나는데, 이렇게 탄생한 근대 화학은 아이러니하게도 원자론을 통해 뉴턴 역학과 다시 만나게 된다. 대표적인 사례가 기체 분자의 운동론인데, 이것이 정립되기까지는 뉴턴 사후 140년의 세월이 더 지나야 했다.

대화 3

"어? 하지만 교수님, 아리스토텔레스에 따르면 색깔은 백색과 검은색 혹은 밝음과 어두움의 조합으로부터 만들어지는 것 아닙니까?"

1670년 1월 뉴턴은 케임브리지 대학에서 광학 강의를 연다. 울즈소프에서 케임브리지로 돌아온 후 뉴턴은 1668년 석사 과정을 마친다. 이때부터 두각을 드러낸 그의 수학적 재능을 인정받아 1669년 10월에는 루카스 수학 석좌교수에까지 임명된다.

오늘 강의실에는 새로 임명된 젊은 교수의 강의를 듣기 위해 학생들뿐만 아니라 다른 교수들도 참석해 있었다. 뉴턴은 울즈소프에 머무는 동안 마을 시장에서 구한 프리즘으로 태양빛을 통과시키는 빛의 분산 실험을 수행했다. 당시에 프리즘은 재미있는 장난감 정도로 여겨져서 실험 도구로 진지하게 다루어지지 않았었다. 그런데 뉴턴은 오늘 광학 강의에서 장난감을 이용하여 아리스토텔레스의 권위에 감히 도전하는 '새로운 이론'을 제시하려 하고 있었다. 1670년은 뉴턴이 아직《자연 철학의 수학적 원리》나 미적분에 대한 책들을 출간하기 한참 전으로, 그는 그저 촉망받는 신출내기 학자일 뿐이었다. 어떤 이에게는 오늘 뉴턴이 제시할 내용이 젊은 학자의 만용으로 비칠 수도 있을 터였다.

뉴턴은 강의실의 커튼을 내리면서 태양광이 강의용 책상에 수직으로 설치한 가느다란 틈(슬릿)을 지나서 프리즘을 통과하도록 만들었다. 프리즘 반대편에 세워 놓은 흰색 종이 위에 무지갯빛 띠가 나타났다.

"그렇지요. 옛 이론에 따르면 분명 색깔은 밝음과 어두움의 조합입니다. 그렇다면 백색광이 프리즘을 거치면서 분리된 빛 중에서 하나의 색깔, 예를 들어 노란색만 골라서 다시 한 번 다른 프리즘에 통과시켜 보면 어떨까요?"

뉴턴은 청중이 생각할 수 있도록 시간을 주면서 강의용 책상 위에 뭔가를 설치하기 시작했다.

"만약 옛날 이론이 옳다면 이 노란색 빛 안에는 어느 정도 백색광이 있어야 합니다. 따라서 두 번째 프리즘을 통과하면서 다시 한 번 무지갯빛 띠가 생겨야 할 것입니다."

뉴턴은 방금 전 추가로 설치한 두 번째 틈의 위치를 조절해서 무지갯빛 띠 중에서 노란색의 빛만 지날 수 있도록 하였다. 그리고 두 번째 프리즘을 노란색 빛 앞에 천천히 놓았다.

"음."

실험을 집중해서 보고 있던 어떤 교수가 낮은 신음소리를 뱉었다. 두 번째 프리즘을 통과한 노란색 빛은 맞은편 흰색 종이 위에 여전히 노란색 띠만 만들고 있었던 것이다.

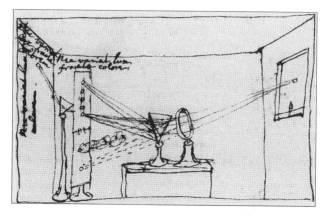

두 개의 프리즘을 이용해 빛의 분산을 실험하는 내용이 담긴 뉴턴의 스케치.

청중의 반응을 살피던 뉴턴은 다소 자신감이 차오른 동작으로 두 번째 틈과 프리즘을 치우면서 말을 이었다.

"자, 색깔을 띤 빛이 백색광과 어둠의 조합이 아니라면 오히려 백색광이 색깔을 띤 빛들의 조합일 수 있지 않을까요? 그래서 프리즘을 통해서 그 빛들이 서로 구분되어진 것이라면 이 빛들을 다시 모을 때 백색광이 되어야 하지 않을까요?"

뉴턴은 이번에는 청중들에게 시간을 주지 않고 재빨리 무지개 띠로 분리된 빛들 앞에 볼록렌즈를 설치해서 이 빛들을 모았다. 맞은편 흰색 종이 위에 백색 띠가 선명히 생겼다.

"오!"

"그렇습니다. 저는 감히 말씀드리는데, 백색광이야말로 여러 색깔 빛들의 섞임이었던 겁니다. 백색광은 전혀 균질한 빛이 아닙니다."

뉴턴의 마지막 말은 다소 도전적인 톤을 띠고 있었다. 장난감 같

인물과 실험으로 보는 **스토리 물리학**

은 장치로 급진적인 주장을 펴
고 있는 뉴턴이 뭔가 의심스럽
다는 분위기가 강의실을 뒤덮
고 있었지만 아무도 젊은 교수
의 열정 어린 설명을 제지하
지 않았다. 뉴턴은 강의를 계
속했다.

"백색광은 무지개 색의 빛들
로 이루어져 있는데, 이 색들
은 일곱 가지의 대표적인 색과
그들 사이의 미묘한 색들로 구
성됩니다. 저는 일곱 가지 대
표 색을 빨간색, 주황색, 노란
색, 초록색, 파란색, 남색, 보라

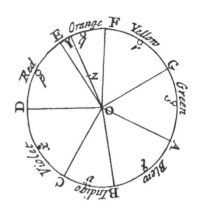

뉴턴의 《광학: 반사, 굴절, 회절 그리고 빛의 색깔에 관한 논문(Optics: or, a treatise of the reflexions, refractions, inflexions and colours of light)》(1704)에 실린 빛의 색깔 원. 무지개 색깔의 스펙트럼 띠를 원주에 배치하였다. 이 원을 이용하여 합성된 빛의 색깔과 밝기를 예측할 수 있다. 《광학》에는 빛의 색깔과 염료(물감)의 색깔 합성에 대한 실험이 자세히 기술되어 있다.

색으로 분류하였습니다. 이 색들이 모두 조합되면 다시 백색광이 되
는 것이지요. 그럼 여기서 재미있는 질문을 해 볼 수 있습니다. 만약
이 일곱 가지 색깔의 빛 중에서 몇 가지만 섞으면 어떻게 될까요?"

뉴턴은 능숙한 손놀림으로 다시 무언가를 설치했다. 프리즘 앞에
설치된 두 개의 틈이 나 있는 판이 무지갯빛 띠 중에서 빨간색과 초
록색만 통과시키고 있었다. 잠시 뜸을 들이던 뉴턴은 두 개의 프리즘
을 꺼내서 각각 빨간색 빛과 초록색 빛 앞쪽에 설치했다. 뉴턴이 프
리즘의 방향을 조정하자 두 개의 빛은 흰색 종이 위에서 점차 가까워

졌다. 두 빛이 겹치자 노란색 띠로 보였다.

　백색광이 하나의 균질한 빛이 아니라 여러 빛이 섞여 있다는 발상을 뉴턴이 내놓은 배경에는 그의 연금술 연구가 있다고 보는 학자도 있다. 아리스토텔레스의 관점에 따르면 혼합물은 그 자체로 균질한 하나의 물질이지만, 연금술의 관점에 따르면 혼합물은 혼합 후에도 원래의 구성 물질이 그 안에 영원히 존재해서 다시 분리해 낼 수 있다고 당시 주장되었기 때문이다. 이러한 연금술의 관점을 뉴턴이 빛의 합성과 분리로써 광학 연구에 접목시켰을 개연성이 크다는 것이 그러한 학자들의 주장이다. 뉴턴은 백색광이 프리즘을 통과하면서 보이는 스펙트럼을 일곱 가지의 색깔로 구분 지었는데, 뉴턴이 특별히 일곱 개를 선택한 이유는 백색광의 스펙트럼과 음악의 7음계 사이에 모종의 연관성이 있을 것으로 의심했기 때문이다. 물론 빛의 색깔과 음계 사이에는 아무런 연관성이 없다는 것이 지금은 잘 알려져 있다. 뉴턴은 또 색의 조합 실험을 통해서, 임의의 주어진 빛의 색깔은 백색광의 스펙트럼에 대응되는 빛의 색깔이거나 아니면 이런 빛들이 합성되어 나타나는 색깔임을 보였다. 스펙트럼에 대응되는 빛은 재차 프리즘에 통과시켜도 다른 색깔의 빛들로 분리되지 않기 때문에 '단순 색(simple color)'이라고 칭했고, 다른 색깔의 빛들이 합성되어 나타나는 색깔의 빛은 프리즘에 통과시키면 서로 분리되었기 때문에 '복합 색(compound color)'이라고 칭했다. 오늘날의 지식으로 해석하면 앞의 것은 하나의 파장만을 가지는 빛, 뒤의 것은 두 개 이상의 파장이 중첩된 빛이라고 하겠다. 주의할 것은 뉴턴이 칭한 '단순색'이 오늘날의 삼원색 개념은 아니라는 것이다. 뉴턴은 이러한 단순색들이 조합됐을 때 드러나는 복합 색의 (준)정량적 관계를 원으로 시각화하여 제시한다.

색깔의 합성을 이야기하는 지점에 이르자 학생들은 젊은 교수의 이야기에 거의 자포자기하는 심정이 되었다. '빨간색과 초록색이 합쳐져서 노란색이 된다고?', '그리고 노란색이 다시 빨간색과 초록색으로 분리가 된다고?', '물론 교수는 그것을 눈앞에서 보였다. 하지만 실험이 잘못된 것은 아닐까?' 몇몇 교수들은 심각하고 진지한 표정으로 가만히 앉아 있었다. 오늘 광학 수업에서 렌즈의 기하 광학과 아리스토텔레스의 색깔 이론 정도를 기대했던 그들에게도 뉴턴의 강의는 전혀 예상하지 못했던 너무 급진적인 이야기라 당장 반박을 못하고 있었다. 그러나 뉴턴은 여기서 끝낼 마음이 없었다. 아직 새롭게 논의할 이야기가 더 남아 있었던 것이다.

"프리즘을 통과하는 빛의 경로를 좀 자세히 살펴보면 입사하는 빛의 각도와 굴절하는 빛의 각도의 사인(sine) 값의 비율이 일정함을 알 수 있습니다. 그리고 이 비율은 빛의 색깔에 따라서 달랐습니다. 이 관찰로부터 우리는 한 가지 유용하고 실용적인 교훈을 얻을 수 있습니다. 그것은 렌즈를 통한 빛의 굴절을 이용하는 굴절 망원경에서는 빛의 색깔에 따라서 굴절 정도가 달라질 수 있고, 이는 망원경의 성능에 치명적인 단점이 될 수 있다는 것입니다. 왜냐하면 빛의 색깔에 따라서 초점이 맺히는 지점이 미묘하게 달라지기 때문입니다. 그런데 거울을 통한 반사의 경우에는 빛의 색깔에 상관없이 모두 입사각과 반사각이 같습니다. 그러니까 거울을 이용하는 반사 망원경을 만들 수 있다면 굴절 망원경의 이런 단점을 극복할 수 있습니다."

"그럼 그 반사 망원경의 거울은 어떤 모양이 되어야 하는가? 물론 이것은 뉴턴 교수의 말이 모두 맞을 경우에만 유효한 질문일 테지만 말이야."

앞쪽에 앉아서 뭔가를 기록하고 있던 교수가 갑자기 질문했다.

"평행광을 모으려면 포물면이 되어야 합니다. 포물선을 축을 중심으로 회전한 면 말입니다."

잠시 생각하던 교수가 동의한다는 듯 끄덕거렸다. 다른 교수가 질문을 이었다.

"뉴턴 교수의 빛과 색깔에 대한 강의는 잘 들었네. 그런데 한 가지 확인하고 싶은 게 있네. 뉴턴 교수의 실험은 빛이 알갱이 같은 것인지 아니면 물결처럼 출렁이는 것인지 구분하는 데 사용될 수 있는 것인가?"

"저는 저의 실험이 빛이 알갱이라는 걸 확실히 보인다고 생각합니다. 저의 실험과 별개로 빛이 직진한다는 사실부터가 빛이 알갱이라는 걸 지지하는데, 심지어 반사되거나 좁은 틈을 통과한 이후에도 빛이 계속 직진하는 것은 빛의 알갱이설을 더욱 강하게 뒷받침합니다. 만약 빛이 파도 같은 물결이라면 사방으로 퍼지려고 할 것이기 때문입니다. 알갱이 이론은 빛의 굴절도 알갱이의 운동으로 자연스럽게 설명합니다. 예를 들어 공기 중을 지나가던 빛 알갱이가 물속으로 비스듬히 들어가는 경우를 떠올려 보겠습니다. 물을 작은 알갱이들로 쪼갠다면 빛 알갱이와 물 알갱이들 사이에 모종의 힘을 상정할 수 있습니다. 저는 이것이 근거리(short ranged) 인력이라고 생각하는데, 빛 알갱이들이 공기와 물의 경계에서 물 알갱이로부터 강한 인력을 받는 것입니다. 그래서 입사하는 아주 짧은 시간 동안 빛 알갱이의 속력이 변하게 되는데, 이때 공기와 물의 경계면에 수평한 성분의 속력은 변화가 없고 수직한 성분의 속력은 인력으로 더 빨라지게 되어서 결과적으로 빛이 물 쪽으로 휘게 되는 것입니다. 그리고 일단 빛 알갱이가 물속에 들어서면 사방의 물 알갱이가 가하는 인력은 서로 상쇄되어 더 이상 빛이 휘지 않고 직진하게 됩니다."

"알갱이들 사이의 인력으로 설명하겠다는 것이군. 뉴턴 교수의 설명은 교묘하네만 빛 알갱이와 물 알갱이의 인력이라는 가정이 조금 억지스러운 느낌이 드네. 물론 일단 그런 힘을 따로 증명할 수만 있다면 빛의 굴절은 알갱이 이론으로 잘 설명될 수 있을 것 같네. 그런데 알갱이 이론과 뉴턴 교수의 색깔 실험은 어떤 관련이 있는가?"

"알갱이 이론과 빛의 색깔의 연관성에 대해서는 아직 고민 중에 있습니다. 한 가지 가능성은 빛 알갱이가 한 종류가 아니라 질량이 다른 여러 종류일 수 있습니다. 그럴 경우 빛 알갱이가 물질로 입사할 때 받는 순간 인력이 일정하다고 하더라도 알갱이의 질량에 따라서 속도 변화량이 달라질 수 있습니다. 그러니까 가벼운 알갱이는 더 휘고, 무거운 알갱이는 덜 휘는 것이지요. 이럴 경우 색깔이라는 것은 빛 알갱이가 색깔로써 가지는 속성이 아닙니다. 다른 말로 빛 알갱이에 색칠이 되어 있는 것이 아니라는 겁니다. 하나의 매질 내에서 동일한 속력을 가지는 빛 알갱이들은 질량에 따라서 다른 활력(운동 에너지)을 가지는데 우리 눈과 우리 내면에서 지각 작용이 일어나는 곳에서는 빛 알갱이의 다른 활력을 다른 색깔로 감각하게 된다고 볼 수 있습니다. 똑같은 이야기를 다시 말씀드리자면 빛 자체 또는 빛을 내는 물체에 물리적인 색깔이 있는 것이 아니라 색깔이라는 건 인간이 서로 다른 빛 알갱이를 구분하여 인식하는 방법이었던 것입니다. 이것은 색깔의 합성과도 잘 부합하는 설명입니다."

뉴턴이 지지한 빛의 알갱이설은 후에 완벽히 틀린 것으로 판명이 나고 대신 하위언스(Christiaan Huygens, 1629~1695, 네덜란드) 등이 주장한 빛의 파동설이 정설로 자리 잡게 된다. 그 원인 중의 하나는 빛의 알갱이설로는 빛의 회절 현상을 설명할 수가 없었기 때문이다. 뉴턴은 빛 알갱이 이외에 추가로 광학적 에테르를 도입한다거나, 빛 알갱이와 회절 슬릿 물질 사이에 인력을 도입하는 등으로 알갱이 이론으로 회절 현상을 설명하기 위한 여러 시도를 해 보지만 모두 뚜렷한 성과 없이 끝나게 된다. 1801년 영(Thomas Young, 1773~1829, 영국 잉글랜드)의 이중 슬릿 실험과 1819년의 아라고(Dominique François Jean Arago, 1786~1853, 프랑스)의 회절 실험으로 빛의 파동설이 알갱이설에 비해 점차 더 큰 지지를 받기 시작하는데, 이 와중에 1850년 푸코(Jean Bernard Léon Foucault, 1819~1868, 프랑스)는 빛 알갱이설의 관 뚜껑에 마지

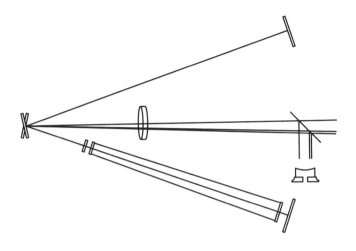

푸코의 매질 속 빛의 속력 측정 실험. 기다란 관속의 물질을 바꾸어서 공기 중을 지나는 빛의 속력과 물속을 지나는 빛의 속력을 비교할 수 있다.

막 못을 박는 실험을 진행한다.

　빛의 알갱이 이론은 물속을 지나는 빛의 속력이 공기 중을 지날 때보다 더 빨라져야 한다고 예측했었는데, 푸코가 진행한 실험은 정반대의 결과를 보였다. 하지만 이는 뉴턴이 세상을 떠난 지 약 130년 뒤의 일이었고, 뉴턴이 지지한 빛 알갱이설은 푸코의 실험 전까지 약 100년간 상당한 권위를 누리게 된다.

　뉴턴은 1668년 반사 망원경을 스스로 설계하여 제대로 작동하는 인류 최초의 반사 망원경 제작에 성공한다. 그의 반사 망원경에 대해 큰 호기심을 보였던 왕립학회의 요청으로 뉴턴은 자신이 만든 두 번

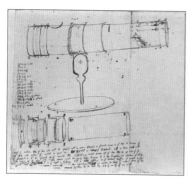

(왼쪽)뉴턴의 반사 망원경 스케치. (오른쪽)뉴턴이 왕립학회에 기증했던 반사 망원경의 복제품.

째 반사 망원경을 1671년 왕립학회에 보낸다.

왕립학회를 통해 이 망원경을 접한 찰스 2세는 큰 인상을 받게 되고 뉴턴은 1672년 왕립학회 회원에 선출된다. 아직《자연 철학의 수학적 원리》, 미적분 논문,《광학》등의 저작이 세상의 빛을 보기도 전의 일이었다. 물론 뉴턴 자신은 자신의 주요 저작이 될 연구들의 거의 모든 아이디어를 울즈소프에서 머무는 기간 동안 이미 상당 부분 완성하고 있었지만 다른 연구자들은 그 사실을 전혀 알 수 없었다. 그러니까 촉망받지만 신출내기인 연구자가 바로 왕립학회 회원이 될 수 있을 정도로 반사 망원경은 혁신적인 발명이었던 것이다.

1704년 마침내《광학》이 출판된다.《광학》은 처음부터 라틴어가 아닌 영어로 쓰였고, 서술 방식도《자연 철학의 수학적 원리》처럼 수학의 서술 방식을 채택한 것이 아니라 주로 관찰과 실험을 자세히 설명하는 방식이라서 일반교양인(일반 대중이 아니다. 대중의 교육이라는 것은 거의 존재하지 않던 시대였다)도 바로 읽을 수 있는 책이었다. 그리고 이미 이때는《자연 철학의 수학적 원리》를 출판한 뒤라서 뉴턴의 명성과 권위는 30년 전 반사 망원경을 만들었던 때와는 차원이 달라져 있었다. 뉴턴의 권위가 너무 거대했기에 뉴턴이 주장한 빛의 알갱이 이론은 100여 년간 지속된다. 회절 실험과 매질에서의 빛의 속력 측정 실험으로 1850년 폐기되는 빛의 알갱이 가설은 그로부터 50년 정도 지나서 다른 모습으로 물리학에 재등장한다. 아인슈타인의 광양자 가설이 바로 그것이다. 하지만 아인슈타인의 광양자 역시 회절 현상을 설명할 수는 없었는데, 입자가 보이는 파동 현상을 이해하기 위해서는 파동-입자 이중성이라는 혁신적인 개념이 필요했던 것이다.

혹자는 뉴턴이 주장한 빛의 알갱이 이론이 틀렸기 때문에 뉴턴의 광학 연구 전체가 무의미해져 버린 것은 아닌가 하고 생각할 수도 있겠다. 그러나 알갱이 가설과는 별개로 뉴턴의 광학 연구는 빛에 대한 연구를 뉴턴 이전과 뉴턴 이후로 나눌 수 있을 정도의 가치를 지닌다고 볼 수도 있다. 왜냐하면, 뉴턴 이전에 진행된 광학 연구의 주요 관심사는 기하 광학으로, 이것은 빛이 물질을 지날 때 빛의 경로가 달라지는 것에만 집중하였고, 또 뉴턴의 알갱이설이 틀렸음을 보인 회절 광학이라는 것도 빛이 보이는 알갱이성과 파동성의 차이에만 집중한 것이었다. 반면에 뉴턴은 빛의 물리적 본성 자체, 즉 물질과의 반응을 통해 드러나는 빛의 물리적 속성(그러한 속성 중 하나는 인간에게 색깔로서 감지된다)에 집중한다. 백색광의 분산과 각 색깔의 빛이 보이는 굴절, 반사, 흡수의 차이를 다루는 실험은 물리 광학 연구의 출발점이라고 해도 과언이 아니다.

일반화된 이항 정리의 증명, 미적분의 발견, 운동 법칙의 정립, 만유인력의 발견과 행성 운동의 종합, 반사 망원경 발명 및 제작, 빛의 분산과 색깔에 대한 광학 연구. 이 중에서 자신의 업적으로 하나만 성취해도 아마 그 과학자는 과학사에 영원히 이름을 남겼을 것이다. 뉴턴은 그가 연금술이라는 신비학을 연구해서가 아니라, 그가 이루어 낸 업적의 범위와 중요성이 너무 놀랍기 때문에라도 마법사로 불릴 만하다. 그가 이룬 다른 업적에 비추어 보면 그의 이항 정리와 반사 망원경 연구는 하찮게 보일 정도이다(하지만 이항 정리가 수학에서, 반사 망원경이 천문학에서 차지하는 의미를 아는 사람이라면 이것이 얼마나 말도 안 되는지 잘 알 것이다).

가설 추론, 실험 설계와 관측을 통한 물리량 사이의 정량적인 관계 파악, 실험을 통한 가설의 검증 또는 반증. 뉴턴을 통해서 비로소 귀납과 연역이 보완적으로 얽힌 과학적 방법론(과학자들이 지금 쓰고 있는 바로 그 연구 방법)의 체계가 잡히기 시작하며, (운동으로 대변되는) 입자들의 역학적 인과에 따라서 현상이 벌어진다는 세계관이 아리스토텔레스의 목적론적 자연관을 대체한다. 이것은 인류가 시간과 공간을 명시적으로 재인식하고, 자연 현상에서 목적을 찾고자 하는 일종의 강박(?)으로부터 자유로워지는 계기가 된다. 이제 인류학적 또는 신학적 목적과 의미는 자연 철학에서 한 발짝 물러서게 되었고, 자연 현상의 (수학적 기술이 가능한) 물리적 원리를 밝힌다는 것으로서의 자연 과학이 탄생한다.《자연 철학의 수학적 원리》라는 제목은 이런 상황을 대변하는 슬로건이라고 할 수 있다. 오늘날의 자연 과학 혹은 좁혀서 물리학은 이런 새로운 자연관을 낳은 철학적 산통의 직접적 산물이다. 하지만 뉴턴 당대에는 아직 이 새로운 물리학 혹은 철학 체계 안에 낱낱이 포섭되지 않은 자연 현상들이 많이 남아 있었다.

그래서였을까? 뉴턴은 생전에 자신을 "진리의 바다가 앞에 있는데도, 한 줌의 조개껍질에 즐거워하는 소년"이라고 말한 적이 있다. 이것은 대학자의 겸손의 표현이라고 볼 수도 있지만, 어쩌면 그는 더 큰 진리를 직감했었고 자신의 발견은 아직 그것의 단편일 뿐이라는 학자적 예상을 사실적으로 표현한 것일지도 모를 일이다. 만약 그렇다면 그는 어디까지 내다본 것일까? 근대 화학이나 전자기학을 넘어 현대 물리학의 어슴푸레한 전조까지 내다봤던 것은 아닐까? 뉴턴이라면 이런 억측까지도 허용이 가능할 것 같은 인물이다. 독보적인 르네상스 맨. 새로운 패러다임과 세상을 열고서 자신은 지난 패러다임을 안고 사라진 마법사. 뉴턴이라는 마법사를 마지막으로 인류는 신비의 시대에 작별을 고하고 이성의 시대로 진입한다.

3장
맥스웰과의 대화

　맥스웰의 학문적 성장과 활동은 에든버러, 글렌레어, 애버딘, 케임브리지, 런던을 중심으로 이루어졌다. 맥스웰의 수학적 재능은 어린 시절부터 두각을 나타내서 14세 때 계란형 곡선에 대한 수학 논문을 쓸 정도가 되었고, 25세에 애버딘의 마리샬 컬리지의 교수로 임용되었다. 이는 컬리지의 다른 교수들보다 평균 15세 정도 이

영국 스코틀랜드의 에든버러에 있는 맥스웰(James Clerk Maxwell, 1831~1879, 영국 스코틀랜드)의 동상. 맥스웰은 에든버러에서 태어나고 글렌레어에서 유년기를 보낸다.

인물과 실험으로 보는 **스토리 물리학**

른 것이었다. 갈릴레오가 1610년 토성의 고리를 발견한 이후, 토성 고리의 정체와 이것이 어떻게 안정할 수 있는지는 맥스웰의 시대까지 200년간 풀리지 않던 문제였다. 맥스웰은 뉴턴 역학을 적용한 수리물리학적 방법을 사용해서 토성 고리가 하나의 덩어리이거나 유체일 수가 없고 여러 파편들의 모임임을 보였다. 맥스웰은 이 논문으로 1857년 아담스 프라이즈(Adams Prize, 1850년부터 현재까지 수여되고 있는 영국 기반의 수학자에게 수여되는 권위 있는 상)를 수상한다. 이로부터 120여 년이 지나서 우주 탐사선 파이오니어(Pioneer) 11호(1979), 보이저(Voyager) 1호(1980), 보이저 2호(1981)에 의해 토성 고리의 파편이 확인된다. 전기력과 자기력의 통합에 대한 연구, 기체 분자들의 운동론, 색깔의 합성에 대한 이론 등 이후 맥스웰이 남긴 업적들은 고전 물리학이 도달할 수 있는 최전방으로 그 안에 현대 물리학의 태동을 잉태하고 있었고, 오늘날의 과학 기술 분야에서 여전히 사용되고 있다.

1831년 뉴턴 사후 100여 년의 시간이 흘렀다. 뉴턴 역학은 물리학의 확고한 패러다임으로 자리를 잡았고 힘과 가속도라는 기계론적 인과율에 따른 역학적 우주관도 뿌리를 내렸다. 맥스웰은 뉴턴 역학의 충실한 계승자였는데, 자신의 뛰어난 수학적 소질을 활용하여 역학적 물리학을 그 정점에 올려놓는다. 맥스웰 자신은 아마 예측할 수 없었겠지만 고전 물리학에 가까운 그의 연구가 현대 물리학에 끼친 영향은 아주 막대하다. 맥스웰의 전자기학 이론은 그 자체가 장론(field theory)의 완성된 형태로 이제부터 장론은 물리학의 본격적인 언어가 된다. 또한 그의 전자기학 이론은 전기력과 자기력을 통합하고 있는데, 이것은 지금의 입자물리학에서 다루는 힘, 통일 이론의 신호 탄이라 할 수 있다. 수학적 구조의 면에서 맥스웰의 전자기학은 로렌츠 대칭성과 게이지 불변성이라는 것을 가지고 있어서 이것은 상대성 이론과 입자물리학 및 고체물리학의 매우 큰 이론적 기틀이 된다. 맥스웰이 기체의 점성에 관해 연구하면서 도입한 기체 분자의 운동에 관한 통계적 방법론은 통계 역학의 시발점이 되고, 통계와 확률을 역학에 활용한다는 발상은 현대 원자론의 확률적 패러다임으로까지 이어진다. 이처럼 압도적으로 뛰어난 그의 연구를 전반적으로 살펴보면 우리는 하나의 독특하고 독창적인 면을 발견하게 된다. 그것은 그가 이론을 수학적으로 전개하는 데 매우 능했다는 점이다. 이런 점은 색깔의 합성에 대한 그의 연구에서도 잘 드러나는데, 우리는 여기서 단지 숫자들의 정량적이고 수식적인 접근을 넘어서는, 현상과 이론이 내포하는 수학적 구조를 파악하는 그의 사고를 엿볼 수 있다.

실험이나 관측으로부터 이론을 수학적으로 탁월하게 구조화해 내는 맥스웰의 수리물리학적 스타일은 이후 물리학의 모범이 된다. 이제 물리학은 아리스토텔레스의 4원소설, 4원인설과 같은 종합된 철학의 면모를 가지는 형이상학과는 완전히 결별하고, 확고한 수학적 전통 위에 자연의 환원론적 원리의 수학적 모형을 세우는 학문으로서의 물리학이라는 전형을 완성한다. 이즈음의 물리학 논문과 저술들은 현재의 물리학 연구와 직접적으로 맞닿기 시작한다.

인물과 실험으로 보는 **스토리 물리학**

대화 1

"감히 말씀드리는데, 표현하는 단어를 모호하게 사용한 건 저의 큰 불찰입니다. 선생님은 '힘'이라는 용어를 한곳에서 다른 곳으로 가려는 물체의 경향성으로 정의하셨는데, 저는 제가 그 용어를 선생님이 정의한 방식으로 사용하지 않았음을 깨달았습니다. 제가 그 용어를 통해 뜻한 것은 우주의 입자들과 물질들의 모든 가능한 행동의 근원 또는 근원들입니다. 이러한 근원들의 영향이 드러나는 여러 다른 방식들에 관하여 이야기할 때 이것들은 종종 자연의 힘이라고 불리어집니다." - 1857년 11월, 패러데이가 맥스웰에게 보낸 편지 중에서

1857년의 편지에서 패러데이(Michael Faraday, 1791~1867, 영국 잉글랜드)는 맥스웰에게 전기와 자기 현상과 관련하여 공간을 가로지르는 힘에 대해서 논의하고 있다. 패러데이는 맥스웰보다 마흔 살이나 많았지만 매우 정중한 어조로 '힘'이라는 용어를 자신이 무슨 뜻으로 썼는지 편지에서 설명하고 있다. 이때는 두 과학자 모두 이미 전문적인 학자였고, 뉴턴의 《자연 철학의 수학적 원리》가 세상에 나온 지 거의 170년이 되어 가던 시기였다. 그런데 대가의 경지에 오른 학자 둘이서 '힘'이라는 용어를 설명하기 위해서 편지를 주고받는단 말인가?

패러데이는 전기 현상에 대해서는 1810년 전후부터, 전자기 유도 현상에 대해서는 1820년 전후부터 연구를 진행해 왔다. 이러한 연구의 축적으로 마침내 자기력선에 대한 개념을 1830년 즈음부터 자신

의 연구에 등장시키는데, 오늘날에는 자기력선이 초등학교 과학 교과서에서도 볼 수 있는 내용이지만 당시에는 너무 파격적인 가설이라 좀체 학계의 진지한 논의로 발전하지 못하던 개념이었다. 무엇보다도 직접적으로 보이지 않는 자기력선을 패러데이는 말로만 설명해 이 개념의 장점, 유용성, 강력함 등이 다른 학자들에게 잘 전달될 수 없었고 후속 연구가 이어질 수 없는 상황이었다. 1845년이 되면 패러데이는 장(field)이라는 용어를 사용하기까지에 이르는데, 하지만 장이라는 것의 실체를 패러데이 자신은 우주를 채운 어떠한 근원처럼 모호한 것으로 보았고, 또 이 장이 전기와 자기의 역학적 현상에 미치는 영향을 구체적으로 정확히 묘사할 수 있었지만 이를 수학적으로 완성해 내지는 못하였다. 이 때문에 자기장에 대해서 여러 용어를 섞어서 설명하게 되는데 그중에 '힘'이라는 말을 썼던 것이다. 그런데 이것이 뉴턴 역학에서처럼 특정한 힘을 뜻하는 것인지, 일상생활에서 말로 설명하기 힘든 압도적인 자연 재해를 만났을 때 쓰는 '자연의 거대한 힘' 같은 표현처럼 특정한 힘을 지칭하지 않고 포괄적인 감상을 표현하는 말에 가까운 것인지 모호했던 것이다.

  지금의 관점으로 해석하자면 사실 패러데이가 말하고 싶었던 것은 오늘날 고전 전자기학에서 이해되고 있는 정확히 바로 그 방식으로서의 전기장과 자기장이라고 할 수 있다. 물질은 아니지만 최소한 전기와 자기 현상에 대해서는 범우주적인 물리적 영향력을 행사하는 어떤 실체로서 말이다. 그런데 이것을 다른 사람이 납득할 만한 언어, 즉 수학으로 표현할 길이 없었다. 역으로 말하자면 패러데이의 이러한 학문적 혜안과 선구적인 노력이 있었기 때문에 우리가 지금 전기장과 자기장 개념을 초등학교 교과서에서 만날 수 있는 것이리라.

맥스웰은 이런 패러데이의 발상에 일찍이 진지한 흥미를 가지고 그것을 정식화하기 위해서 노력했다. 그래서 자신이 패러데이의 발상을 정확히 이해하고 있는 것인지 재차 확인하려고 한다. 패러데이 이전의 전기와 자기 현상에 대한 대표적 이론으로 물체에서 전기와 자기 현상을 일으키는 어떤 유체가 흘러나온다는 이론이 있었는데, 맥스웰은 이러한 발상을 포함해서 원격 작용에 대한 이전의 모든 발상에 얽매이지 않으려고 했다. 일찍이 토성의 고리 문제를 해결한 것만 보아도 알 수 있듯이 맥스웰은 뉴턴 역학의 대가였고, 우주를 기계적으로 바라보는 뉴턴 역학 특유의 사고방식을 선호했다. 그런데 원격 작용에 대한 이전의 모든 이론들은 뉴턴 역학의 이러한 관점과 잘 어울리지 않는 면이 있었던 것이다(심지어 맥스웰은 원격 작용으로서의 만유인력마저도 마음에 들지 않아 했던 것 같은 언급을 한 적이 있다). 맥스웰은 신비한 영향력으로서의 원격 작용이 아니라 매질의 운동으로서 전기력과 자기력이 작동한다는 기계적인 전자기학을 세우고 싶었다. 맥스웰은 1856년 유체 역학 관점에서 전기와 자기 현상을 설명하는 이론을 발표하고, 1861년 마침내 매질의 역학으로서의 전기와 자기 이론을 내놓게 된다. 여기에는 훗날 자신의 이름이 붙게 될 방정식이 모두 들어가 있었다.

다시 1857년 패러데이가 맥스웰에게 보낸 편지로 돌아가 보자. 편지 후반부에는 당부라고 해야 할지 충고라고 해야 할지 굉장히 정중한 말로 패러데이가 맥스웰에게 뭔가를 부탁한다.

"한 가지 부탁드리고 싶은 사안이 있습니다. 수학자가 물리적 상황에 대한 연구에 매진해서 연구 결과가 그의 판단대로 나왔을 때, 그 결과는 일상의 언어로 충분히, 명백하게, 분명히 표현되지 않겠습니까? 마치 수학적 공식이 그렇듯 말입니다. 만약 그렇다면 그렇게 일상의 언어로 표현하는 것이 우리 같은 사람에게 매우 유용한 일이 되지 않을까요? 상형문자 같은 수학이 해독된다면 우리 같은 사람 또한 그 결과를 바탕으로 실험을 할 수 있을 것입니다. 제가 생각하기에는 그래야만 한다고 봅니다. 왜냐하면 저는 항상 선생님이 저에게 선생님의 결론을 완벽하게 명료한 생각으로 전달해 주신다는 걸 발견해 왔기 때문입니다. 비록 전달해 주시는 그 생각들이 선생님이 전개하시는 수학적 단계에 대한 완전한 이해를 저에게 주지는 못했을 지라도, 진리라고 할 수 있는 결과들을 저에게 주었기 때문입니다. 그 진리는 그 자체로 너무나 명료해서 저는 그로부터 생각하고 일할 수 있었습니다." – 1857년 11월, 패러데이가 맥스웰에게 보낸 편지 중에서

맥스웰은 본질적으로 수리물리학자로서 물리학적 직관이 뛰어난 만큼 그것을 수학으로 풀어내는 능력이 매우 탁월했다. 그의 논문에는 미분 방정식을 포함하는 수식들이 곧잘 등장한다. 뉴턴 역학의 운

동 방정식 자체가 미분 방정식인 것을 비추어 보면 이는 사실 놀랄 일은 아니지만, 맥스웰의 논문은 수학과 물리학이 얽혀서 전개되었기 때문에 수학에 취약했던 패러데이로서는 아마도 맥스웰의 논문을 읽는 것이 쉽지만은 않았던 모양이다. 고등 수학을 배울 기회가 없었던 패러데이는 삼각 함수 이상의 수학을 사용하지 못했는데, 그렇지만 이것을 그의 흠으로 생각해서는 곤란하다. 패러데이의 업적을 조금만 생각해 보면 이는 오히려 패러데이가 얼마나 대단한 통찰력을 지녔는지 보여 주는 사례라고 할 수 있다. 조금 과장해서 이야기하면 이는 마치 언어 없이 생각을 한다는 것에 가까운 일이다. 오히려 그의 이런 재능을 알아본 사람이 맥스웰이었는데, 맥스웰은 훗날 패러데이에 대해서 다음처럼 회상했다. "그는 실제로 매우 높은 수준의 수학자였으며 그로부터 미래의 수학자들은 귀중하고 풍부한 방법을 얻을 수도 있을 것입니다." 그러니까 편지에서 패러데이가 했던 말은 수학이 어려우니 쉬운 말로 물리적 의미를 논의해 달라는 간단한 요청으로 볼 수도 있겠지만, 그것보다는 패러데이의 학문적 수준을 미루어 보았을 때 수학에만 기대는 함정에 빠지지 말고 물리적 직관을 논의해 달라는 대선배의 진지한 충고에 가깝다고 할 수 있겠다.

위 편지로부터 4년이 지난 1861년 10월의 어느 저녁, 맥스웰은 런던의 자기 집에서 편지를 쓰고 있었다. 서재로 그의 아내 캐서린(Katherine Clerk Maxwell, 1824~1886, 영국 스코틀랜드)이 들어오면서 물었다.

"여보 많이 늦었어요. 내일은 교회에 조금 일찍 가야 할 것 같아요."

"그래, 잠깐 이 편지만 마무리할게."

"중요한 편지인가 보죠?"

"패러데이 교수님에게 보내는 편지야. 잠깐만, 거의 다 썼어. 다 쓰면 한번 읽어 봐 줘."

캐서린은 나가서 차茶를 가저왔다. 그녀는 서재에 앉아 성경을 읽으며 차분히 기다렸다.

"여기, 한번 읽어 봐."

맥스웰이 아내에게 방금 쓴 편지를 건넸다. 잉크 향이 알싸했다. 아내는 편지를 한 번 쭉 훑어보고 몇 군데 잘못된 철자를 바로잡았다. 남편은 특히 글을 쓸 때 꼼꼼해서 이런 실수는 잘 없는 편인데 캐서린은 의아했다. 그리고 보니 아까부터 조금 들떠 있는 것도 같았다.

"전기와 자기 같은 단어는 당신이 요즘도 계속 이야기해서 많이 들었던 말인데 편지 내용은 무슨 이야기인지 아직 잘 모르겠어요. 몇 년 전부터 당신이 연구해 오고 있는 것과 관련이 있나 보죠?"

문득 맥스웰은 패러데이의 충고가 떠올랐다. 패러데이는 늘 일반인이 이해할 수 있게 설명할 수 있어야 한다고 말했다.

"당신 자석 알지?"

"그럼요. 나침반이 자석이잖아요?"

"맞아, 지구도 자석이지. 그런데 자석끼리는 떨어져 있는데도 어떻게 잡아당기거나 밀어낼 수 있을까?"

"그거야 그냥 그렇게 되어 있는 것 아닌가요? 아니면 만유인력 때문인가요?"

"아니야 그렇게 잡아당기기에는 만유인력은 너무 작아. 그리고 만유인력은 자석처럼 두 개의 극이 있는 힘이 아니지. 적어도 아직까지 알려진 바로는."

"음, 그럼 왜 그런 거죠?"

"왜 그런지는 아직 아무도 몰라. 우리는 이것이 새로운 힘 때문이라고 생각해. 특이한 힘이지. 멀리 떨어져서도 작용하니까."

"이게 왜 그런지 어떻게 알아내죠?"

"패러데이 교수님은 자석에서 어떤 선(line)이 나와서 힘을 미친다고 생각해. 마치 자석 주위에서 철 가루가 퍼질 때 모양처럼 말이야. 그는 이 힘들의 선을 자기력선이라고 불렀지."

"정말로 그런가요? 조그만 나침반에서 선들이 뻗어져 나온다고요?"

영민한 아내는 물리 문제에 대해서 항상 진지하게 맥스웰과 함께 고민해 주었다.

"그래 믿기 어려운 일이지. 철 가루 실험은 철 조각이 자석으로부터 힘을 받는다는 것만을 보여 줄 뿐 자기력선을 직접 보여 주는 것은 아니니까. 그리고 이 자기력선이라는 것은 어디까지 뻗어 나가는 것일까? 우주까지 뻗어 가는 것일까? 믿기 힘들지만 아무튼 나는 패러데이 교수님의 발상이 마음에 들어. 왜냐하면 자기력선으로 생각하면 멀리 떨어진 자석들이 무슨 신비한 영향력을 서로 행사에서 힘을 받는 게 아니라, 각각의 자석은 자신 근처의 자기력선으로부터 영향을 받는 것으로 볼 수 있기 때문이지."

"그렇지만 그게 있는지 없는지 알 수 없으면……."

1869년에 찍은 맥스웰과 그의 아내 캐서린의 사진. 캐서린은 맥스웰과 함께 기체의 점성 실험과 색깔의 합성 실험을 수행하였다.

아내는 자신이 부정적으로만 얘기하는 것처럼 느껴 말끝을 흐렸다.

"당신이 제기하는 의심은 매우 타당하고 정당한 거야. 나도 그런 의심을 가지고 있어. 그래서 나는 이런 자기력선 개념에 기초해서 정량적이고 수학적인 이론을 세울 수 있는지, 그리고 그렇게 세운 이론이 다른 현상까지도 예측하고 설명할 수 있는지를 고민했어. 마치 뉴턴이 만유인력이 왜 있는지는 밝힐 수 없었지만 만유인력에 대해서 체계적이고 수학적인 이론을 세워서 우주 모든 물체의 운동을 설명할 수 있는 틀을 세웠던 것처럼 말이야."

잠시 숨을 고른 뒤 맥스웰은 말을 이었다.

"나는 패러데이 교수님의 발상에 근거해서 이렇게 접근해 봤어. 어떠한 매질이 공간에 차 있어서 이 매질은 전하, 전류, 자석에 의해서 휘거나 눌리고 회전도 발생할 수 있다고 가정했지. 이렇게 매질이 받은 스트레스가 다른 전하, 전류, 자석에 일종의 압력을 가하게 되는데 그것이 겉보기에는 마치 떨어져 있는 전하나 자석 사이의 힘처럼 보인다는 거지. 그리고 전하는 매질에 전기적인 압박을 가하고 자석은 매질에 자기적인 압박을 가하는데, 이 둘이 특정한 방식으로 서로 변환되는 현상이 전자기 유도라고 해석할 수 있어. 어쨌든 핵심은 원

인물과 실험으로 보는 **스토리 물리학**

격 작용은 없고 매질이 전기력과 자기력을 매개한다는 거야. 아마도 패러데이 교수님은 이것보다 훨씬 심오한 개념을 염두에 둔 것 같은데, 나는 우선 역학적인 모형으로 접근해 봤어. 이런 물리적인 생각을 어떻게 실험과 일치하는 방식으로 수학 체계로 다듬어 낼 것인지가 요 몇 년간 계속 생각해 오고 있었던 문제야."

"어때요? 이론은 많이 진척이 되었어요?"

"응, 다행스럽게도 꽤 많이 되었어. 이것만으로도 충분히 보람을 느낄 정도야."

여기서 남편의 목소리가 갑자기 달라졌다.

"그런데, 더 놀라운 걸 발견했어. 그걸 오늘 편지에 쓰고 있었어. 패러데이 교수님의 발상에서 출발했으니 그에게 이 결과를 먼저 알리는 것이 도리 같기도 하고, 그의 생각도 듣고 싶어서 말이야."

캐서린은 편지를 다시 들어서 살폈다. 무엇이 놀라운 사실일까? 맥스웰은 어리둥절해 있는 아내에게 설명하기 시작했다.

"아까 말한 매질은 진동할 수도 있고, 그 진동이 매질을 따라서 퍼져 나갈 수도 있어. 마치 공기 중에 소리가 퍼지듯이 말이야. 다만 소리는 종파지만 이 전자기적 매질을 따라서 퍼지는 파동은 횡파야. 그리고 그 파동의 속력은 내 계산에 따르면 초당 193,088마일이야."

"정말 어마어마한 속력이네요."

"그렇지, 그렇지만 내가 말하고 싶은 것은 다른 거야."

아내는 남편을 빤히 쳐다보았다.

"피조 박사가 측정한 빛의 속력 값이 초당 193,118 마일이야."

피조(Hippolyte Fizeau, 1819~1896, 프랑스)는 광원에서 8km 떨어진 거울과 톱니바퀴를 이용하여 측정한 광속 값을 1849년 발표했다. 이 값은 오늘날 알려진 광속보다 불과 5% 정도만 큰 값이었다.

잠시 반응이 없던 캐서린은 갑자기 숨을 삼켰다.

"헉!"

"정말 놀랄 일이지. 나도 믿기지가 않아. 전기와 자기력을 매개하는 매질이 바로 빛을 전달하는 에테르와 같은 것이었어. 이 매질을 따라서 퍼지는 파동이 바로 빛이었던 거야! 패러데이 교수님의 통찰이 이 정도의 결과를 가져올지는 아마 패러데이 교수님도 상상하지 못하셨을 거야. 물론 교수님은 십오 년도 더 전에 자기력선이 빛의 편광에 미치는 영향을 알고 계셨지만 말이야."

맥스웰은 캐서린에게 자신이 이미 몇 번이고 검토한 사실을 설명하면서 뭔가 세상을 덮고 있던 장막이 걷히는 것 같은 기분이 들었다. 부부는 갑자기 찾아온 놀람과 감동에 한동안 말이 없었다. 맥스웰의 편지에는 확신에 찬 강한 어조로 다음처럼 쓰여 있었다.

"이것은 그저 수치상의 일치가 아닙니다. 저는 웨버(Weber)가 발표한 밀리미터 단위로 된 숫자를 보기 전에 고향에서 수식을 계산했습니다. 우리는 이제, 제 이론의 옳고 그름을 떠나서, 빛을 전달하는 매질과 전자기적 매질이 하나라는 것을 믿을 강력한 이유를 가지게 되었습니다."- 1861년 10월, 맥스웰이 패러데이에게 보낸 편지 중에서

인물과 실험으로 보는 **스토리 물리학**

맥스웰은 드디어 전기와 자기를 매개하는 매질을 통해서 어떻게 겉보기에 원격 작용이 일어나는지 수학적으로 완성했다. 이 이론에 따르면 마치 공간을 채운 보이지 않는 작은 톱니바퀴들이 맞물려서 원격 작용을 일으키는 것처럼 보였는데, 이것은 뉴턴 식의 기계적 사고방식의 극치라고도 할 수 있었다. 그런데 맥스웰이 구축한 이론은 단지 전자기력의 원격 작용만 해결한 것이 아니라 전자기적 매질의 파동이라는 뜻밖의 현상을 내포하고 있었다. 맥스웰은 1861년 발표한 자신의 논문에서 전자기적 매질을 통한 파동의 속력을 계산했고, 1865년에는 마침내 전자기파의 파동 방정식을 유도하여 발표한다. 맥스웰이 계산한 이 파동의 속력은 당시 알려진 빛의 속력과 거의 일치했다. 맥스웰의 업적을 지금의 관점에서 해석하자면 맥스웰은 전기와 자기 현상을 완벽히 통합하여 하나의 이론으로 완성했을 뿐만 아니라 고전적인 관점에서 빛의 정체를 밝힌 것이다. 이로써 전자기학은 전하들과 자석 사이의 힘에 대한 이론에서 벗어나 빛과 물질의 상호 작용에 대한 이론으로 격상되었다. 또, 당시는 빛의 회절과 간섭 실험 때문에 뉴턴의 빛의 입자설이 이미 학계의 지지를 급속히 잃어 가고 있던 와중이었는데, 맥스웰의 전자기학은 빛의 파동설에 대한 확고한 이론적 배경을 제시함으로써 빛의 파동설에 더욱 큰 힘을 실어 주게 된다.

아인슈타인(Albert Einstein, 1879~1955, 독일 · 스위스 · 미국)이 가장 존경한 세 명의 물리학자가 바로 뉴턴, 패러데이, 맥스웰로 그들의 학문적 성취에는 재밌는 관계가 있다. 맥스웰은 전자기파 이론으로 뉴턴의 빛 입자설을 폐기시켰고, 아인슈타인은 다시 광양자 가설로 맥스웰의 전자기파 이론에 제동을 걸었다. 그런데 한편으로는 맥스웰은 뉴턴 역학의 기계적 사고방식의 충실한 계승자였고, 아인슈타인은 맥스웰의 장론적 사고방식의 충실한 계승자였다. 과연 훌륭한 제자는 스승의 가르침을 모두 흡수해서 마침내 스승의 한계를 뛰어넘음으로서 스승으로부터의 배움을 완성한다고 하겠다.

19세기 빛에 대한 연구는 전자기 현상에 대한 연구와 별개로 진행되고 있었는데, 빛을 파동으로 보는 입장에서는 빛을 전달하는 매질을 가정하여 이것을 빛나는 에테르(luminiferous ether)라고 부르고 있었다. 이 에테르는 아리스토텔레스가 천체의 운동을 유지하는 물질로 도입한 에테르와는 다른 것이지만, 19세기에 알려진 원소들과는 다른 물질로 취급되었다는 점에서는 마치 고대의 제5원소가 부활한 것 같은 인상을 준다. 이 물질의 존재를 직간접적으로 검증하기 위한 실험은 모두 실패로 돌아가고 마침내 '빛을 전달하는 이러한 매질은 없다'라고 선언하는 과학자가 등장한다. 그가 바로 아인슈타인으로, 그의 특수 상대성 이론은 빛의 매질 없음과 깊이 연관되어 있다. 물리학의 역사에는 설명되지 않는 새로운 현상의 원인으로 기존의 물질과는 완전히 다른 새로운 물질의 존재를 가정하는 경우가 수도 없이 많았다. 앞으로도 우리가 이전에 알지 못했던 효과나 현상이 발견되면 다른 형태의 제5원소 가설은 반복해서 등장할 것이고 이

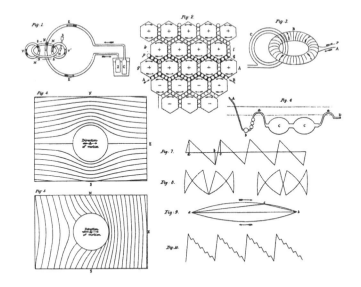

1861년 《철학적 휘보(Philosophical Magazine)》에 게재된 맥스웰의 논문 "힘의 물리적 선에 관하여(On physical lines of force)"에 등장하는 그림들. 전자기장의 운동을 역학적 모형으로 접근하고 있음을 엿볼 수 있다. 맥스웰은 이 논문을 통해서 자신의 전자기학 이론을 완성한다. 그의 이론은 훗날 장이론(field theory)의 모범적이고 표준적인 사례가 되었을 뿐만 아니라 이후의 물리학 판도를 완전히 바꾸어 놓게 된다. 지금은 장이론 없이는 물리학을 논할 수 없을 정도이다. 입자 물리학 및 우주론 등 최첨단 물리학의 사고 틀은 기본적으로 모두 장이론이다.

를 증명하가 위해 과학자들은 기꺼이 자신의 재능과 시간을 바칠 것이다. 이렇게 바쳐진 과학자들의 숨은 노력이 쌓이고 쌓여서 그 보상을 받게 되는 때가 오면 마침내 가설은 반박되거나 아니면 새로운 물질의 발견으로 이어질 것이다. 어느 경우이든 자연에 대한 인류의 이해는 더 깊어진다.

전자기학 관점에서 보면 빛을 전달하는 에테르가 존재하지 않는다는 것은 사실 굉장히, 매우, 심각하게 난감한 사실이다. 맥스웰은 빛을 전달하는 에테르가 바로 전자기력을 매개하는 매질과 동일하다고 봤기 때문이다. 즉, 전자기적 매질에 의해서 원격 작용이라는 것이 해결되었는데, 알고 보니 이러한 매질이 없는 것이다(?!). 이는 마치 엄청난 모험을 겨우 무사히 마쳤는데 알고 보니 그건 꿈이었고, 꿈을 깨고 나니 꿈에서 봤던 모험을 다시 해야 되는 상황과 같다. 맥스웰은 에테르의 존재가 부정되었던 결정적인 실험인 마이켈슨·몰리 실험(1887)이 진행되기 전에 세상을 떠났다. 그가 만약 살아서 에테르가 없다는 것을 알게 되었다면 어떤 기분이었을까? 이 문제에 대한 올바른 이해는 파동·입자 이중성 개념과 양자역학이 출현한 이후에나 가능하게 되었다. 이런 면에서 보면 맥스웰이 정립한 전자기학의 품속에는 특수 상대성 이론과 양자 역학이 복선으로 깊숙히 숨어 있었다고 할 수도 있겠다.

대화 2

"원자는 둘로 쪼개어질 수 없는 물체이다. 분자는 특정 물질의 가능한 가장 작은 부분이다. 그 누구도 단 하나의 분자를 보았거나 다룬 적이 없다. 이 때문에 분자 과학은, 보이지 않고 우리의 감각으로 감지할 수 없는 것들을 다루는 학문의 갈래들 중 하나인데, 그것은 직접적인 실험의 대상이 될 수 없다."- 맥스웰이 쓴 '분자'에 관한 정의. 1873년 학술지《네이처(Nature)》에 게재된 논문 중에서 원자와 분자라는 용어는 이제 과학 용어라기보다 차라리 일상어에 가깝다고 조금 과장해서 이야기할 수 있겠다. 생명공학과 관련된 물질들, 예를 들어 DNA, 비타민, 호르몬, 항생제 같은 것들도 모두 (고)분자로 통칭한다면 상황은 더욱 그러하다. 원자와 분자라는 개

A Boy And His Atom: The World's Smallest Movie. IBM 연구소에서 2013년 유튜브(You-tube)에 게시한 스톱 모션 기법의 1분짜리 영화. 구슬처럼 보이는 것은 산소 원자 한 개가 1억 배로 확대된 모습이다. 이 영화는 세계에서 가장 작은 스톱 모션 기법의 영화로 기네스북에 등재되었다.

념 없이는 과학 기사나 과학 교양서는 말할 것도 없고 과학 교과서조차 제대로 읽을 수 없을 정도이다. 그만큼 원자와 분자는 자연 과학의 필수적이고도 기초적인 개념으로 확실히 자리 잡았다. 그러나 약 150년 전 맥스웰의 시대에 분자는 학계에서도 생소한 용어이자 첨단의 개념이었다. 그러니까 레고 조각들이 서로 연결되어서 무언가를 만드는 과정 같은 것이 사실은 세상의 모든 물체가 구성되는 방식이라는 걸 인류가 확신하게 된 지 150년이 채 안 된다는 뜻이다. 그럼 그 이전에 사람들은 물체가 어떻게 구성된다고 보았을까? 물체의 기본 단위가 있고, 이것들이 서로 연결되어 큰 물체를 이룬다는 발상과 정반대로 생각했다고 보면 거의 비슷하다. 물체는 그냥 하나의 덩어리일 뿐이었다. 물체에 대한 이런 관념은 사실 오늘날의 우리에게도 아주 뿌리 깊게 남아 있어서, 일상생활에서는 대부분의 경우 물체를 연속된 어떤 것이라고 무의식적으로 취급하게 된다. 우리가 물체를

인식할 때는 물체를 물체의 구성 원소로 분별하는 것이 아니라, 거의 자동적인 무의식에 의해서 물체를 하나의 전체로 파악하며 형태나 색깔, 질감으로 구분하기 때문이다.

　사실 고대 그리스에서 이미 데모크리토스(Democritus, BC. 460~370년 경, 트라키아)를 비롯하여 원자론을 주장한 사람들이 있었다. 이들의 주장은 비록 지금의 원자 개념과는 다른 점들이 많지만, 어쨌든 물질의 기본 구성 단위가 있고 이것들이 합쳐져서 물체를 이룬다는 개념만큼은 현대의 원자 개념이 가진 특징과 크게 다르지가 않았다. 지금이야 일반인도 이런 생각이 뭐 그리 대단한 것인가 하겠지만, 흥미롭게도 아리스토텔레스는 모든 물질이 더는 쪼갤 수 없는 작은 알갱이로서의 원자로 이루어져 있다는 발상을 비판한다. 아리스토텔레스의 물질에 대한 생각은 어디까지나 4원소설이 바탕이었다. 이에 따르면, 물질을 계속 쪼개어 나가면 물질은 자신의 성질을 지닌 작은 조각에 이를 것이고, 여기서 더 쪼개면 4원소에 해당하는 물질밖에 남지 않을 것이었다. 그런데 고대 그리스의 원자론자들이 주장한 원자론은 아리스토텔레스의 형상과 질료 개념을 떠나 있었고, 이들은 근대의 분자 개념과 유사하게 원자들 자체에 개별적인 속성을 부여하였다. 이것은 질료와 형상의 조화로운 조합으로서의 물체라는, 아리스토텔레스의 형상 · 질료 이론에서 형상의 역할이 통째로 소멸되어 버리는 결과를 낳기 때문에 아리스토텔레스는 원자론에 동의하기 어려웠을 것이다. 또, 아리스토텔레스에게는 원자론이 극단적인 물질 이론으로써 목적론적 철학을 배제하는 것으로 비쳤기 때문에 원자론을 끝내 비판하게 된다. 오해하지 말 것은 아리스토텔레스는 단순히 믿기 어렵다거나 실험적 증거가 없고 원자를 볼 수 없다는 이유만으로 원자론을 비판했던 게 아니라 자신이 세운 철학의 사상적 체계 안에서 철저히 심사숙고하였기 때문에 비판하였다는 사실이다.

철학자가 아닌 일반인의 관점에서도 원자론은 쉽게 받아들여지기 어려웠는데, 우리가 일상적으로 쉽게 접하는 물질의 변화 현상들은 드라마틱하고 변화무쌍하다기보다 고체·액체·기체의 상변화 또는 연소 정도의 화학 변화에 불과하기 때문에 이런 변화들은 4원소설을 동원한 설명만으로 그 특징이 충분히 포착되기 때문이다. 오히려 상식은 4원소설 같은 (어떤 때는 다소 미신적으로 들리는) 설명을 선호해 왔다. 150년 전까지만 해도 사람들이 주변에서 접하는 물질들은 자연물에서 크게 벗어나지 않았다. 오늘날처럼 화학제품이나 공장 가공품이 넘쳐 나던 시대가 전혀 아니었던 것이다. 나무와 돌은 여전히 거의 모든 곳에 쓰이는 재료였고, 유리와 철 정도가 그나마 기술력을 동원해서 원재료를 가공해야 얻을 수 있는 재료였다. 주요 이동 수단은 여전히 가축이었고 역학적 노동력도 당연히 사람과 가축이 직접적으로 담당하고 있었다. 인류 최초의 공공 화력 발전소(Edison Electric Light Station)는 1882년에서야 런던에 지어졌고 이마저도 1886년에 문을 닫았다. 그러니까 한마디로 당시의 물질문명 수준을 직관적으로 이해하는 데 원자론은 필요가 없었던 것이다. 그러나

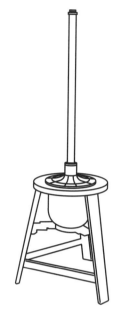
맥스웰이 1860년대에 수행했던 공기의 점성 측정 실험 도구. 아래쪽 유리 용기에 기체를 담고 그 안에서 원판이 회전 진동할 수 있도록 설계되었다.

화학의 발전은 이 상황을 반전시킬 준비를 차곡차곡 진행하고 있는 중이었다.

캐서린은 다락을 내려오면서 옷에 묻은 먼지를 털었다. 몇 시간 동안 여러 가지 가스와 불을 다룬 직후라 어깨와 허리가 뻐근했다. 때는 1866년 초였다.

맥스웰이 손을 씻으며 마침내 입을 뗐다. 다락에서 실험을 진행할 때 맥스웰과 캐서린은 별로 말을 하지 않았었다.

"캐서린, 실험 결과를 정리해 봐야겠지만 역시 점성이 압력과는 큰 상관이 없어 보여."

"그래요, 참 신기하기도 하고 이 점은 무척 다행이에요. 그런데 온도에 따라서 점성이 달라지는 모습은 당신이 예측했던 경향보다 조금 더 가파른 것 같아요."

"맞아, 나도 그 점이 걸려서 계속 생각 중이었어."

맥스웰은 손을 닦으면서 잠깐 말을 멈추었다가 혼잣말처럼 중얼거렸다.

"아마도 분자들 사이의 힘에 대해서 좀 더 생각을 해 봐야 할 것 같아."

인물과 실험으로 보는 **스토리 물리학**

맥스웰은 1865년 런던의 킹스 컬리지 학장직을 사임하고 유년기를 보냈던 시골로 돌아간다. 사임의 배경으로 직접적으로 알려진 것은 없지만, 학부생들을 대상으로 그가 맡았던 강의와 연관이 있는 것으로 여겨지고 있다. 당시 학부생들의 수업 태도는 매우 산만한 편이었고 맥스웰 또한 철부지 학생들을 휘어잡는 데는 큰 재능이 없었던 것으로 보이는데, 이 때문에 그의 강의 시간은 곧잘 어수선해졌다. 고향으로 돌아간 지 6년 후인 1871년, 맥스웰은 케임브리지대학의 캐번디시연구소 설립 임무를 맡고 다시 런던으로 돌아오게 된다. 고향에 머무르는 동안에도 맥스웰은 여러 연구자들과 학문적 서신 왕래를 지속했으며 왕립학회와의 학문적 교류 또한 활발하게 이어 갔다.

"오늘 저녁에는 로버트 선생님을 초대했어요. 기억하시죠? 작년 이맘때쯤 당신이 피부에 급성 발진이 생겼을 때 오셔서 진찰해 주셨잖아요."

"맞아. 그분은 5년 전에 내가 천연두에 걸렸을 때도 도움을 주셨었지."

그날 저녁 오랜만에 찾아온 손님과 저녁 식사를 마치고 맥스웰, 캐서린은 로버트 박사와 함께 한가한 분위기에 편안히 모여 앉았다.

"그래 요즘 건강은 어떤가?"

"네, 아무 문제없습니다. 날씨도 좋은 시기라 이번 주말에는 말을 타고 조금 멀리까지 나가 볼까 합니다."

"박사님도 시간 되시면 같이 가실까요?"

(오른쪽) 글렌레어에 있는 맥스웰이 살았던 집. 글렌레어는 런던에서 약 490km 떨어진 교외의 한적하고 평화로운 곳이다. 맥스웰은 이곳에서도 생산적인 연구 활동을 이어 가는데, 자신의 최대 지적 유산이라고 할 수 있을 《전기와 자기에 대한 논고(A Treatise on Electricity and Magnetism)》의 집필 또한 이곳에 머무르던 시기에 이루어졌다.

"아닐세, 괜찮네. 이렇게 저녁에 초대해 준 것만도 감사하네. 승마는 안 한 지가 오래되어서 말일세. 하지만 산책은 좋아한다네. 다음번엔 내가 자네들을 초대하겠네."

가벼운 말들이 오가고 대화가 잠깐 뜸해지자 로버트 박사가 물었다.

"그래 요즘 연구는 어떻게 되어 가는가? 동네 사람들 말로는 자네들이 다락에서 피우는 연기와 냄새가 하루에도 몇 시간씩 계속된다는데 무슨 재밌는 실험을 하는 건가? 위험한 실험은 아니겠지?"

로버트 박사는 학부 때 뉴턴 역학과 중력을 공부하면서 한동안 진지하게 물리학을 전공해 볼까도 생각했었지만 부모의 강권으로 의사가 되었다. 비록 물리학자가 되지는 못했지만 물리학에 대한 관심은 지속되었고 맥스웰이 뛰어난 물리학자라는 것을 이미 알고 있었다. 로버트 박사는 그동안 자신의 지적 호기심을 채워 줄 진지한 대화가 아쉬운 참이었는데 마침 캐서린이 저녁 초대를 한 것이었다.

인물과 실험으로 보는 **스토리 물리학**

"허허, 그런 이야기가 있군요. 물론 건강에 무리가 가는 실험은 아닙니다. 수소 가스를 다루기는 하지만 안전하게 실험하고 있습니다. 마침 오늘 오후에 진행한 실험이 조금 진척이 있었습니다. 확실한 것은 결과를 정리해 봐야 알겠지만 미리 말씀을 드리죠."

맥스웰은 말을 이었다.

"저희는 기체의 점성을 조사하는 실험을 진행하고 있습니다."

"점성이라면 끈끈한 정도 아닌가? 그런데 기체도 끈끈함이 있는가?"

"네, 액체의 경우에는 점성을 끈끈한 정도로 이해할 수 있지만, 사실 유체의 점성은 유체가 흘러가는 걸 방해하는 내부 마찰력으로 보는 것이 더 정확합니다. 예를 들어 두 개의 다른 속력을 가진 액체끼리 평행하게 만났을 때 이들을 내버려두면 어떻게 될까요?"

"음, 두 액체 사이에 마찰이 있다면 빨랐던 액체는 느려지고 느렸던 액체는 빨라지겠군. 그렇다면 두 액체는 결국 속력이 같아지는 건가?"

박사는 미소 지으며 답했다.

"로버트 박사님은 여전하시군요. 네 그렇습니다. 그런데 방금 질문 드렸던 현상이 기체에도 그대로 적용이 됩니다. 그러니까 흐르는 기체 사이에도 마찰이 분명히 존재하고 이것을 통해서 기체의 점성을 측정할 수가 있습니다."

"그래 과연 그렇겠군. 그럼 여러 기체의 점성 값을 구축해 놓으려고 실험을 하고 있었던 것인가? 점성 값에 특이한 점이라도 있는가?"

로버트 박사는 맥스웰 정도의 물리학자가 단순히 기체의 특성 값을 모아 놓기 위해서 실험을 하는 건 아닐 걸로 짐작했다. 이번에는 맥스웰이 미소 지으며 답했다.

"사실 이 실험의 목적은 분자론을 통해서 기체의 물리적 특성을 어디까지 예측할 수 있는지 확인하는 데 있습니다. 박사님은 원자 가설이나 분자에 대해서 혹시 들어보셨습니까?"

"그렇지, 나도 애버딘에 출장갈 일이 있을 때 선후배나 동료를 만나면 지나가는 이야기로 몇 번 들어본 적은 있네만 깊이 생각해 본 적은 없네. 나는 그저 물질이 원자나 분자로 이루어져 있다는 생각과 질병이 보이지 않는 작은 미생물의 활동이라는 생각이 사뭇 비슷하다는 막연한 인상만 받았었네."

로버트 박사는 가상의 인물이지만, 파스퇴르(Louis Pasteur, 1822~1895, 프랑스)의 발효 연구를 기점으로 1850년대부터 질병에 대한 인류의 관점이 바뀌던 시점이었던 것은 사실이다. 질병이 세균이나 바이러스처럼 눈에 보이지 않는 작은 생물에 의해서 발생한다는 현대적 관점이 정립되기 전에 사람들은 질병이 나쁜 공기에 의해서 발생한다고 생각했다. 질병으로 감염된 공기 혹은 일종의 질병 그 자체인 공기가 있다고 생각해서 이 공기를 미아즈마라고 불렀는데, 미아즈마가 체내로 들어오면 발병한다고 본 것이다. 오늘날의 관점에서 보면 미아즈마를 병균이 떠돌아다니는 공기 정도로 해석할 수도 있겠지만 당시에는 단순히 악취만 나는 공기나 음산한 안개도 모두 미아즈마로 보았다. 미생물에 의한 발병이라는 관점이 세워지고 나서야 비로소 인류는 질병을 치료하고 나아가서 예방할 수 있는 과학적 접근법이 가능해지게 되었다.

맥스웰은 계속 말을 이었다.

"사실 아직까지 원자나 분자의 존재가 직접적으로 증명되지는 못했습니다. 다만 원자나 분자를 실재하는 작은 입자로 보고 물질들이 이것들로 이루어져 있다고 가정할 때, 많은 화학 반응들이 이 입자들의 재조합 과정으로 자연스럽게 이해가 됩니다."

"나는 원자나 분자가 실재하는지 아닌지는 섣부르게 판단하고 싶지 않네. 다만 그런 가정이 무슨 쓸모가 있는지는 비전문가로서 좀 회의적이네. 화학 반응을 설명할 때 굳이 원자나 분자 개념이 필요한가?"

"좋은 지적이십니다. 그런데 저는 이렇게 생각해 보았습니다. 예를 들어 어떤 기체가 있다고 했을 때 이 기체를 오직 실험으로만 확인되는 화학적 특성을 지닌 어떤 아련한 연속체가 아니라 아주 작은 입자들로 이루어진 집합이라고 한다면, 이 기체 분자 집합들에 뉴턴 역학을 적용해 볼 여지가 생기는 것은 아닌가 하고 말입니다. 더 노골적으로 말씀드리면, 원자와 분자의 관점을 도입하면 물질의 점성 같은 거시적 특성들을 뉴턴 역학으로 환원할 수 있는 건 아닌가 하는 게 저의 주요 관심사입니다."

로버트 박사는 순간 움찔했다. '역시 맥스웰은 몇 수 앞을 내다보는 물리학자다.'

"음, 뉴턴 역학을 적용할 수만 있다면야 추론해 낼 수 있는 것들이 훨씬 많아지겠지. 그런데 정말로 뉴턴 역학이 맞아 들어가던가?"

"먼저 말씀드릴 것이 있는데, 기체를 이루는 분자들에 대해서 뉴턴 역학을 그냥 적용해서는 도저히 의미 있는 결론을 끌어낼 수가 없었습니다. 왜냐하면 아무리 적은 양의 기체라도 매우 많은 분자들로 이루어져야만 하고, 또 충돌할 때를 제외하고 분자들 사이에 힘이 없다는 이상적인 경우를 가정하더라도 운동 방정식에서 어떤 패턴을 찾아낼 수가 없기 때문이지요."

맥스웰은 잠시 말을 멈추고 차를 한 모금 마셨다. 로버트 박사도 차를 한 모금 머금었는데 차를 음미하는 것이 아니라 맥스웰의 말을 음미하는 것처럼 보였다.

"그런데, 1859년쯤에 클라우지우스 박사의 논문을 읽고 아주 기발한 발상이 떠올랐습니다. 입자 개개의 궤적과 속도의 변화에 대해서 고민하기보다 어떤 순간에 특정한 속도의 범위 내에 있는 입자의 개수를 따지는 것이지요. 여전히 결정론적 역학에 바탕을 두고 있지만 매우 많은 입자들의 운동을 통계적으로 접근한다는 점에서 뉴턴 역학의 결정론적 인과와는 조금 궤를 달리하는 접근법입니다."

잠깐 심호흡을 하고서 로버트 박사가 대답했다.

"얘기가 조금 어려워지기 시작하는군. 대충 이해되기로는 입자 개개를 쫓아가기보다 입자 묶음에 대한 역학을 세운다는 것 같은데, 언뜻 드는 생각은 그렇게 수학적으로 다룬다고 해서 물질에 대한 이해가 크게 달라질 것 같지가 않다는 거네. 오히려 물질에 대해 필요 이상으로 복잡한 식만 내놓지 않을까? 그렇게 많은 입자들이 얽혀 있

　　　　　　　　　　인물과 실험으로 보는 **스토리 물리학**

는 운동 방정식이라면 말이야. 그리고 말이 나온 김에 솔직히 말하겠네, 기체를 이룬다는 그 분자라는 작은 입자들이 날아다니면서 서로 부딪힌다는 것부터가 크게 와 닿지가 않네. 자네 기분을 상하게 할 의도는 없지만 말일세."

원자론은 맥스웰의 시대에는 말할 것도 없고 그 후에까지 날선 비판에 계속 직면해야 했는데, 볼츠만(Ludwig Eduard Boltzmann, 1844~1906, 오스트리아)의 경우 거의 평생에 걸쳐 원자론에 대한 방어를 혼자서 짊어져야 했다. 당시 마흐(Ernst Waldfried Josef Wenzel Mach, 1838~1916, 오스트리아)를 필두로 한 주류 학계는 원자론을 실험적으로 검증 불가능한 개념을 이용하여 수학적으로 복잡한 곡예를 부리는 것 정도로 폄하하는 분위기였다. 실험적으로 직접적 검증이 가능한 것들만 실재하는 것으로 인정하려 한 이런 엄격한 태도는 마치 뉴턴의 중력 이론을 비판했던 라이프니츠(Gottfried Wilhelm Leibniz, 1646~1716, 독일)를 떠오르게 한다. 볼츠만은 학계에서 느낀 고립감과 우울증으로 1906년에 자살로 생을 마감한다. 1905년에 출판된 아인슈타인의 브라운 운동에 대한 논문을 기점으로 볼츠만이 구축한 통계 역학적 방법이 마침내 학계에 받아들여지기 시작하고 점차 원자론(분자론)이 어느덧 당연한 것으로 스며들기 시작한 걸 생각하면 볼츠만이 이르게 생을 마감한 것은 너무나 안타까운 일이다. 러더퍼드(Ernest Rutherford, 1871~1937, 뉴질랜드)의 알파 입자 산란 실험(1911)은 마침내 원자론이 이론적 기교만이 아니라는 확실한 증거가 되었고, 이제 원자론은 모든 자연 과학의 핵심 패러다임 중의 하나라는 독보적인 지위를 획득하게 된다.

원자론이 이렇게까지 발전할지 맥스웰이 예견했는지는 알 수가 없지만, 어쨌든 맥스웰은 통계 역학적 방법론의 선구자들 중 한 사람으로서 개척자의 가시밭길에 발을 디뎠다. 뉴턴 역학의 대가답게 맥스웰은 1857년 토성의 고리 문제를 해결하는 와중에 처음으로 다체계(many body system)의 충돌 문제를 다루게 되는데 이 문제가 역학적 방법으로 접근해서는 어떠한 수학적 법칙도 찾을 수 없을 것이라고 동료에게 보낸 편지에서 힘들게 호소할 정도였다. 한편, 당대에 이미 열역학의 대가였던 클라우지우스(Rudolf Julius Emanuel Clausius, 1822~1888, 독일)가 분자들의 충돌 운동으로 기체의 방정식을 유도하는 논문을 발표하는데, 맥스웰은 이 논문에서 기체 분자들의 속력 분포에 대한 발상을 얻는다. 아이디어가 일단 착상되자 맥스웰은 단 몇 달 만에 기체 분자들의 충돌 문제에 통계적인 방법을 적용하여 오늘날 기체 운동론으로 알려진 기체에 대한 통계 역학 모형을 세운다. 여기까지는 좋았다. 그런데, 그의 기체 운동론은 기체에 대해서 언뜻 보기에 상식과 다른 예측을 하나 내놓았다. 본문의 대화에 등장하는 실험도 그 때문에 진행하고 있었던 것이다.

"저는 괜찮습니다. 박사님의 회의적인 시각은 당연합니다. '매우 많은 입자 묶음의 운동에 대한 방정식을 세운다. 그것은 매우 복잡할 것이다. 어쩌면 너무 복잡해서 아무것도 예측할 수 없을지도 모른다.'

인물과 실험으로 보는 **스토리 물리학**

지극히 타당하게 들립니다. 그런데 놀랍게도 통계적인 방법을 사용하면, 직접적으로 거의 풀 수 없는 그런 다체계 전체에 대한 거시적인 물리 법칙을 유추할 수가 있었습니다."

로버트 박사는 알 듯 모를 듯 고개를 끄덕이며 별다른 대꾸 없이 앉아 있었다.

"예를 들어 보겠습니다. 만약 분자가 있다면 현재로서는 분자가 어떤 모양인지, 서로 어떻게 충돌하는지를 알 수가 없습니다. 그래서 가장 간단해 보이는 가정을 몇 가지 추가했습니다. '분자는 딱딱한 구형일 것이다. 분자들은 충돌할 때만 서로 힘을 작용하고 그 외에는 어떠한 힘도 서로 작용하지 않는다. 충분히 충돌이 진행된 후 분자들의 모임은 새로운 충돌이 일어나더라도 충돌 전 상황과 충돌 후 상황이 유사한 어떤 상태에 도달할 것이다.' 이렇게 가정하고 분자들의 모임이 가질 속도와 속력의 분포를 계산해 보았습니다. 그러니까 개개의 특정한 분자가 어떤 속력을 가질지 알 수는 없지만, 어떤 속력의 범위 내에 있는 분자의 개수는 몇 개인지 알 수가 있었습니다."

로버트 박사는 자신이 맥스웰의 이야기를 따라가고 있는 건지 점점 걱정이 들기 시작했다. 맥스웰은 쉬지 않고 마저 이야기했다.

"기체 분자는 자신이 담겨 있는 기구의 벽에도 당연히 충돌할 터인데, 이 충돌에서 발생하는 평균 압력을 방금 말씀드린 분포를 이용하여 계산하였더니 이것은 분자들의 평균 운동 에너지와 관계가 있었습니다. 그리고 평균 운동 에너지를 기체의 온도와 같게 두면 기체의 압력과 온도에 대해 기체 방정식을 얻을 수 있었습니다. 이 식은 실험적으로 이미 잘 알려진 식입니다. 즉, 기체의 압력과 온도의 원인을 역학으로 환원시킬 수 있음을 보였을 뿐만 아니라 그것들 사이의 관계도 역학적으로 추론할 수 있음을 보인 것입니다. 이런 표현을 저는 잘 쓰지 않지만, 감히 말씀드리자면 기체에 대한 이보다 더 나은 설명을 찾기는 어려울 것으로 보입니다."

로버트 박사는 설명이 어렵기도 하고 혼란스러워서 참지 못하고 입을 뗐다.

"그래 압력은 그렇다 쳐도, 그러니까 기체가 뜨겁다는 것은 작은 알갱이들이 빠르기 때문이라는 이야기인데, 작은 알갱이의 빠르기가 왜 뜨거움과 연관되어야 하는지 잘 와 닿지가 않네. 뜨거움은 뜨거움이고 빠르기는 빠르기지, 왠지 수학적 억지 같은 느낌이 드네. 어쨌든 뭐 다 그렇다고 쳐 보세. 그런데 조금 궁금한 것이 있는데, 아까 말한 그 속력 분포라는 것은 어떻게 되는가? 알갱이들이 서로 마구 부딪힌다면 속력이 제각각으로 무작위 값을 가지는가 아니면 골고루 부딪히다가 전부 같은 속력이 되는가?"

"결론부터 말씀드리면 그 두 가지 양상이 모두 섞여 있는 분포가 됩니다. 그러니까 대부분의 분자들은 비슷한 속력을 가지지만 거의 움직이지 않거나 극단적으로 빨리 움직이는 분자들도 존재하는 것이지요. 사실 이 속력 분포야말로 많은 분자들의 충돌에서 벌어지는 복잡한 상황을 모두 품고 있다고 해도 과언이 아닙니다. 그리고 기체의 열 현상과 관련해서 이 분포가 주는 새로운 관점이 있는데, 그것은 열평형 상태라는 것을 분자들이 도달하는 속력 분포로써 이해

인물과 실험으로 보는 **스토리 물리학**

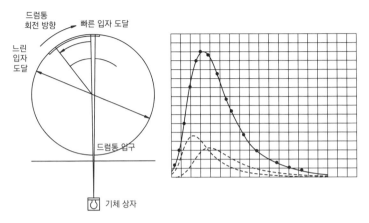

(왼쪽) 회전하는 드럼통을 이용하여 비스무트(Bi) 기체의 원자(Bi)와 분자(Bi_2)들의 속력 분포를 측정한 실험(Cheng Chuan Ko, 1934). (오른쪽) 그래프의 가로축은 속력을 세로축은 개수를 뜻한다. 맥스웰의 이론적 예측(실선)과 측정 수치(실선 위의 검은 점)들이 잘 일치하는 것을 확인할 수 있다.

할 수 있다는 것입니다. 충돌이 이루어져도 더는 변하지 않는 분포로써 말입니다."

이것이 통계적인 방법론의 힘이다. 많은 입자들의 개별적인 운동이 어떻게 전체적인 단순성으로 이어지는가? 이것에 대한 이해를 가능하게 해 주는 것이 통계 역학이다. 맥스웰은 속력 분포를 계산함으로써 열평형으로 가는 역학적 과정에 대한 이해의 물꼬를 튼 셈인데, 이것은 통계 역학의 수학적 방법론의 핵심 중의 핵심이다. 이 방법론이 정립됨으로 해서 비로소 매우 많은 원자나 분자들로 이루어진 계에 대한 물리학을 전개할 수 있게 되었다. 조금 과장을 보태면, 다체계에 대해서 생각하고 말할 수 있는 언어가 생긴 셈이다. 볼츠만과 아인슈타인은 이 언어의 힘을 진즉에 알아봤다고 할 수 있다.

"흥미롭군, 무작위적인 충돌이 매순간 매우 많은 입자들 사이에 벌어지는데, 그 입자들의 속력 분포는 계속 유지된다는 말이지? 각각의 입자들의 속력은 충돌 전후로 변하는 와중에도 말이지?"

"네, 아마도 열평형일 어떤 평형 상태에 도달한 후에 말입니다. 그런데 더 흥미로우실 만한 게 있습니다. 앞서 말씀드린 수학적 방법들을 써서 기체의 점성을 계산할 수가 있는데, 저의 이론에 따르면 이 점성이 압력에 무관합니다. 상식적으로는 압력을 높이면 기체의 밀도가 증가해서 왠지 흐름에 대한 내부 마찰력이 커질 것 같지만 그렇지 않다는 예측이 나왔습니다."

"허, 그래 정말 상식적인 직관과는 다른 예측인데, 너무 다른 것 아닌가?"

로버트 박사는 알고 있었다. 이런 뜻밖의 예측은 상황에 따라서는 학자의 명성에 큰 흠이 될 수도 있었다. 심한 경우에는 연구의 신뢰도가 회복 불가능할 정도로 추락하는 경우도 있다.

"아, 그래서 그걸 실험하고 있었던 거로군. 그래 실험 결과는 자네의 예측과 맞던가?"

"사실, 한 5년쯤 전에 처음 이 이론을 내놓았을 때는 이 결과를 지지하는 실험이 있었는지 모르고 있던 상황이었습니다. 당연히 이론에 대한 반론도 만만치 않았죠. 그런데 이런 예측을 지지하는 실험 결과가 1849년에 이미 발표되었다는 것을 몇 년 전에 알게 되어서 저도 직접 확인해 보려고 수년간 실험을 계속 진행했었습니다. 그리고 그 결과를 얼마 전 왕립학회에 알릴 수 있었습니다. 사실 오늘은 이제까지 진행한 실험을 한 번 더 점검하는 중이었습니다. 그리고…… 역시나 오늘 실험도 기체의 점성이 압력과 무관한 것으로 확인되었습니다.

"다행이군, 축하하네."

로버트 박사는 새삼 맥스웰이 대단하게 느껴져서 기분이 좋아졌다. 맥스웰은 미소로 가볍게 답했다.

"그런데 분자들의 운동과 관련한 제 이론이 점성에 대해서 예측하는 것이 한 가지 더 있습니다. 기체의 점성이 온도의 제곱근에 비례한다는 것인데, 이것만큼은 계속 실험 결과와 달라서 고민 중에 있습니다. 아마도 분자들의 상호 작용이 있는 것이 아닌가라고 추측이 되는데, 도입한 가정 중에서 완전 탄성 충돌 부분을 수정해서 점성을 다시 계산했었습니다만 좀 더 조사가 필요할 것 같습니다."

원자론(또는 분자론)과 합쳐진 통계 역학은 물질의 거시적 행태에 대해서 미시적이고 역학적인 이해의 틀을 준다. 이것이 없다면 거시적인 열역학은 환원론적인 원리에 입각한 물리학으로 발전시키기가 매우 애매해진다. 열역학 제1법칙, 제2법칙만으로는 기체의 점성이 압력에 무관하다거나, 기체의 점성이 온도와 무슨 관계인지를 이론적으로 계산할 수가 없고, 기껏해야 경험 법칙들만 쌓아 가는 학문이

될 가능성이 크다. 맥스웰의 기체 운동론의 예측 중에서 점성이 압력과 무관하다는 것은 대기압과 비슷한 압력 범위와 대기압보다 1/60 수준의 저압력까지 맞다는 게 실험으로 확인되었고, 그것보다 훨씬 적은 저압력이나 대기압보다 훨씬 높은 고압력에서는 압력에 따라서 기체의 점성이 변한다는 것이 확인되었다. 저압력이나 고압력 환경에서는 기체 운동론에서 가정한 상황들이 맞지 않는 것이다. 이것은 저압력이나 고압력 환경에서 기체 분자들의 운동에 어떤 변화 요인이 생기는 것인지 역으로 추정할 수 있게 해 준다. 또 맥스웰의 기체 운동론은 기체의 점성이 온도의 제곱근에 비례할 것으로 예측하는데, 실험은 기체의 점성이 온도에 따라서 이보다 더 가파르게 변한다는 걸 보인다. 이는 점성과 마찬가지로 기체 분자들 사이의 작용력에 대한 힌트로 쓰일 수 있다. 이런 논의에서 우리가 중요하게 봐야 할 점은 점성이라는 거시적 속성의 관측으로부터 분자들 사이의 힘이라는 미시 세계의 물리를 거꾸로 추론해 갈 수 있다는 것이다. 그러니까 원자론과 통계 역학이라는 도구를 통해서 미시적인 원리에서 거시적인 물리학을 추론해 낼 수도 있고, 역으로 거시적인 현상으로부터 분자들 사이의 힘 같은 미시적인 물리량을 결정지을 수도 있다.

"뭔가 작은 세계와 큰 세계를 계속 오가는 느낌이라서 논의가 조금 어지럽네. 관점도 새로운 데다가 논의의 방식까지 생소해서 나는 좀 천천히 생각해 봐야겠네."

잠깐 대화가 끊기고 각자 차를 마시며 조용히 앉아 있었다. 벽난로

인물과 실험으로 보는 **스토리 물리학**

의 나무가 타는 소리와 바깥의 바람 소리가 분위기를 더 차분히 만들었다. 캐서린의 발치에 엎드려 있던 애견 토비는 갑자기 대화가 사라지자 눈을 한 번 떴다가 다시 감았다.

"예전에 자네가 천연두에 걸렸을 때가 기억나는군. 별로 유쾌한 기억은 아닐 테지만 그때 캐서린이 얼마나 노심초사하던지. 자네가 잘 회복해서 이렇게 지내는 게 무척 다행스럽고 고마운 생각이 드네."

"아닙니다. 저희가 늘 고맙게 생각하고 있습니다."

맥스웰과 캐서린은 로버트 박사가 환자를 구하지 못했을 때 느낄 무기력감과 자책감을 짐작할 수 있었지만 섣불리 위로하기에는 조심스러웠다. 당시에는 의사가 구할 수 없는 사람의 수가 많았다. 식어 버린 찻잔을 가만히 들고 있던 로버트 박사가 혼잣말로 중얼거렸다.

"찻잔도 식어 버리는군……."

로버트 박사는 잠시 뜸을 들이다가 물었다.

"제임스, 조금 생뚱맞은 질문을 해 봐도 되겠나. 즉흥적으로 떠오른 생각이니 그리 진지하게 대답하지는 않아도 되네."

"네 편하게 말씀하십시오."

"뜨거운 찻잔을 쥐고 있으면 이렇게 식어 버리는데, 식어 버린 찻잔을 쥐고 있으면 왜 뜨거워지지 않는 건가? 이것도 분자론으로 설명할 수 있겠나? 이거 너무 시시한 농담이려나."

"아, 저는 가끔 박사님께서 물리를 계속 공부하셨으면 어떻게 됐을까 하는 맹랑한 생각이 들 때가 있습니다. 아주 예리한 질문이십니다."

"사실 그와 비슷한 문제가 저를 괴롭힌 지 좀 되었습니다. 예컨대 이런 문제입니다. 상자를 하나 준비합니다. 밀봉되어 있어서 기체가 드나들 수 없고, 특별한 재질이라서 식거나 데워지지도 않는 그런 상자입니다. 상자의 가운데에 가름막을 하나 설치하고, 상자의 한쪽에는 찬 공기를 다른 쪽에는 뜨거운 공기를 넣습니다. 이제 이 가름막 한가운데에 분자 하나가 겨우 지나갈 정도의 아주 작은 문을 하나 설치합니다. 문은 이쪽으로도 열릴 수 있고 저쪽으로도 열릴 수 있는데, 너무나 가벼워서 열리는 데 힘이나 에너지가 거의 들지 않습니다. 자 그러면 이 상태로 상자를 그대로 두면 상자 안의 공기들은 어떻게 될까요?"

"그야 가름막에 설치된 작은 문이 공기 분자들을 거의 방해하지 못하니까 없는 거나 마찬가지일 테고, 그러면 공기 분자들은 양쪽을 자유롭게 왕래하겠지. 결국 상자 안의 공기는 전체적으로 미지근한 온도로 같아지겠군."

"그렇습니다. 열평형에 이르는 것이지요."

"그럼 이제 열평형에 이른 상자 안에는 양쪽에 똑같은 온도의 공기가 들어 있습니다. 이 시점에서 가름막의 작은 문 옆에 그만큼이나 작은 조수를 한 명 등장시키겠습니다. 문에는 문고리도 달도록 하지요. 공기 분자는 열평형 상태의 분포를 따르고 있기 때문에 매순간 대부분의 분자는 평균 속력에 가까운 속력을 가지겠지만 또한 평균 속력보다 빠른 분자와 평균 속력보다 느린 분자가 반드시 존재합니다. 그 조수가 하는 역할은 이것입니다. 그 조수는 분자들의 속력을 알 수가 있어서, 만약 가름막에 닿는 분자 중에서 상자의 왼편에서 오른편으로 가려는 분자가 있다면 그 분자가 상자 안 분자들의 평균 속력보다 클 때만 문고리를 열어서 그 분자를 오른쪽으로 통과시킨 후 평균 속력보다 낮은 분자 하나를 왼쪽으로 통과시킵니다. 그 외의 경우에는 문고리가 열리지 않도록 지키고 있습니다."

로버트 박사는 머릿속으로 그림을 그리는 것 같았다. 잠시 뜸을 들인 후 맥스웰이 질문했다.

"이 상태로 시간이 지나면 상자 안의 공기는 어떻게 될까요?"

"오른쪽 공기는 점점 뜨거워지고 왼쪽 공기는 점점 차가워지겠구만. 그런데 그건 자네의 작은 조수가 열심히 일했기 때문이 아닌가?"

"네 그렇지만 조수가 한 역학적 일은 문고리를 열었다 잠그는 것밖에는 없습니다. 거의 무시할 수 있을 만큼의 일이죠. 그리고 무엇보다 조수는 공기 분자에는 아무 일도 하지 않았습니다."

"그러니까 공기 분자들의 운동만을 이용해서 미지근한 공기가 뜨거운 공기와 찬 공기로 나뉠 수 있다는 이야기인가? 아까 점성 이야기도 그렇고, 이 이야기도 농담 반으로 던진 질문에 어울리는 더 농담 같은 결론이로군."

"그렇지요, 그런 일은 우리가 본 적이 없습니다. 그게 소위 열역학 제2법칙이 주장하는 내용입니다. 미지근한 공기를 내버려 두었을 때, 다시 말해 공기에 아무 일도 안했을 때 저절로 찬 공기와 뜨거운 공기로 나뉘는 일은 있을 수 없다는 것입니다. 그럼 제가 말씀드린 조수의 역할이 뭔가 하면 열역학 제2법칙을 뉴턴 역학으로부터 유도할 수가 없다는 걸 보이는 것입니다. 그러니까 분자들이 미시적으로 뉴턴 역학에 따라 운동한다면 거시적으로 열역학 제2법칙을 어기는 일도 가능해야 하는데, 그런 일은 없으니까 열역학 제2법칙은 역학 법칙이라기보다 통계적으로만 가능한 법칙이라고 할 수밖에 없다는 게 제 생각입니다."

열역학 제2법칙을 설명하기 위해서 당시에 막 도입되던 엔트로피 개념에 대해서 맥스웰은 처음에 다소 혼란스러움을 느꼈던 것 같다. 그리고 마침내 엔트로피 개념을 이해하게 된 이후에는 열역학 제2법칙을 미시적인 분자들의 역학 법칙으로부터 구성하려는 시도에 대해 매우 부정적인 입장을 취하게 된다. 이것은 열역학 제2법칙에 부정적이었다는 뜻과는 다르다. 열역학 제2법칙은 열의 비가역적인 속성을 천명하는 법칙인데, 역학 법칙은 가역적인 법칙이었기 때문에 맥스웰은 열역학 제2법칙을 인정하면서도 이것을 역학 법칙으로 환원할 수는 없을 거라고 보았던 것이다. 자신의 이런 관점을 동료에게 설명하기 위해 맥스웰이 고안해 낸 것이 바로 오늘날 '맥스웰의 도깨비'로 알려진 사고 실험이다. '맥스웰의 도깨비'는 아직도 연구 주제가 될 정도로 열역학과 통계 역학에 대한 풍부한 함의를 가지고 있는데, 이 사고 실험은 '정보'라는 추상적이지만 분명히 영향력을 발휘하는 어떤 양에 대해서 물리학적으로 접근할 수 있는 단초를 제공한다.

"그렇다면 식은 찻잔이 저절로 따뜻해지는 일은 없다는 얘기로군. 나는 어떨 때는 오히려 그런 작은 조수가 있으면 좋겠다는 생각

인물과 실험으로 보는 **스토리 물리학**

마저 드네."

그때 마구간에서 말이 우는 소리가 들렸다. 뭔가에 놀란 것 같았다. 졸고 있던 토비가 창밖을 향해서 몇 번 짖어댔다.

맥스웰은 분자론에 대한 통계 역학적 방법을 개발하면서 거시 세계를 설명하는 미시적인 역학 법칙을 인정한 셈이 된다. 그런데, 동시에 그는 거시 세계의 열역학 제2법칙은 미시 세계의 역학 법칙만으로는 구성할 수 없는 것으로 보았다. 이 지점에서 맥스웰은 물리학 자체에 대해서 고민하게 되는데, 이 고민은 물리 법칙의 인과율과 결정론 나아가서 물질이란 무엇인가라는 철학적인 탐구로까지 이어진다.

대화 3

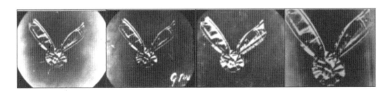

(왼쪽) 1861년 격자무늬 리본의 컬러 영상을 촬영한 사진. (오른쪽 차례대로) 컬러 리본을 각각 파란색, 초록색, 빨간색 필터를 통해서 유리 슬라이드 위에 사진을 찍는다. 이렇게 촬영한 슬라이드에 각각 다시 파란색, 초록색, 빨간색 빛을 비춰서 스크린에 띄운 후, 이 세 영상을 합치면 왼쪽의 컬러 영상을 얻을 수 있다. 이것은 인류 최초의 컬러 영상이었다.

"오!"

세 개의 환등기(magic lantern)에서 나온 빛이 실내의 스크린위에서 겹쳐지자 격자무늬 리본의 컬러 무늬를 청중들은 확실히 볼 수 있었다. 인류 최초로 합성된 컬러 영상을 본 청중들 사이로 약간의 감탄과 동요가 퍼져 갔다. 잠시 후 청중이 조용해지자 맥스웰이 말을 이었다.

"빨간색과 초록색을 더 잘 구현할 수 있는 감광 물질을 찾을 수 있다면 더욱 선명한 영상을 볼 수 있게 될 것입니다."

1861년 5월 런던의 왕립연구소(Royal Institute, 왕립학회와는 다르다)에서 맥스웰은 색깔의 합성에 대한 대중 강연을 진행하였다. 이것은 '색깔의 구성에 대한 연구와 그 외 광학적 성질을 연구한 공로'로 1860년 왕립학회에서 수여하는 럼포드 메달(Rumford Medal)을 수상한 이후였다. 1800년에 처음 수여된 럼포드 메달은 빛과 열 현상에 대해 괄목할 만한 발견을 한 사람에게 2018년 현재까지도 2년에 한 번씩 수여되는데, 맥스웰보다 이전에 수상한 사람 중에는 패러데이와 파스퇴르 등이 있고, 맥스웰 이후 수상자 중에는 헤르츠와 뢴트겐 등이 있다. 맥스웰은 같은 해 6월 왕립학회 회원으로 선출된다. 바야흐로 맥스웰의 연구가 최대의 개화기를 맞이하려는 즈음이었다.

맥스웰의 이날 강연보다 160년쯤 전에 출간된 뉴턴의 《광학》은 빛의 반사와 굴절에 대한 연구뿐만 아니라 색깔에 대한 연구도 많이 담고 있다. 뉴턴은 백색광을 프리즘을 이용하여 여러 색의 빛으로 나눈 후 나누어진 빛들의 다양한 조합을 실험하였는데, 이는 색깔에 대한 선구적인 연구로 뉴턴 사후 광학 연구의 하나의 커다란 지침이 된다. 뉴턴은 색깔의 조합에 대해 연구하던 중에 하나의 현상을 발견한다.

(왼쪽 위)1800년대 중반의 카메라(뒷면에 유리 슬라이드가 있다). (오른쪽 위)소녀가 그려진 환등기용 슬라이드. (왼쪽 아래)환등기(슬라이드를 교체할 수 있게 되어 있다. 환등기 안쪽에 램프 등의 광원을 설치한다). (오른쪽 아래)환등기를 통해 슬라이드의 영상을 비추는 모습. 카메라의 감광판은 주로 유리 위에 광반응성 물질을 발라서 사용하였다. 맥스웰의 왕립연구소 강연 이전에도 백색광의 스펙트럼을 종이에 컬러 사진으로 남기거나, 여러 색깔의 염료로 그림을 그린 컬러 슬라이드를 이용한 컬러 영상 상영이 있었다. 그러나 빛의 삼원색을 화면 위에서 조합하는 컬러 영상이 시도된 것은 맥스웰의 강연이 처음이었다.

빨간색 물감과 노란색 물감을 섞으면 오렌지색이 되는데, 이 색깔은 백색광을 분리해서 만든 오렌지색과 같았던 것이다. 그런데 백색광에서 분리한 오렌지색은 다른 프리즘에 다시 통과시켜도 더는 다른 색으로 분리되지 않는다. 즉, 오렌지색에는 다른 색으로 분리가 되는 오렌지색과 더는 분리가 되지 않는 오렌지색이 있었던 것이다. 이 현

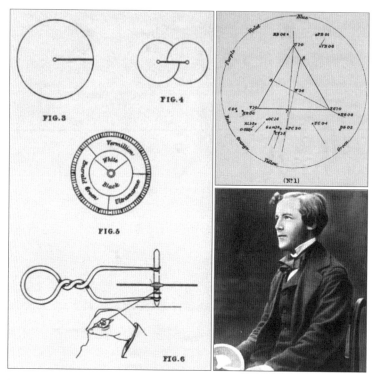

(왼쪽) 맥스웰의 색깔 팽이 구조도. (오른쪽 위) 색깔 팽이 실험을 통해 얻은 색 삼각형.《색맹에 대한 주목을 동반한, 눈으로 감지된 색깔에 관한 실험들(Experiments on colour, as perceived by the eye, with remarks on colour-blindness)》(1855) 중에서. (오른쪽 아래) 색깔 팽이를 들고 있는 맥스웰의 사진.

상은 뉴턴 당대의 이론만으로는 설명할 수 없었다.

"그렇다면, 이제 삼원색이 빨간색, 초록색, 파란색이라는 것이 증명된 거요?"

청중 중의 한 사람이 질문을 했다. 삼원색에 대해서 질문을 한 걸

인물과 실험으로 보는 **스토리 물리학**

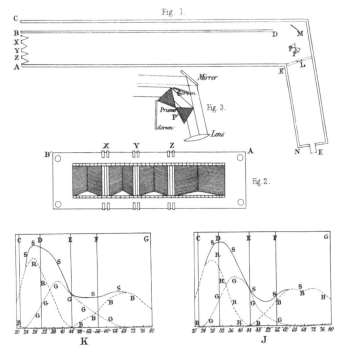

(위쪽)맥스웰의 빛 상자 실험 설계도. (아래쪽)빛의 밝기와 색의 조합이 관찰자에 따라서 다르게 관측되는 것을 보여 주는 그래프. K는 캐서린을 J는 제임스를 뜻한다. 《합성된 색에 관한 이론과, 스펙트럼의 색들 사이의 관계에 관해서(On the theory of compound colours, and the relations of the colours of the spectrum)》(1860) 중에서.

보니 아마도 빛에 대해서 관심이 많은 과학 애호가인 것 같았다. 맥스웰은 잠시 숨을 고른 다음 침착하게 대답했다. 청중 중에는 패러데이를 비롯해서 왕립학회의 과학자들도 다수 앉아 있었다.

"먼저 이 점부터 말씀을 드려야 할 것 같습니다. 물감 또는 염료의 색깔이 조합되는 양상과 빛의 색깔이 조합되는 양상은 서로 다릅니다. 저는 서로 다른 이 두 현상을 조사하기 위해서 별도의 실험을 진행하였습니다. 팽이 윗면에 색을 칠한 종이들을 덧씌운 후 팽이를 회전시켜서 염료의 색깔 합성을 조사했고, 프리즘과 슬릿들을 장치한 상자를 이용해서 빛의 색깔 합성을 조사했습니다. 100여 가지 이상의 색깔 조합을 조사해 본 결과, 염료의 색깔 조합의 경우 세 가지 색으로 다른 색들을 만들 수 있음을 확인했습니다. 다만 특정한 세 가지 색으로 원색이 좁혀지지는 않았고, 스펙트럼상에서 충분히 떨어져 있는 색이면 염료의 삼원색으로 사용될 수 있었습니다. 빛의 경우에도 세 가지 색으로 스펙트럼상의 모든 색을 만들 수 있었는데, 이 경우에는 흥미롭게도 특정한 세 가지 색으로 좁혀졌습니다. 바로 빨간색 빛, 초록색 빛, 파란색 빛이었습니다. 노란색 빛은 빨간색 빛과 초록색 빛의 조합으로 만들 수 있었습니다. 하지만 우리가 삼원색을 논하면서 주의해야 할 점은 삼원색이라는 것이 빛이나 물감 자체의 본연적 속성은 아니라는 것입니다. 왜냐하면 특정한 하나의 파장을 가지는 붉게 보이는 빛이라도 단 하나의 색깔에 대응되는 감각을 일으키는 것이 아니라 다른 색깔에 대응되는 감각 역시 일으키기 때문입니다. 즉, 색깔이라는 현상 혹은 우리가 색깔을 인지하는 현상은 빛 자체의 물리적인 속성보다 우리 눈의 생리학적 작용에 더 크게 의존합니다."

지금은 빛의 삼원색(빨간색, 초록색, 파란색)과 물감의 삼원색(빨간색, 노란색, 파란색 또는 심홍색, 노란색, 청록색)에 대해서 초등학교 미술 시간에 배

인물과 실험으로 보는 **스토리 물리학**

울 정도가 되었지만 이러한 삼원색에 대한 이해에 도달하는 과정은 결코 쉽지 않았다. 뉴턴은 백색광을 프리즘에 통과시켰을 때 나뉘는 색깔을 7종류로 분류하였지만, 뉴턴 이후 더 정밀한 관찰이 가능해지면서 사실은 매우 미세하게 다른 무한한 종류의 색깔들이 있음을 알게 되었다. 그리고 이렇게 무한한 종류의 색깔을 사람은 어떻게 구분할 수 있는가가 자연스럽게 논란이 되었다. 왜냐하면 우리 눈의 내부에 무한한 종류의 색깔을 개별적으로 구분하는 기능이 있다는 가정은, 우리 몸의 다른 감각 중에 무한한 단계로 감지 수준을 구분하는 감각은 없다는 점에 비추어 당시에도 설득력이 떨어졌기 때문이다. 한편, 미술가들은 일찍이 세 개의 물감만 있으면 매우 많은 색을 표현할 수 있다는 것을 알고 있었다. 영(Thomas Young, 1773~1829, 영국 잉글랜드)은 이처럼 하나의 색깔이 다른 색으로 구성될 수 있다는 착안을 바탕으로 1802년 3개의 수용체(receptor) 이론을 제안한다. 우리의 눈이 감각하는 기본이 되는 세 가지 색깔이 있고, 이 세 개 감각의 조합을 통해서 다른 색깔들을 느낀다는 것이다. 오늘날 밝혀진 안구의 생리학적 사실과 잘 부합하는 이 이론이 처음부터 학계에 받아들여진 것은 아니다. 왜냐하면 세 개의 색깔 감각 조합이 어떻게 다른 색으로 인지될 수 있는지를 밝힐 수는 없었기 때문이다. 물론 이는 신경생리학과 뇌과학의 발달을 필요로 하는 것으로, 당시의 생물학 수준에서 이것을 확인하는 건 불가능한 일이었다. 색깔에 대한 올바른 이해는 빛의 물리적 성질에 대한 이해, 눈의 해부학 및 생리학적 이해, 시각 정보를 처리하는 두뇌에 대한 이해가 모두 동원되어야만 가능한 것이었다. 맥스웰 당시에는 빛과 염료가 가지는 색깔 혼합의 차이에 대해서 여전히 혼란스러운 상황이었고 색의 혼합 현상 중 쉽게 이해되지 않는 현상들이 많았다. 예를 들어 백색광의 스펙트럼에는 존재하지 않는데 인간이 인지할 수 있는 색깔들이 있었고, 하나의 색깔을 오래 보다가 하얀 스크린을 보면 관찰하던 색의 보색으로 보이는 보색 잔상 효과라는 것도 있었다. 이런 상황에서 색깔에 대한 다양한 가설이 제시되었는데, 빛 자체가 물리적으로 3개의 파장만을 가지고 있다는 주장부터 색깔과 관련된 현상은 물리적 빛과는 무관하게 전적으로 인간의 내면(눈과 두뇌)에서 일어나는 것이라는 주장까지 색깔 연구의 통일된 방향성이 없다고 봐도 무방할 정도였다. 색깔 연구는 이처럼 아직 어지러운 분야였지만, 이것에 일찍이 관심이 있었던 맥스웰은 뉴턴의 광학과 영의 수용체 이론에 대해서 깊이 알고 있었다.

"백색광에서 분리한 스펙트럼으로부터 특정한 파장의 빛 세 가지를 조합하여 분리하기 전의 백색광과 동일한 밝기와 동일한 색깔을 가지도록 할 수 있습니다. 저는 빛의 파장과 각 파장의 빛의 밝기를 조절하여 원래의 백색광과 동일한 빛을 내는 수십 가지의 조합을 찾았습니다. 이로부터 알 수 있었던 것은 정상인의 눈인 경우에도 밝기와 색깔을 인지하는 데 약간의 차이가 있다는 것과 색맹을 가진 사람의 경우 세 가지 색 중 하나의 색에 대한 감각이 없다는 것이었습니다. 또 3개의 수용체 가설이 만약 옳다면, 각각의 수용체는 단 하나의 파장의 빛에 반응하는 것이 아니라 여러 파장에 걸쳐서 다른 정도로

인물과 실험으로 보는 **스토리 물리학**

반응하는 것임을 알 수 있었습니다. 이것은 어떤 색이든 아주 밝아지면 백색광처럼 보인다는 사실과 보색 잔상 현상을 잘 설명해 줍니다."

맥스웰은 빛의 조합을 수십 가지로 시험하여 이를테면 색깔 공간에 대한 수학적 이론을 만든다. 정상인의 경우 관찰자 각각이 가지는 삼원색으로 이루어진 색깔 공간을 확인했고, 색맹의 경우 두 가지 원색으로 이루어진 색깔 공간을 확인했다. 이렇게 구성한 수학적 공간을 이용하여 직접 조합 실험을 통해 관측하지 않은 색깔의 빛도 어떤 조합으로 이루어져 있는지 예측할 수 있었고, 심지어 색맹이 관찰하고 묘사한 색깔이 정상인의 눈에는 어떤 색으로 비추어지는지 계산할 수 있었다. 앞서 언급한 뉴턴의 오렌지 색깔의 문제도 3개의 수용체로 쉽게 설명되는데, 백색광의 스펙트럼에서 분리한 더는 분리되지 않는 오렌지 색깔의 빛은 사람 눈의 장파장 수용체(붉은색 수용체)와 중간 파장 수용체(초록색 수용체)를 모두 자극한다. 그러니까 별개의 붉은 빛과 초록빛이 각각의 수용체를 동시에 자극해도 오렌지 색깔로 느껴질 수 있는 것이다.

사실 이날 강연에는 아마 맥스웰 자신도 몰랐을 엄청난 행운이 작용했다. 맥스웰의 왕립연구소 강연으로부터 100년 뒤인 1961년에 밝혀진 바에 따르면 당시 붉은색 인화 물질로 쓰인 물질이 사실은 전혀 붉은색을 인화할 수 없었다는 것이다. 그러니까 붉은색을 찍었다고 생각했던 슬라이드는 사실 붉은색이 찍힐 수 없는 슬라이드였다.

그런데 어떻게 뭔가가 찍혔을까? 붉은색 인화 물질로 사용한 물질은 자외선에 인화가 되는 물질이었는데, 리본의 붉은색 염료가 우연히도 자외선을 많이 반사하는 물질이었던 것이다! 아무튼 맥스웰이 이 날 강연에서 보인 빨간색 빛, 초록색 빛, 파란색 빛의 조합을 통해 컬러 영상을 구현하는 방법은 스마트폰 화면, 컴퓨터 화면, TV 등 현재 모든 영상 매체에서 쓰이고 있는 바로 그 방법이다.

아리스토텔레스로부터 뉴턴을 거쳐 맥스웰의 이야기까지 다다른 지금, 우리는 이제 현대 물리학의 입구에 이르렀다. 상대성 원리와 불확정성 원리로 대표되는 현대 물리학의 역사와 인물, 그리고 그 물리학적 내용은 인류의 현대사만큼이나 극적이고 파란만장한 이야기로 가득하다. 아쉽지만 그 입구로 들어가는 것은 독자들의 몫으로 남기고 2부에서는 독특해 보이는 실험들을 통해서 물리학이 어떻게 이처럼 신기한 현상에 대한 이해를 가능하게 하는지 경험해 보고자 한다. 이 실험들은 가급적 현대 물리학을 동원하지 않고 설명할 것이다. 하지만 어떤 부분은 뉴턴이나 맥스웰의 이론만으로는 설명할 수 없는 부분들도 있는데, 이것들을 따져 보는 것도 독자들에게 유익할 수 있겠다. 이제 물리학이 가지는 자연관이 어떤 것인지 스스로 음미해 볼 차례다.

2부

실험으로 들여다본
물리학의 세계

1장
T자 모양 핸들의 회전

실험 결과

T자 모양 핸들을 우주공간에서 회전시켜 보았다. 핸들의 긴 부분을 축으로 회전시키면 처음에는 그 상태로 회전하다가 잠시 후 핸들이 뒤집어진다.

도입

천체의 일주 운동은 먼 옛날부터 주술적으로 해석되어 왔다(지구 생태계에 미치는 막대한 영향력 때문에 태양과 달의 운동이 가졌던 문화적, 미신적 위상은 어마어마했다). 역사의 여명기 때부터 천체에 각별한 관심을 가졌던 인류는 일주 운동 덕분인지 원운동에 대한 인식도 이때부터 명시적으로 가졌다. 메소포타미아(4대 문명의 발상지)에서 기원전 3500년경부터 원운동의 가장 현실적인 활용인 바퀴가 발명된 것도 어쩌면 우주에 대한 이러한 관심과 별개가 아닐지도 모른다.

인물과 실험으로 보는 **스토리 물리학**

코페르니쿠스(Nicolaus Copernicus, 1473~1543, 폴란드)의 지동설 이전까지 천체의 운동에 관해서 서구 문명을 지배했던 패러다임은 천동설이었다. 지동설을 과학 혁명의 대명사 정도로 배우는 오늘날의 현대인들조차도 무의식적으로는 지구를 중심으로 해가 뜨고 지는 것으로 생각한다. 지구 밖 우주 공간에서 지구의 사진을 찍을 수 있게 된 지금에도 우리는 광활한 우주 공간을 지구가 쏜살같이 달려 나가고 있다고 일상적으로 의식하면서 살지는 않는 것이다. 이것을 보면 고대인들이 천동설을 믿은 것은 어쩌면 당연한 한계였을 것 같다. 고대인들이 믿었던 천동설은 그들이 자각하거나 자각하지 못한 더 오래전부터 내려온 신화, 신앙 등의 요소와 결합되어 있었다. 그러한 우주관이 고대 그리스의 철학으로 다듬어져서 마침내 지구를 중심으로 천체들이 완벽한 동심원을 이루고 천구를 운행한다는 이론으로 이어진다. 이러한 천체의 운동에 대한 발상은 플라톤의《국가(Republic)》(BC. 380년경)에 비교적 명시적으로 기록되어 있다.《국가》의 거의 마지막 부분에서 소크라테스(Socrates, BC. 470~399, 그리스)가 전투에서 사망한 에르(Er)라는 인물이 사후세계를 경험한 이야기를 전하면서 에르가 천상에서 보았던 우주(아마도 오늘날의 태양계)의 장관을 묘사하는 장면이 언급된다.

"다음 날 그들이 어떤 장소에 당도했을 때, 그들은 빛의 한가운데 서서 천상에서 드리워진 띠들의 끄트머리를 보았다. 그 빛은 천상의 벨트로 마치 군용선의 대들보처럼 우주의 원을 유지시키고 있다. 드리워진 띠들의 끝에서는 필연의 축(spindle of necessity)이 뻗어 나와서 모든 원운동이 그것에 기대고 있다. 이 축의 막대와 고리는 금속으로 만들어졌고 회전하는 구는 금속과 다른 물질로 만들어졌다. 이 구는 지구에서 볼 수 있는 구와 같은 형태이다. 그리고 구의 겉보기로부터 짐작건대 하나의 크고 속이 비어 있는 구가 바깥쪽에 있고, 그 안에 다른 작은 구가 맞춰지고 다시 그 안에 더 작은 구가 맞춰지고, 다시 그 안에, 다시 그 안에, 이런 식으로 마치 그릇이 포개어지듯이 모두 8개의 구가 맞춰진다. 구의 경계는 바깥쪽과 안쪽에 있는데 경계들이 서로 모두 닿아서 하나의 연속적인 구를 이룬다. 이것을 필연의 축이 꿰뚫고 있는데, 축은 8개의 구 중심을 가로지른다. 첫 번째 구인 가장 바깥쪽 구의 테두리가 가장 넓고, 나머지 7개 구의 테두리는 그것보다는 좁다. 구의 순서는 다음과 같다." - 플라톤, 《국가》 10권 중에서

지구를 중심으로 하는 천구 그림, Peter Apian, 1539.

광휘로 둘러싸인 신비로운 공간에서 장엄한 기계 장치처럼 돌아가는 태양계를 묘사한 이 장면은 오늘날의 SF판타지 소설에서 등장할 것 같은 모습이다. 마치 겹겹이 겹쳐 있는 러시아 인형 같은 구조를 가진 천구의 전체 모습에 대한 장대한 묘사 다음으로 각 천구의 순

인물과 실험으로 보는 **스토리 물리학**

서, 두께, 밝기, 색깔 등에 대한 이야기가 나온다. 후대의 16세기부터 발전하여 오늘날 완전히 자리 잡은 실험 과학의 방법론으로 보자면 《국가》에 기록된 이야기는 과학이라기보다는 상상에 가까운 혹은 권위에 기댄 이야기 정도로 비친다. 하지만 천체에 대한 관측이 거의 불가능해서 겉보기 관찰에만 기댈 수밖에 없었던 당시의 상황을 고려하면 《국가》의 이야기는 우주와 인간, 천체와 지상의 모든 이야기를 하나의 종합된 틀로 이해하기 위해 최선의 논리를 펴고자 했던 시도로 이해할 수도 있다. 완전한 천상은 불완전한 지상과 대비되어 당시 완벽한 운동으로 여겨지던 원운동을 하는 게 당연하다고 여겨졌는데, 후에 아리스토텔레스는 천구의 동심원 운동에 4원소설을 접목하여 천동설에 더 탄탄한 논리를 부여하고자 하였다. 행성의 동심원 운동은 중세까지도 믿어졌다. 이렇게 과거 문명의 우주론으로 등장한 천동설은 코페르니쿠스의 지동설을 거쳐서 케플러(Johannes Kepler, 1571~1630, 신성 로마 제국)의 행성 운동에 대한 세 가지 법칙으로 이어지고, 마침내 17세기 뉴턴의 운동 법칙과 중력 법칙으로 일단의 결실을 맺는다. 이것은 다시 20세기 아인슈타인의 일반 상대성 이론으로 발전되어 이제는 단지 천체의 운동에만 국한된 이론이 아니라 시간과 공간, 에너지가 서로 어우러지는 우주의 더없이 심오하고 웅장한 드라마로서의 우주론이 등장하기에 이르렀다.

하늘의 원운동 이야기가 너무 멀고 거창하게 느껴지는가? 그렇다면 이번엔 우리에게 훨씬 친근한 지상의 원운동을 살펴보자. 바로 팽이의 회전 운동이다. 저자의 어린 시절에는 한번 팽이 놀이에 빠지면 아이들은 한여름이든 한겨울이든 놀이터에서 저녁까지 팽이를 감아 돌렸다. 팽이는 기원전 1,300년경의 이집트 투탕카멘왕의 무덤에서 도 발견되었는데, 고대 이집트의 왕도 혹시 어린 시절 팽이놀이를 신 나게 했었던 게 아닐까?

팽이 운동이 신기하게 보이는 요인에는 여러 가지가 있는데, 우선 빠르게 돌아가는 회전 운동 그 자체가 묘한 호기심을 자극한다. 여기 에 팽이가 기울어져서 돌아가는 세차 운동이 겹치면 마치 하나의 작 은 곡예를 보는 것 같은 기분마저 든다. 그렇지만 무엇보다 팽이의 회전축이 넘어질 듯 넘어지지 않으면서 끄덕끄덕 진동하는 장동(章動, nutation) 운동이야말로 아슬아슬한 팽이 놀이의 백미이다.

팽이 운동의 종류들

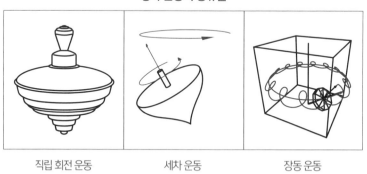

| 직립 회전 운동 | 세차 운동 | 장동 운동 |

넘어지지 않고 돌아가는 현상이 신기한 만큼, 팽이의 운동을 이해 하는 것은 결코 간단한 문제가 아니다. 천체의 운동에 대해서는 아주

인물과 실험으로 보는 **스토리 물리학**

오래전부터 나름의 장대한 이야기와 이론을 만들었던 것에 비해서 한 손 안에도 들어오는 이 작은 팽이의 알쏭달쏭한 운동은 오랫동안 좀체 실마리가 잡히지 않고 있었다. 팽이가 회전을 시작하면 별다른 도움 없이도 회전이 유지된다는 것은 일찍이 관찰된 사실이다. 팽이가 회전 관성(정확한 용어로는 관성 모멘트, moment of inertia)을 가진 다는 것은 플라톤의《국가》에도 언급되어 있고 심지어 운동 법칙을 정립한 뉴턴의《자연 철학의 수학적 원리》에도 다른 저항이 없다면 회전 운동이 유지된다고 명시되어 있다. 하지만 팽이의 회전 운동은 뉴턴 역학이 세상에 나온 이후에도 한동안 풀리지가 않았다. 크기가 있는 물체, 나아가 임의의 모양을 가지는 물체의 회전 운동을 다루는 건 뉴턴 역학으로도 매우 버거운 문제였던 것이다.

이러한 상황은 오일러(Leonhard Euler, 1707~1783, 스위스)의 등장으로 해소가 되는데, 오일러는 각운동량 개념과 관성 모멘트 개념을 오늘날 회전 운동을 다룰 때 우리가 사용하는 바로 그 개념으로 정립하였다. 사실 각운동량의 개념은 케플러 제2법칙(면적 속도 일정의 법칙)에 이미 숨어 있었고 관성 모멘트의 개념도 오일러 이전부터 등장하기 시작했었다. 하지만 오늘날의 역학 교과서에 등장하는 회전 운동 방정식을 완벽히 제시한 사람은 오일러였다. 오일러는 자신의 저서《강체 운동론(Theory of Motion of Rigid Bodies, Theoria Motus Corporum Solidorum seu Rigidorum)》(1765)에서 회전 운동 방정식을 제시했을 뿐만 아니라, 여러 가지 물체의 회전 운동을 직접 수학적으로 풀어서 다루었다. 천체의 운동보다도 더 애태우던 팽이 문제의 복잡한 양상이 마침내 이해된 것이다. 여담으로 1738년 오른쪽 눈의 시력을 잃었던 오일러는 1766년엔 왼쪽 눈의 시력마저 상실한다. 그런데 그의 학문적 연구는 그 이후에도 전혀 위축되지 않았다!

드디어 수학적으로 완벽히 풀 수 있게 된 회전 운동에는 세차 운동과 장동 운동 외에도 매우 재미있는 운동이 숨어 있었는데, 바닥 위에서 돌아가는 물체의 경우에는 바닥에 의한 공간상의 제약으로 이 운동을 관찰할 수가 없다. 이 특별한 회전 운동을 확인하기 위해서는 무중력 상태인 우주 공간에서의 실험이 필요했다. 1985년 발사된 소비에트 연방의 우주선 소유즈 T-13(Soyuz T-13)의 선장 자니베코프(Vladimir Aleksandrovich Dzhanibekov, 1942~, 소비에트)는 소유즈 T-13의 임무 수행 중에 우주정거장에서 이 운동을 확인하였다. 그것이 바로 T자 모양 핸들이 무중력 상태에서 회전할 때 회전축이 주기적으로 뒤집어지는 현상으로 나중에 자니베코프 효과(Dzhanibekov effect)라는 이름으로 불리게 된다. 이 실험은 이후에도 국제우주정거장(International Space Station, ISS)에서 수차례 재확인되었다.

소유즈 T-13의 임무와 관련하여 잘 알려지지 않은 이야기가 있다. 이 우주선의 목적은 물리 실험이 아니었다. 소비에트 연방은 1982년 지구 저궤도에 우주정거장 살류트 7(Salyut 7)을 쏘아 올린다. 살류트 7은 우주인이 머무르면서 임무를 수행할 때도 있었고 탑승 승무원 없이 지상에서 제어하여 임무를 수행할 때도 있었다. 1985년 2월 11일, 탑승 승무원이 없는 상황에서 살류트 7과 지상과의 통신이 끊어졌다. 지상에서 무슨 수를 써도 통신이 다시 살아나지 않았고, 이대로라면 살류트 7은 버려진 채로 추락할 수밖에 없었다. 소비에트 연방은 결국 우주인을 직접 보내 살류트 7을 수리하기로 결정한다. 무엇때문에 통신이 두절되었는지 알 수 없었기 때문에 우주인을 보낸다고 해서 수리가 가능하다는 보장도 없었다. 소유즈 T-13이 바로 살류트 7의 수리 임무를 맡고서 발사된 우주선이었다. 소유즈 T-13은 선장 자니베코프를 포함한 2명의 우주인을 태우고 살류트 7에 접근한다. 살류트 7은 비활성 상태였고, 도킹은 수동으로 할 수밖에 없었다. 그 이전까지 도킹은 전부 자동으로 이루어졌었다. 살류트 7과 소유즈 T-13의 회전을 수동으로 맞춘 이후에 드디어 도킹에 성공한다. 살류트 7 내부는 이미 전기가 끊어져서 실내에서는 물이 얼 정도였고 이산화탄소를 산소로 바꾸는 생명 유지 장치가 작동하지 않고 있었다. 자니베코프와 동료는 겨울 외투를 껴입은 채로 최악의 조건에서 작업하여 마침내 살류트 7의 고장 원인을 찾아내 성공적으로 수리한다. 수리 후 자니베코프는 110일을 살류트 7에서 보낸 뒤에 지구로 귀환하는데 이 임무는 자니베코프의 다섯 번째이자 마지막 임무가 되었다. 그렇게 우주 개발 역사의 한 페이지를 장식할 임무를 수행한 주인공은 아이러니하게도 우주 공간에서 물체의 신기한 회전운동을 확인한 사람으로 이름을 남기게 된다.

실험 순서

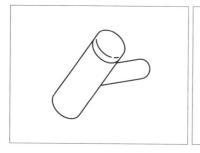

T자 모양의 물체를 무중력 상태에서 수평하게 정지시켜 놓는다. 수평하게 정지시켜 놓기 힘든 경우 물체의 끝을 나사 모양으로 만들어 수직한 벽에 고정시켜 놓는다.

T자 모양의 물체를 긴축을 중심으로 회전시킨다.

T자 모양의 물체가 회전을 시작한 후 갑자기 긴축이 180˚ 뒤집어져서 회전한다.

뒤집어진 채 회전하던 T자 모양의 물체가 다시 원래 방향으로 뒤집혀 회전한다. 이것이 반복된다.

왜 신기한가?

팽이를 가지고 놀아 본 경험에 따르면 T자 모양의 물체는 처음 회전시킨 그대로 그냥 계속 돌아야 할 것 같은데, 그렇지가 않고 긴축

부분이 앞뒤로 방향을 뒤집어 가면서 회전한다. T자 모양 물체는 왜 뒤집어지는 운동이 연속적인 회전으로 일어나지 않고 갑자기 뒤집어지는 운동으로 일어나는가? 왜 한 방향의 회전이 다른 방향의 회전과 얽혀 있는 것일까? 무중력 상태에서는 모든 물체가 이런 식으로 갑자기 뒤집어지는 회전 운동을 하는 것일까?

발상

직선 운동의 경우 물체는 한쪽 방향으로 운동을 하다가 외부의 간섭 없이 스스로 갑자기 처음 방향에 수직한 방향으로 운동을 하지 않는다. 만약 그렇다면 축구 경기는 기술을 통한 경기가 아니라 운에 의존하는 경기가 될 것이다. "그렇다면 선수들의 신들린 프리킥은 뭐지?"라고 물을지도 모르겠다. 사실 멋지게 휘어지는 프리킥도 마그누스 효과(공의 회전이 발생시키는 공기 흐름 차이에 의해 생기는 힘)라는 외부의 힘이 축구공에 작용하기 때문이다. 마그누스 효과가 없는데도 공이 스스로 휘는 운동을 한다면 축구 경기의 규칙은 거의 의미가 없어져 버릴 것이다. 축구 경기만 문제가 발생하는 것이 아니라 일상생활의 모든 운송 수단이 무용지물이 되어 버린다. 심지어 우리가 걷거나 뛰는 행위도 아주 힘든 활동이 될 것이다. 3차원 공간에서 수직한 임의의 세 가지 직선 방향 각각에 대한 직선 운동은 완전히 별개의 운동이다. 그래서 한 가지 방향의 운동에 변화가 발생해도 그것에 수직한 다른 방향의 운동은 변화가 없다. 한편, 3차원에서의 회전 운동도 서로 수직한 세 종류의 회전을 생각할 수 있다. 이때 회전은 수직한 세 평면 각각에 대한 것이 된다. 즉, 직선 운동이 직선 내에서의 운동이라면 회전 운동은 평면 내에서의 운동이 된다. 그런데 실험의 회전 운동을 보면 하나의 회전 평면에 대해서만 회전이 유지되는 것이 아니고, 처음에 회전이 없었던 평면 내에서의 회전 운동이 중간에 발생한다. 직선 운동은 수직한 각각의 직선 방향으로 운동의 독립성이 유지되는 것처럼 보이는데 왜 회전 운동은 수직한 회전 평면의 독립성이 유지되지 않는 것일까? 직선 운동의 방향 독립성과 회전 운동의 방향 독립성은 성질이 다른 것일까?

배경 원리

"모든 물체는, 물체에 가해지는 힘에 의해서 이러한 상태의 변화가 강요되지 않는 한, 정지 상태를 유지하거나 등속 직선 운동을 유지한다." - 뉴턴, 《자연 철학의 수학적 원리》 1권 중에서

평범한 어조로 쓰인 문장 같지만 이 문장은 사실 우주적 울림을 가지는 문장이다. 이 문장의 방점이 "모든"에 있다는 걸 깨닫는 순간 이것이 얼마나 강한 표현인지, 그리고 이러한 문장으로 시작한 《자연 철학의 수학적 원리》의 야심은 무엇인지에 흠칫하게 된다. 관성의 법칙으로 알려진 뉴턴의 운동 제1법칙은 물체의 직선 운동에 대해서 문장으로 명시하지는 않았지만 다음을 함축하고 있다. 물체는 직선 운동을 유지하는 관성을 가지는데, 우주 공간은 임의의 수직한 3개의 방향으로 나눌 수가 있고, 직선 운동의 경우 이 3개 방향으로

의 운동은 서로 독립적이다. 서로 수직한 3개의 방향을 x, y, z축으로 부를 때, 운동 제2법칙은 각각의 축에 대해서 다음의 직선 운동 방정식이 성립함을 의미한다.

뉴턴의 운동 제2법칙(직선 운동)	
벡터 형태	성분 형태
$\vec{F}=m\vec{a}$	$F_x=ma_x,\ F_y=ma_y,\ F_z=ma_z$
직선 운동의 경우 수직한 방향의 운동끼리 서로 독립적이다.	

이때, 각각의 방향에 대한 직선 운동이 독립적이라고 해서 물체의 방향 변화가 불가능하다는 뜻은 아니다. 각각의 방향은 독립적인 직선 운동 관성을 유지하지만 x방향 운동에 y방향 운동이 더해질 수 있다는 것을 유념해야 한다. 즉, 직선 운동의 조합을 통한 곡선 운동이 가능하다. 보통 이런 경우는 한 가지 이상의 방향으로 힘이 작용하는 경우이다.

흥미롭게도 《자연 철학의 수학적 원리》에는 운동의 제1법칙에 대한 부연 설명에 다음과 같은 문장이 있다.

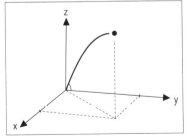

서로 독립적인 수직 방향 운동들의 조합으로 이루어진 곡선 운동의 예.

"팽이의 각 부분들은 자신들 사이의 결합력에 의해서 끊임없이 직선 운동에서 비켜나고, 팽이는 공기에 의해 운동이 지연되지 않는 한 회전을 멈추지 않는다." - 뉴턴, 《자연 철학의 수학적 원리》 1권 중에서

우주에 존재하는 물체의 운동을 관찰해 보면 직선 운동만 존재하는 것이 아니라는 걸 알 수 있다. 직선 운동으로 환원되지 않는 회전 운동이 있다는 것을 뉴턴도 충분히 인지하고 있었다. 다시 한 번 강조하지만 뉴턴의 제1법칙에 따르면 외부에서 힘이 작용하지 않는 한 질점의 곡선 운동은 불가능하다(여기서 질점이란 크기가 거의 없는 매우 작은 질량 덩어리라고 생각하자). 질점의 원운동 역시 반드시 외부의 힘이 필요하다. 그런데, 크기가 있는 물체의 경우에는 외부에서 물체에 작용하는 힘(또는 토크)이 없어도 회전을 유지한다. 이것을 어떻게 이해해야 할까? 직선 운동 관성의 특징을 단서로 크기가 있는 물체의 회전 관성(관성 모멘트)의 특징에 대해서도 알아낼 수 있을까? 다음과 같은 아령 모양의 물체를 생각해 보자.

2체 아령

아령 양쪽 끝에만 질량이 있고 아령 손잡이에는 질량이 없으며, 아령 양쪽 끝 질점들의 질량은 모두 같고 크기가 없다고 가정하자. 또한 손잡이는 두 개의 질점을 연결하고 있으며 끊어지거나 휘지 않고

늘거나 줄지도 않는다고 가정하자. 이 경우 아령 양쪽 끝의 두 질점은 어떤 경우에도 서로 간의 거리가 일정하게 유지되는데, 이처럼 질점들 사이의 거리가 항상 유지되는 물체를 강체라고 한다. 그림의 강체를 편의상 '2체 아령'이라고 하고, 처음에 2체 아령은 정지해 있다.

이제 우주 공간에서 2체 아령의 한쪽 끝 질점에 짧은 시간 동안 힘을 가해 보자. 톡 하고 건드렸다고 봐도 좋다. 그러면 그 힘을 받은 질점만 날아가는 것이 아니라 다른 질점까지도 따라 날아가게 된다. 왜냐하면 아령 손잡이가 두 질점을 단단히 연결하고 있기 때문이다. 가해 준 힘의 방향에 따라서는 아령이 전체적으로 회전하면서 날아갈수도 있다. 즉, 처음 힘을 받은 질점은 직선 운동의 관성 때문에 직선으로 날아가려고 해도 아령 손잡이의 구속 때문에 똑바로 날아가지못하고 곡선으로 날아가게 된다. 한편, 맞은편의 질점은 날아가는 질점과 항상 같은 거리를 유지하면서 맞은편에 있어야 한다. 이 역시아령 손잡이의 구속 때문이다. 즉, 두 개의 질점이 서로 짝을 이루어각각 곡선 운동을 하는 것이다. 이 운동을 아령 전체로 보면 아령이회전하면서 날아가는 운동이 된다. 그리고 이렇게 시작된 운동은 외부의 다른 영향이 없는 한 계속된다. 즉, 크기가 있는 회전하는 물체는 한번 회전하기 시작하면 외부의 영향이 없는 한 계속 회전하는 것이다. 요약하자면, 크기가 있는 물체의 경우 물체의 질점들은 자신의직선 운동 관성을 유지하려고 해도, 질점들을 결합시키고 있는 내부결합력에 의해서 질점들 사이의 거리 또한 유지해야 하기 때문에 크기가 있는 물체는 전체적으로 직선 운동뿐만 아니라 회전 운동도 유지하려는 성질을 가지게 된다.

강체 운동의 이러한 특징에 대해서 채슬(Michel Floréal Chasles, 1793~1880, 프랑스)은 1830년《수학, 천문학, 물리 및 화학 회보(Bulletin des Sciences Mathématiques, Astronomiques, Physiques et Chimiques)》에 자신의 연구를 발표한다. 다소 복잡하지만 채슬이 정리한 핵심은 다음과 같다.

강체의 가장 일반적인 위치 변화는 직선 이동과 회전의 합이다.

이것은 우리의 일상 경험과 잘 부합된다. 다음으로 강체의 회전 운동을 좀 더 깊이 살펴보기 위해서 강체의 회전을 품는 평면에 대해서 따져 보자. 정지해 있는 2체 아령의 경우 한쪽 질점에 짧은 시간 힘을 가했을 때 아령의 회전은 하나의 평면 내에서만 발생한다. 그렇다면 다음과 같은 3체 아령의 경우에는 어떻게 될까? 3체 아령의 경우에도 회전이 하나의 평면 내에서만 발생할 것인가? 3체 아령의 회전을 예상할 수 있겠는가?

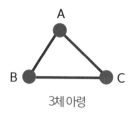

3체 아령

인물과 실험으로 보는 **스토리 물리학**

그림에서 질점에만 질량이 있고 아령 손잡이에는 질량이 없으며, 아령 양쪽 끝 질점들의 질량은 모두 같고 크기가 없다고 가정하자. 또 두 개의 질점을 연결하고 있는 각각의 손잡이는 끊어지거나 휘지 않고 늘거나 줄지도 않는다고 가정하자. 그림의 아령을 편의상 '3체 아령'이라고 부르자. 처음에 3체 아령은 정지해 있다. 이제 질점 A에 짧은 시간 동안 힘이 가해졌을 때 3체 아령은 어떤 운동을 할 것인가?

3체 아령 문제를 2체 아령 운동의 조합으로 접근해 보자. 만약 질점 A와 B만 있는 2체 아령이었다면 어떤 운동이 일어났을까? 또는 만약 질점 A와 C만 있는 2체 아령이었다면 어떻게 됐을까? 질점 A와 B만 있는 '2체 아령'이었다면 앞서 다루었던 문제와 상황이 같았을 것이다. 즉, A와 B를 잇는 손잡이의 방향과 처음에 가해진 힘의 방향이 이루는 평면 내에서 2체 아령이 회전하면서 전체적으로 직선 운동을 했을 것이다. 한편, 질점 A와 C만 있는 경우에는 다른 평면 내에서 회전하면서 직선으로 날아가는 운동을 했을 것이다. 그런데 질점 A, B, C가 모두 있는 경우에는 이 두 개의 다른 평면 내에서 발생하는 회전 운동이 얽히게 된다. 이는 직선 운동과 회전 운동의 매우 큰 차이점이다. 요약하자면, 정지한 채로 홀로 존재하는 하나의 질점에 짧은 시간 동안 힘을 가했을 때 질점은 직선 운동을 하게 되고 질점은 3개의 가능한 직선 방향 중에서 오로지 한 방향으로만 운동한다. 하지만 정지해 있는 크기가 있는 강체에 짧은 시간 동안 힘을 가했을 때 강체가 보이는 일반적인 회전 운동은 3개의 수직한 회전 평면 각각에서의 회전이 모두 얽힌 운동이 된다. 이것을 방정식으로 표현하며 다음과 같다.

오일러의 회전 운동 방정식

$$I_1\,\alpha_1 - (I_2 - I_3)\omega_2\,\omega_3 = \tau_1$$

$$I_2\,\alpha_2 - (I_3 - I_1)\omega_3\,\omega_1 = \tau_2$$

$$I_3\,\alpha_3 - (I_1 - I_2)\omega_1\,\omega_2 = \tau_3$$

I_1, I_2, I_3는 회전 운동에 대한 방정식이 위와 같은 식으로 쓰일 수 있도록 정해진 특별한 3개의 회전 평면에 대한 강체의 회전 관성(관성 모멘트)이다. 또는 그러한 회전 평면에 수직하고 강체의 질량 중심을 지나는 축에 대한 강체의 관성 모멘트이다. 이러한 축을 강체의 주축(principal axes)이라고 한다. 주축이 아닌 일반적인 축에 대한 회전 운동 방정식은 위 식보다 더 복잡한 회전 관성을 고려해야 한다. ω_1, ω_2, ω_3 역시 3개의 주축에 대한 강체의 회전 각속도이다. $\alpha_1, \alpha_2, \alpha_3$는 3개의 주축에 대한 강체의 회전각가속도이다. τ_1, τ_2, τ_3는 3개의 주축에 대해서 강체에 가해지는 외부의 토크이다.

식의 형태에서 알 수 있듯이 3개의 주축에 대한 회전 운동이 관성 모멘트를 통해서 모두 섞여 있다(예를 들어 α_1을 결정하는 식에 I_2와 I_3가 모두 관여한다). 즉, 크기가 있는 강체의 회전은 일반적으로 하나의 평면 내에서 일어나지 않고 꼬여 있는 회전 운동이 된다. 예를 들어 $I_1>I_2>I_3$인 어떤 강체가 정지해 있다고 하자. 처음에 $\omega_1, \omega_2, \omega_3$ 모두 0이다. τ_1, τ_2가 강체에 가해지면, α_1, α_2가 발생하고 이제 약간의 시간만 흘러도 ω_1, ω_2가 더는 0이 아니다. 즉, 평면1과 평면2에 대해서 회전이 발생하는 것이다. 여기까지는 당연해 보이지만 재미있는 점은 τ_3이 없다고 하더라도 시간이 지나서 ω_1, ω_2가 생기면 α_3가 생긴다는 점이다! 즉, τ_3이 없어도 τ_1과 τ_2가 있으면 ω_3이 생긴다(물론 강체가 처음에 정지 상태에 있고, 오직 τ_1만 있는 경우에는 ω_1만이 생긴다). 회전 운동의 상황과는 달리 직선 운동의 경우 z방향의 힘없이 x, y방향의 힘만 있으면 결코 z방향 직선 운동이 생기지 않는다.

실험의 이해

이제 실험을 이해해 보자. 실험에서는 초기 각속도만 주어지고 그 후에 외부에서 가해지는 토크는 없으므로 실험에 적용되는 오일러의 회전 운동 방정식은 다음과 같다.

오일러의 회전 운동 방정식
(외부에서 강체에 가해지는 토크가 없는 경우)
$I_1\alpha_1-(I_2-I_3)\,\omega_2\omega_3=0$ 식1
$I_2\alpha_2-(I_3-I_1)\,\omega_3\omega_1=0$ 식2
$I_3\alpha_3-(I_1-I_2)\,\omega_1\omega_2=0$ 식3

중간 크기의 관성 모멘트를 가지는 주축2에 대한 회전 ω_2를 고려해보자. 만약 초기 각속도가 양의 ω_2만 있고, ω_1과 ω_3가 정확히 0이었다면 모든 각가속도가 0이 된다(한 평면 내에서 회전은 시계 방향과 반시계 방향으로 두 가지의 방향이 가능하다. 여기서 양의 각속도는 반시계 방향의 각속도를 의미한다). 즉, ω_2만 동일한 크기로 유지되고 ω_1과 ω_3는 계속 0이라는 뜻이다. 실험에서와 같이 갑자기 뒤집어지는 운동은 발생하지 않는다.

그런데 만약 ω_2가 주어질 때 ω_1도 아주 작지만 0이 아닌 양의 초기 각속도를 가졌다면 어떻게 될까? 그렇다면 식3에서 α_3가 양수가 된다. 따라서 처음에 ω_3는 0이었지만 잠시 후에 양의 ω_3가 생기고, 식1에 의해서 α_1이 양수가 된다. 이 때문에 ω_1은 더욱 큰 양수가 되고 이것은 식3에 의해서 더 큰 양수의 ω_3이 된다. 이 과정이 누적이 되어 아주 작은 ω_1로 시작한 회전이 매우 큰 ω_1과 ω_3의 회전으로 발전한다. 처음에 ω_1, ω_3이 작을 때는 α_1, α_3도 작기 때문에 ω_1, ω_3에 누적되는 양 또한 적다. 하지만 일단 ω_1, ω_3이 커지기 시작하면 누적되는 양 자체가 커져서 ω_1, ω_3이 크게 증가하기 시작하고 이것이 다시 누적되는 양을 더욱 커지게 한다. 즉, 처음에 작은 값에서 시작한 ω_1, ω_3이 변화가 없는 듯이 보일 정도로 조금씩 증가하다가 갑자기 커지는 것이다. 이것이 T자 모형 물체의 급작스런 뒤집힘 운동으로 나타난다. 주의할 점은 이러한 정성적인 분석은 회전 운동 초기에만 적용된다는 점이다. 식2에 의해서 α_2가 음수가 되어서 ω_2가 시간이 흐르면서 작아지기 때문에 식1, 2, 3에 의한 회전 운동의 양상은 시간이 흐를수록 복잡하게 얽힌다.

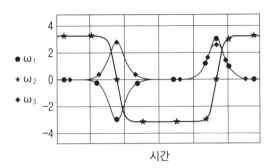

T자 모양 핸들의 각속도 변화. 시간이 흐름에 따라서 ω_2가 뒤집어지는 것이 보인다.

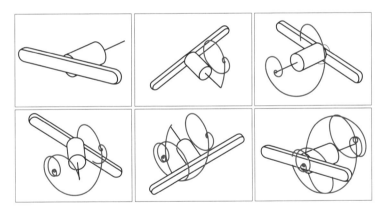

T자 모양 핸들 끄트머리의 궤적. 시간의 흐름에 따라서 회전축이 뒤집어진다.

즉, 3개의 주축에 대한 관성 모멘트가 모두 다를 때, 관성 모멘트가 가장 큰 주축과 가장 작은 주축에 대한 회전은 안정하지만 중간

값의 관성 모멘트를 가지는 축에 대한 회전은 불안정하다. 이것을 중간축 정리(intermediate axis theorem) 또는 테니스 라켓 정리라고 부른다.

더 살펴보기

중간축 정리의 다른 이름이 테니스 라켓 정리라는 것만 보아도 T자 모양 핸들의 회전과 유사한 현상을 테니스 라켓에서도 볼 수 있다는 걸 예상했을 것이다. 실제로 테니스 라켓, 탁구 라켓, 스마트폰의 경우 중간축에 대해서 회전시키며 던져 올리면 다른 축의 회전이 발생하는 것을 쉽게 관찰할 수 있다. 지금 한번 직접 확인해 보자.

중간축 정리가 적용되는 여러 가지 물체들 그림. 각각의 물체에 대해서 중간축을 찾아보고, 물체를 어떻게 회전시켜 던져 올렸을 때 꼬인 운동이 발생할지 예상해 보자.

T자 모양 핸들이나 테니스 라켓을 돌리는 문제는 그리 위험해 보이는 운동이 아니다. 그저 재미있는 현상 정도로만 여겨진다. 하지만 이 현상을 매우 심각하게 다루어야 하는 경우가 있는데, 바로 인공위성이다. 인공위성의 모양을 완벽한 대칭이 되도록 만들 수 없는 한 인공위성은 3개의 주축에 대해서 크기가 모두 다른 3개의 관성

인물과 실험으로 보는 **스토리 물리학**

모멘트를 가지게 되고 중간축 정리에 의한 현상을 피해 갈 수가 없다. 다른 말로, 이것은 인공위성이 자신의 궤도를 돌면서 T자 모양 핸들이 보여 준 운동처럼 주기적으로 뒤집어진다는 뜻이고 당연히 이는 인공위성의 본래 목적에 상당한 피해를 줄 뿐만 아니라 인공위성이 거의 제 기능을 하지 못하게 할 수도 있다. 그렇다면 어떻게 이것을 안정화시킬 것인가? 자세를 제어하는 컨트롤러를 이용해서 강제적으로 안정화시킬 수도 있지만 이런 경우 계속 연료를 소모해야 한다. 이 문제를 해결하는 더 간단한 방법이 있는데, 그것은 회전을 이용하는 것이다.

I_1 방향으로 양수의 매우 큰 ω_1을 처음에 주었다고 해 보자. ω_2가 약간 있을 때 어떻게 되는가? 식3에 의해서 양수의 α_3가 발생하고 이것은 양수의 ω_3을 발생시킨다. 이제 식2에 의해서 음수의 α_2가 발생한다. 즉, ω_2가 줄어들기 시작한다. ω_2가 줄어들다가 음수가 되면 식3에 의해서 α_3이 음수가 되고 ω_3 역시 줄어들게 된다. 즉, ω_2가 약간 발생한다고 해도 어느 값 이상으로 커지지 못하고 ω_1의 회전을 안정적으로 유지하는 것이다. 이런 방식으로 자세를 안정화하는 대표적인 예가 바로 우주 탐사선 파이오니어 10호(1972년 발사, 2003년 마지막 교신, 2018년 현재 알데바란 방향으로 항해 중)와 11호(1973년 발사, 1995년 마지막 교신, 2018년 현재 방패자리 방향으로 항해 중)이다. 자 그렇다면 한 가지 불안한 상상을 하게 만드는 질문을 던져 보자. 지구는 중간축 정리가 적용되는가?

교훈

직선 운동의 관성은 지구상의 모든 동물이 직관적으로 느낀다. 3개의 독립된 직선 방향이 있다는 것에 너무 익숙해진 우리에게 회전 운동이 보이는 양상은 전혀 예측 불가능한 것으로 보인다. 이것은 강체를 이루는 질점들 각자가 가진 직선 운동 관성과 질점들 사이의 결합력에 의한 구속력의 팽팽한 줄다리기가 회전 관성에 반영되기 때문이다. 회전 관성은 서로 수직한 각각의 평면 내에서의 운동을 유지하려는 관성인 동시에, 직선 관성과는 다르게 이러한 회전 운동들이 서로 얽히도록 하는 역할을 한다. 따라서 외부의 토크 없이 강체 혼자서 회전하고 있을 때도 강체가 뒤집어지는 마술 같은 운동을 보일 수 있다. 앞으로 물체의 회전 운동을 바라볼 때는 내부의 질점들이 각자의 운동을 유지하기 위해서 어떻게 다투고 있는지, 그리고 그러한 다툼의 조합이 어떻게 전체적으로 미묘한 회전 운동으로 나타나는지 염두에 두고서 살펴보자.

인물과 실험으로 보는 **스토리 물리학**

2장
동극 모터(homopolar motor)

실험 결과

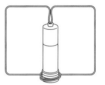

전지의 음극에 자석을 고정시킨 후 전선을
그림처럼 구부려 얹으면 전선이 회전한다.

도입

인류가 다른 영장류와 본격적으로 차별화된 임계점을 불로 요리를
하게 된 시기로 보는 진화생물학자나 인류학자들이 있다. 불로 익힌
음식을 먹음으로써 날것을 먹을 때보다 뇌에 충분한 에너지 공급이
가능해졌다는 것이다. 즉, 생각하는 데 필요한 에너지가 충분히 공급
되면서 인류는 지구상의 다른 생물들과는 달리 사회 구조를 통해 지
식을 만들고 정보를 다루는 활동이 가능해졌다. 현재 인류의 뇌는 성
인의 경우 몸을 쓰지 않는 동안에 신체 에너지의 20%를 사용한다. 이
는 다른 영장류의 뇌 사용량에 견주어 두 배 이상이다. 우리가 공부
나 업무를 할 때 알게 모르게 간식을 찾게 되는 것도 뇌가 끊임없이

당을 소비하고 있기 때문이다. 뇌에서 이처럼 많은 에너지를 소비한다는 건 그만큼 많은 생물학적 활동이 벌어진다는 것이고, 그렇기 때문에 우리는 자신의 뇌를 거의 무의식적으로 자신과 동일시한다. 물론 에너지 소비량이 생물의 정체성을 결정하는 유일한 척도가 될 수는 없겠지만, 복잡한 현상의 핵심을 단순하게 이해하는 데 도움은 될 수 있다. 예를 들어 인류 문명의 발달 단계를 이해하고자 할 때, 인류 전체의 에너지 사용량이 문명의 지표로 사용될 수 있다. 카르다쇼프 (Nikolai Semenovich Kardashev, 1932~, 러시아)가 1964년 제안한 이 척도에 따르면 행성 표면에 도달하는 모든 에너지를 활용하는 문명은 I유형 문명, 모항성이 방출하는 모든 에너지를 활용하는 문명은 II유형 문명, 거주 은하에서 방출하는 모든 에너지를 활용하는 문명은 III유형 문명으로 분류된다. 칼 세이건(Carl Edward Sagan, 1934~1996, 미국)은 구체적인 에너지 소비 수치로부터 카르다쇼프 척도를 산출할 수 있는 공식을 고안했는데, 이에 따르면 2010년대의 인류는 카르다쇼프 척도 0.72 수준으로 아직 I유형 문명에 이르지 못하였다.

에너지는 너무 포괄적인 용어이기 때문에 그것이 드러나는 방식에 따라서 좀 더 세분화되어 지칭된다. 예를 들어 물체의 운동 에너지, 물체의 중력 위치 에너지, 탄성 에너지, 열에너지, 질량 에너지 등으로 말이다. 이런 여러 종류의 에너지 중에서 가장 활용성이 뛰어난 에너지는 무엇일까? 에너지를 화폐라고 생각해 보자. 전 세계의 화폐에는 여러 종류가 있다. 한국의 화폐, 미국의 화폐, 중국의 화폐, 유럽연

합의 화폐 등등. 그런데 세계 경제의 입장에서 가장 통용성이 높은 화폐가 있듯이 에너지 종류에도 인류가 활용한다는 입장에서 봤을 때 활용성이 뛰어난 에너지가 있다. 바로 전기 에너지이다(주의할 것은 활용성이 뛰어난 것과 효율이 뛰어난 것은 다른 이야기이다. 열에너지의 경우 일로 바뀔 수 있는 효율이 떨어지는 에너지이지만 열기관은 내연기관 자동차에 지금도 잘 쓰이고 있다). 전기 에너지는 에너지의 발생지와 사용지가 매우 멀리 떨어져 있을 수 있고, 심지어 경량화된 저장기구에 저장하여 들고 다닐 수 있다. 다른 형태의 에너지는 이런 장점을 가지기 매우 어렵다. 가령 화력 발전소에서 연료의 연소로 발생시킨 증기의 운동을 전기 에너지로 바꾸지 않고 뜨거운 증기 그대로 에너지로 활용한다면 어떻게 가정마다 에너지를 공급할 것인가? 이런 면에서 보면 전기 에너지는 에너지계의 기축 통화라 불릴 만하다.

화폐는 그 자체로는 금속 조각이거나 종잇조각에 불과하다. 화폐는 그것이 실질적인 가치를 가지는 물질이나 서비스로 변환되어야 비로소 쓰임새가 생긴다. 전기 에너지 역시 그 자체로서는 하나의 물리적인 양에 불과하다. 그래서 전기 에너지를 유용한 쓰임새로 바꾸어 주는 도구가 필요한데, 그중 가장 대표적인 도구가 바로 모터이다. 모터는 인류에게 가장 범용성이 높은 전기 에너지를 일이나 힘으로 바꾸어 주는 마법과도 같은 도구이다. 만약 현대 기술 문명이 모두 사라진다고 해도 물리학 지식과 전기 에너지를 생산 및 활용할 수 있는 발전기와 모터만 있다면 단시일 안에 문명 회복이 가능하다. 그런데 사실 발전기는 모터를 역으로 이용한 것에 불과하기 때문에 이 말은 모터만 있다면 현대 기술 문명을 재건할 수 있다는 뜻이다! 실제로 패러데이가 최초의 모터를 만든 것이 1821년이다. 그로부터 약 200년 사이에 인류가 이룩한 기술 문명의 발전은 이런 주장을 충분히 뒷받침해 준다. 그렇다면 이처럼 위력적인 도구인 모터를 구성하는 필수 요소는 무엇이고 그러한 요소들은 어떠한 구조로 결합되어야 하는 것일까?

실험 순서

 건전지와 네오디뮴 자석을 준비한다.

 자석을 건전지의 음극에 붙인다.

 전선(구리선)을 건전지의 양극과 네오디뮴 자석에 접촉할 수 있도록 구부린다.
이때 건전지의 양극에 닿는 부분과 네오디뮴 자석에 닿는 부분의 전선 피복(구리선 코팅)은 제거되어 있어야 한다.

 구부린 전선(구리선)을 건전지에 올려놓으면 전선이 회전하기 시작한다.

인물과 실험으로 보는 **스토리 물리학**

왜 신기한가?

동극 모터는 처음 봤을 때 뭔가 생소하기는 한데, 왜 신기한지 집어서 말하기가 어렵다. 우선 기존의 모터를 열어 보자.

쉽게 구할 수 있는 직류 모터의 내부 구조.

회전축에 전선이 수없이 감겨 있고 그 회전축의 전선 바깥쪽으로 회전축을 둘러싸듯이 자석이 배치되어 있다. 전선과 자석은 맞닿아 있지 않고 전선 양쪽 끝은 모터의 전극으로 각각 연결된다. 모터 양쪽 전극에 건전지를 연결하여 전선에 전류가 흐르면서 모터가 돌아간다. 그런데 이런 보통의 모터와 다르게 동극 모터는 자석이 전선 주변을 감싸고 있지도 않고, 전선 양끝이 건전지의 양쪽 끝에 닿아 있지도 않다. 이처럼 두 모터 사이의 구조는 너무나 달라 보이는데 동극 모터는 어떻게 회전이 가능할까?

발상

일반 모터와 동극 모터의 구조 비교에서 우리는 몇 가지 추측을 할 수 있다. 우선 모터처럼 회전 운동을 일으키기 위해서는 전류와 자석이 있어야 한다. 그리고 전류가 흐르는 전선은 자석에 닿을 수도 있고 닿지 않을 수도 있다. 회전 운동을 일으키는 전류와 자석의 배치는 한 가지만 가능한 게 아니라 여러 가지가 가능하다. 그렇다면 전류가 자석으로부터 힘을 받는 건 전선의 배치나 방향에 무관한 것인가?

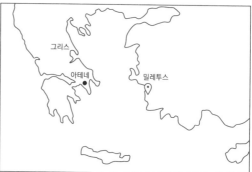

(왼쪽)탈레스의 초상화. (오른쪽)밀레투스의 위치.

배경 원리

전기와 자기 현상이 인류의 생활에 미친 영향 중 가장 큰 것을 꼽으라면 단연 모터의 발명이다. 비록 모터의 원리를 밝힌 역사는 150여 년에 불과하지만 전기력과 자기력에 대한 인류의 탐구 역사는 2,000년 이상에 이른다. 일상에서 전기와 자기 현상 중에서 가장 흔하게 만나게 되는 건 바로 정전기 현상이다. 정전기 현상 자체는 기원전부터 알려져 있었던 것으로 추측되는데, 그 탐구에 대해 남겨진 기록은 그리스 문명권의 철학자 탈레스(Thales of Miletus, BC. 624년~546년 또는 625년~547년 추정)까지 거슬러 올라간다.

탈레스는 밀레투스에서 태어나서 밀레투스에서 사망한 철학자이다. 밀레투스는 그리스가 있는 발칸반도의 오른쪽 바다인 에게해를 건넜을 때 접하는 아나톨리아반도의 해안 도시이다. 아테네와는 직선거리로 300km 정도 떨어진 곳으로, 이 거리는 서울~부산 사이의

인물과 실험으로 보는 **스토리 물리학**

직선거리와 유사하다. 소크라테스의 출생이 기원전 470년경이므로 탈레스는 소크라테스보다 100년 이상 앞서 활동했던 인물이다. 오늘날에는 탈레스를 정전기 실험을 최초로 탐구한 사람으로 보는데, 그가 직접 저술한 저작물들이 남아 있지 않아서 정말로 그가 정전기와 관련한 직접적인 실험을 하였는지는 확실히 밝혀지지 않았다. 다만 플라톤과 아리스토텔레스 시대의 저술들에서 그의 탐구에 대한 간접적인 기록들이 다수 남아 있고, 그의 다른 업적들에 비추어 보았을 때 그러한 실험을 하였을 가능성이 매우 높은 것으로 추정된다.

탈레스의 위상은 오늘날보다도 고대 그리스 당대에 훨씬 높았는데, 철학자의 대명사가 되어 버린 소크라테스와 떼려야 뗄 수 없는 관계인 플라톤 스스로가 고대 그리스의 7현자 중 첫 번째 현자로 탈레스를 꼽을 정도였으며, 아리스토텔레스 역시 탈레스를 첫 번째 자연 철학자 혹은 첫 번째 물리학자로 꼽았다. 탈레스는 고대 그리스 사회가 신화와 전설의 시대를 벗어나서 사고와 이성의 시대로 나아가는 포문을 연 인물들 가운데서도 영향력이 컸던 인물이다. 마치 고대 철학자들의 철학자라고 불러야 할 정도이다. 그는 7현자 중 한 사람으로 추앙받았던 인물인 만큼 이미 고대 그리스 시절부터 그 시대의 발견들 중 많은 것들을 최초로 발견한 사람으로 여겨지고 있었다.

탈레스는 만물의 근원이 물이라고 주장한 것으로 유명한데, 그가 '물'을 지칭했을 때 이것은 한 컵의 물, 흐르는 강물, 넘실대는 바닷물

탈레스와 관련된 설화 그림. (왼쪽) 〈별을 보고 걷다가 우물에 빠지는 철학자〉(John Tenniel, 1884). (오른쪽) 〈짐을 가볍게 하려고 일부러 강물에 빠진 당나귀 이야기〉(Steinhöwel, 1464).

※ 디오게네스의 《탁월한 철학자들의 삶과 견해》(BC. 350년경)에 수록된 탈레스의 업적들

◆ 탈레스에게는 기록된 스승이 없음. "이집트에서 사제들과 지낸 적이 있었다"라고 기록되어 있어서 아마도 이집트에서 수학을 배운 것으로 추측됨.

◆ 천문학을 처음으로 연구한 사람.

◆ 태양의 직경이 황도 궤도의 720분의 1이라고 처음으로 주장. 오늘날의 관측 결과에 비해 불과 6% 정도 작은 비율 값.

◆ 달의 경우에도 달의 직경이 백도 궤도의 720분의 1이라고 처음으로 주장. 오늘날의 관측 결과에 비해 불과 3% 정도 작은 비율 값.

◆ 최초로 일식을 예측하고 동지점과 하지점을 지정.

◆ 1년을 주기로 계절이 반복된다는 것을 발견, 1년을 365일로 나눈 것으로 전해짐.

◆ 최초로 물리적 문제를 논의함.

◆ 자신의 그림자 길이가 자신의 키와 같아지는 시간에 피라미드의 그림자 길이를 측정해서 피라미드의 높이를 알아냄.

◆ 부자가 되는 것이 얼마나 쉬운 일인지 보이기 위해서, 올리브가 풍작일 걸 예측하여 미리 올리브기름을 짜는 곳을 모두 빌려서 몇 배의 이득을 얻음.

◆ 만물의 근원이 물이라고 주장함.

처럼 구체적인 물질을 염두에 둔 것인 동시에 '물'이 가지는 여러 속성을 추상화한 어떤 개념으로서의 물을 염두에 둔 것이기도 하다. 지구상의 거의 모든 생명체가 물에 전적으로 의존한다는 점, 물은 날씨를 통해 인간의 삶에 막대한 영향을 미친다는 점, 고체·액체·기체의 상변화를 통해 물이 단단해지기도, 유연해지기도, 미묘해지기도 한다는 점 등 탈레스가 보기에 물은 생물적인 현상과 무생물적인 현상을 광범위하게 아우르는 구체적인 물질인 동시에 스스로 변화무쌍하면서도 여전히 물이라는 어떤 변하지 않는 정체성(원리)을 가지는 추상성을 획득하고 있었다. 이런 보편적 추상성을 상정하고 있었기에 탈레스는 감히 '만물(말 그대로 모든 물질)' 운운할 수 있었던 것이다. '만물의 근원은 돌', '만물의 근원은 태양' 등 물 대신 다른 것으로 이 문장을 바꾸었을 때 어느 정도 설득력이 있을지 비교해 보면 그의 주장이 훨씬 다양하고 구체적인 논거를 제시할 수 있음을 알 수 있다.

그러나 탈레스의 이런 주장이 가진 진정한 위력은 그 내용 자체보다도 그가 제시한 질문의 종류와 거기에 답하는 방식에 있다. "만물은 무엇으로 이루어져 있는가?" 혹은 "우주의 근원은 무엇인가?"라는 질문은 자연의 근본적인 '원리'가 있다고 가정하는 동시에 그것에 대한 '설명'을 요구하는 사고의 틀을 내포하고 있다. 그리고 그가 답을 한 방식은 외부 세계에 대한 관찰(경험)로부터 뒷받침되는 외부 세계의 구체적인 물질이 가지는(드러내는) 추상성이야말로 그러한 질문에 대한 제대로 된 답이라는 사고의 틀도 내포한다. 조금 어려운 말이 되었지만, 사실 현대인은 이러한 사고방식에 매우 익숙하고 별로 위화감이 없다. 하지만 탈레스의 시대에는 이런 식으로 생각하는 방식이 존재하지 않았다. 그러니까 탈레스는 생각을 재발명한 셈이다. 이러한 사고의 틀을 통해 인류는 모든 현상마다 '인격을 동원한 이야기'를 통해 우주를 이해하는 방식, 즉 신화, 미신, 주술을 넘어설 수있게 되었다. 과장을 조금 덧붙인다면 과학적 탐구 방법의 가장 본질적인 핵심이 이때 수정되었다고도 할 수 있겠다. 탈레스에게 최초의 철학자라는 수식어가 괜히 붙은 게 아니다.

그런데 그의 철학 중에서 지금의 관점에서 보면 재미있는 사실이하나 있는데, 물질이 서로에게 작용하는 것은 물질의 영혼 때문이라고 주장했다는 점이다. 여기서 탈레스에게 있어서의 영혼은 생기生氣적인, 우주를 채우고 있는 어떤 영향력의 의미가 강한데, 현대의 종교에서 말하는 인간의 정신적인 영혼과는 다른 뜻으로 무생물인 물질에도 작동하는 어떤 물리적 기운이다. 탈레스의 영혼은 아리스토텔레스의 신경생리학적 작용으로서의 영혼과도 다른 개념으로, 조금많이 억지를 부리면 오늘날의 장(field)의 개념과 오히려 어슴푸레 맥이 닿아 있다고 볼 수 있다. 여러모로 봤을 때, 철학의 스타일에 있어서 탈레스는 물리학자, 플라톤은 수학자, 아리스토텔레스는 생물학자에 가까운 면모를 많이 보인 것으로도 이해되는 부분이다.

그렇다면 탈레스의 정전기 탐구에 대한 기록은 무엇이 남아 있을까? 그의 저술이 현재 남아 있지 않기 때문에 그와 관련된 기록은 모두 다른 철학자들의 저술에서 간접적으로만 확인할 수 있다.

"마그넷과 호박(amber)에 대한 논의에서 탈레스가 영혼 또는 생기를 무생물인 물체에도 속성으로 부여했다고 아리스토텔레스와 히피아스는 단언하고 있다."

— 디오게네스, 《탁월한 철학자들의 삶과 견해》 중에서

"탈레스 또한, 그에 대한 기록으로부터 판단컨대, 영혼이 원동력이라고 고수한 것으로 보인다. 왜냐하면 그는 마그넷이 철을 움직이는 것은 영혼을 가지고 있기 때문이라고 말했기 때문이다."

— 아리스토텔레스, 《영혼에 관하여》 중에서

즉, 탈레스가 자석과 호박을 이용해서 자기 현상과 정전기 현상을 탐구했음을 위 두 저술은 암시하고 있으며, 그 원인에 대한 가설까지 그가 주장했음을 언급하고 있다. 고고학적 발굴에 따르면 호박은 탈레스 시절보다 수세기 전부터 알려져 있었고 이미 보석류로 교역의 대상물이었다. 그렇기 때문에 호박이 머리카락, 동물의 털, 털옷과 문질러졌을 때 발생하는 마찰 전기 현상은 고대 그리스에서 최소한 호사가와 지식인들 사이에서는 잘 알려져 있었을 것으로 추정된다. 전기를 의미하는 'electricity'라는 단어도 16세기 영국의 길버트에 의해 호박의 고대 그리스어 'ηλεκτρον(electron)'에서 파생되어 만들어졌다.

한편, 자석은 항상 자북과 자남을 가리킨다는 것이 알려진 이후부터 '로드스톤(loadstone, 안내하는 돌)'이라고 불렸는데, 'magnet'이라는 단어는 고대 그리스어 'μαγνητιζ λιθοζ(magnetis lithos, magnesian stone, 마그네시아 지역의 돌. 고대에 자철석이 많이 발견되었던 지역의 지명이 마그네시아였다. 이 지명은 지금도 사용되고 있는데 고대의 마그네시아가 정확히 어디였는지는 아직 논란 중에 있다)에서 유래되었다.

고대 그리스에는 전기와 자기 현상에 대해 탈레스의 이론과는 다른 이론을 제시한 철학자가 있었는데 바로 탈레스를 칭송했던 플라톤 자신이었다.

"호박과 자석의 인력과 관련한 신기한 현상들은 실제로 당기는 힘을 가지고 있는 것들에 의한 게 아니다. 단지 진공이 없다는 사실에 의해서 이 물체들은 서로를 돌아서 밀려 나아가고, 또 분리하거나 합쳐질 때 그것들은 서로 장소를 바꾸거나 각자의 영역에서 전진한다." - 플라톤, 《티마이오스》 중에서

《티마이오스(Timaeus)》(BC. 360년경)는 라파엘로가 그린 아테네 학당 그림에서 플라톤이 들고 있는 바로 그 책으로, 위 인용으로부터 플라톤 역시 마찰 전기 현상과 자석이 움직이는 현상에 대해서 잘 알고 있었음을 알 수 있다. 플라톤은 호박과 자석이 보이는 인력 현상의 원인을 탈레스와는 다르게 어떠한 영향력에 의한 것이 아니라 진공의 부

재에서 비롯되는 것으로 보았다. 플라톤의 "진공은 존재하지 않는다"라는 주장은 아리스토텔레스의 논리학과 운동학을 통해 지지를 받으면서 중세를 거쳐, 심지어 토리첼리(Evangelista Torricelli, 1608~1647, 이탈리아)의 실험을 통해 (공기 분자들이 존재하지 않는) 진공이 존재한다는 것이 실험적으로 밝혀진 이후에도 개념적으로 19세기까지 이어진다. 전기와 자기 현상을 탈레스처럼 어떤 영향력에 의한 것으로 볼 것인가 아니면 플라톤처럼 진공의 부재로 볼 것인가라는 논쟁은 물리학의 관점에서는 서로 멀리 떨어진 것들 사이의 원격 작용이 있는가 없는가를 묻는 문제 중 하나의 예로, 원격 작용 문제는 양자 역학이 출현한 이후에도 지속되는 오래된 골치 아픈 문제이다.

고대 그리스의 전기와 자기에 대한 이론이 이루었던 성취는 그 현상을 명시적으로 확인한 것과 그것의 원인을 더는 미신의 영역이 아닌 자연 철학의 관점에서 탐구할 수 있음을 보인 데 있다. 그리고 물리학의 오랜 철학적 과제인 진공과 원격 작용에 대한 논쟁 역시 형태를 갖추고 등장한 데에 있다. 이 이론들에는 아직 설익은 면도 있었는데, 전기력과 자기력이 별개의 현상임을 구분하지 못해서 마찰 대전에 의한 인력과 자석의 인력이 같은 맥락에서 다루어졌고, 특히 정전기 현상은 인력으로만 인식되었다. 만약 고대 그리스의 철학적인 전통이 단절 없이 계속 이어졌다면 오늘날 인류가 도달한 전기와 자기 현상에 대한 과학적인 이해에 어쩌면 더욱 빨리 도달했을지도 모른다. 그만큼 그들은 현대적인 사고방식과 과학적 방법론을 발견할 가능성이 높았었다. 그러나 기원전후를 배경으로 그리스의 철학은 쇠퇴하고 중세 철학이 대두되면서 과학적 방법론의 발전은 잠시 보류되었다가 르네상스를 거치면서 16세기를 기점으로 인류사에 다시 적극적으로 부상한다. 그리고 이로부터 500년도 채 안 돼서 인류는 에너지와 정보의 사용에 있어서 그 전과는 비교할 수 없는 단계로 진입한다.

탈레스의 탐구 이후 별다른 진전이 없었던 전기와 자기 현상에 대한 연구는 16세기에 들어서 새로운 국면을 맞게 된다. 16세기는 앞선 언급했듯이 과학적 방법론이 본격적으로 떠오르던 시대로, 이 시대는 두 명의 철학자로 대표될 수 있다. 바로 르네 데카르트(René Decartes, 1596~1650, 프랑스)와 프랜시스 베이컨(Francis Bacon 1st Viscount St Alban, 1561~1626, 영국 잉글랜드)이다. 데카르트가 인간 의식의 전면에서 이성의 힘과 역할을 강조함으로써 현대 인류의 생각하는 스타일을 선구적으로 보인 인물이라면, 베이컨은 경험(관찰, 실험)에 바탕을 둔 귀납법을 강조함으로써 기존의 도그마에서 탈피하여 새로운 지식을 쌓을 수 있는 길을 열어 보인 인물이라고 하겠다. 이 두 사조가 만나서 이성과 귀납법에 바탕을 둔 탐구 방법이 점차 다듬어지고 세련된 것이 현대의 과학적 방법론이다. 우리는 이 방법론에 이미 너무 익숙해서 인류가 처음부터 이런 식으로 생각했을 것으로 착각하기 쉬운데, 절대로 현생 인류는 지구상에 등장하자마자 과학적 방법론을 장착하고 있었던 게 아니다. 그렇다는 말은 지금의 과학적 방법론을 넘어서 앞으로 더욱 진전된 방법론과 사고방식을 인류가 발명할 수도 있다는 뜻이다.

길버트가 수행한 전기와 자기 연구의 배경에는 16세기의 이러한 과학적 방법론의 출현이 있었는데, 길버트 본인부터가 그러한 방법론을 주장한 사람 중 한 명이었다. 길버트의 대표적인 업적 중 하나는 지구가 하나의 거대한 자석임을 보인 것이다. 이는 이젠 상식이 된 사실이지만 길버트 당대에는 전혀 그렇지 않았다. 사람들은 매달아 놓은 로드스톤(loadstone, 자석)이 항상 일정한 방향을 가리키는 것은 북극성이 거대한 자석이기 때문이라거나 먼 북쪽에 거

윌리엄 길버트(William Gilbert, 1544~1603, 영국)의 초상화. 길버트는 물리학자이자 엘리자베스 1세 여왕의 시의(1601년부터)로, 전기와 자기에 대한 이전까지의 연구를 집대성하고 발전시킨 《자석에 관하여》를 1600년에 출간한다. 이 저작은 탈레스 이래 정체되어 있던 전기와 자기 연구의 돌파구이자 실증적인 관점의 연구 방법론을 제시하는 선구적인 모범이 된다. 길버트가 《자석에 관하여》에서 보여 준 과학적 태도는 갈릴레오(Galileo Galilei)에게까지 영향을 끼친다.

대한 자석으로 이루어진 섬이 있어서라고 믿었다. 이는 마치 무거운 물체가 가벼운 물체보다 빨리 떨어진다는 잘못된 믿음처럼 먼 옛날 형성된 (틀린) 의견을 의심 없이 받아들인 게 어느덧 굳어져 버린 결과였다. 길버트는 작은 구형 자석을 만들어서 그 주변에서 나침반의 방향이 항상 한쪽 극을 향한다는 것을 보임으로써 기존의 오랜 믿음과 다른 주장을 할 수 있었는데, 아무리 실험의 뒷받침이 있었다 하더라도 이것은 상당한 용기를 필요로 하는 일이다. 권위에 의존하

는 것이 아닌 실험을 통한 지식의 발전을 강조했던 길버트는《자석에 관하여》서문에 다소 도전적인 톤으로 그의 확고한 입장을 분명히 밝히고 있다.

"(자연의) 신비를 밝히고 사물의 숨은 원인을 탐구함에 있어서 한층 명확한 증명은 신뢰할 만한 실험과 입증할 수 있는 논거로 뒷받침된다. 범상한 철학 교수들의 그럴듯한 추측과 견해보다는."

– 윌리엄 길버트,《자석에 관하여》중에서

위의 인용에서 길버트는 완고한 권위만 들먹이며 더 이상의 반박이나 탐구를 용납하지 않는, 마치 답은 이미 모두 정해져 있고 철학적 논의를 그저 답의 정당성을 치장하는 수단으로 사용하는 스콜라 철학자들 또는 아리스토텔레스 철학자들을 직접적으로 겨냥하고 있다. 또,《자석에 관하여》에서는 당대의 일반 대중 사이에 퍼져 있는 미신, 오컬트도 상당히 강력한 어조로 책 곳곳에서 직설적으로 비판하고 있다. 사실 산업 혁명 이후까지도 그러했지만, 16세기는 국민을 대상으로 하는 교육이라고 할 것이 없었고 아동이 7~8세만 되어도 노동에 투입되던, 교육 수준이 매우 열악했던 시대라 온갖 비상식적인 민간요법과 공감 주술이 횡행할 수 있었다. 전기와 자기 현상은 특히나 신기하게 여겨져서 사기나 가짜 치료 등에 이용되는 경우가 많았다. 이런 환경 속에서 길버트는《자석에 관하여》를 저술하면서 당대의 권위와 타협하거나 신비술로 후퇴하지 않고 철저한 관찰을 통

인물과 실험으로 보는 **스토리 물리학**

해 전기와 자기 현상에 대한 이해에 도달하고자 했던 것이다.《자석에 관하여》본문은 매우 철저한 관찰 기록으로 구성되어 있는데, 이책은 이런 철저함을 처음으로 보여 준 것만으로도 의미가 크다고 할수 있다. 오늘날의 과학자에게도 자신의 연구에 대해서 이런 타협 없는 철저함을 지키기는 매우 어려운 미덕이기 때문이다. 길버트는 갈릴레오보다 20년 정도 앞선 시대의 과학자였는데,《자석에 관하여》에 등장하는 풍부한 관찰 사실과 정성적 · (준)정량적 논의들을 펼친방식을 보면《자석에 관하여》는 과학적 접근법의 모범 사례로 갈릴레오를 비롯한 후대의 학자들에게 강한 영향을 끼쳤다는 느낌을 지울 수가 없다. 물론《자석에 관하여》에는 한계도 분명 존재한다. 책곳곳에 아리스토텔레스의 의견들이 인용되고 있는 것이다. 하지만이런 경우에도 아리스토텔레스의 권위에 기대려는 의도보다 그의 관찰과 발상들을 활용하여 자신만의 이해에 도달하려는 태도가 엿보인다. 심지어《자석에 관하여》본문에는 아리스토텔레스의 4원소설을 '망상(phantom)'이라고 칭하며 매우 신랄하게 비판하는 부분도 있다.

길버트는《자석에 관하여》를 통해서 정전기 현상과 특히 자기 현상을 집대성하여 후속 연구가 과학적으로 이루어질 수 있는 발판을마련하였다. 이 책에서 제시된 자기 현상 연구의 의의는, 정전기 현상과 자석 현상을 구분하였다는 점, 자석이 힘을 받는 방향에 대해서아주 상세하게 실험하고 관찰한 결과를 논의하였다는 점, 철의 자화와 철과 자석 사이의 자기력에 대해서도 상세히 관찰하여 논의하였다는 점 등이다. 《자석에 관하여》 본문을 살펴보면 전기와 자기 연구가 확실히 탈레스의 연구에서 발전한 것임을 알 수 있다.

"만약 종이 한 장이나 리넨 조각이 (정전기로 붙어 있는 물체 사이에) 끼어들면 (물체들 사이의 전기적) 운동은 사라진다. 하지만 로드스톤의 경우에는 가장 단단한 물체가 끼어들어도 자석을 끌어당긴다." - 윌리엄 길버트, 《자석에 관하여》 중에서

위의 인용에서 길버트는 간단한 실험을 통해서 정전기력과 자기력의 차이를 명확히 제시하고 있음을 알 수 있다.

"(자석은) 서로 다른 극끼리 유인한다. 하지만 만약에 N극을 N극에 그리고 S극을 S극에 가하면 하나의 자석은 다른 자석을 날려 버린다."
 - 윌리엄 길버트, 《자석에 관하여》 중에서

역시 관찰을 통해 자석의 경우 두 개의 극이 존재한다는 사실과 다른 극끼리의 인력, 같은 극끼리의 척력이 작용함을 제시하고 있다.

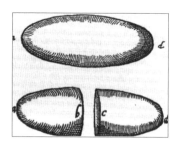

《자석에 관하여》에 수록된 로드스톤(자석)을 쪼개는 실험을 그린 삽화. N극과 S극의 중간을 잘라도 극이 분리되지 않고 다시 두 개의 자석으로 나뉨을 보였다. 이 외에도 길버트는 《자석에 관하여》에서 자석의 인력과 척력을 여러 가지로 실험하였다.

인물과 실험으로 보는 **스토리 물리학**

그렇다면 길버트는 이렇게 풍부한 실험을 바탕으로 정전기의 원인과 자기력의 원인에 대해서 어떤 결론을 내릴 수 있었을까?

"왜냐하면 실제로 두 종류의 물체, 전기적 물체와 자기적 물체가 있기 때문인데, 그것들은 다른 물체를 유도하여 우리들이 명확히 지각할 수 있는 운동을 일으킨다. 전기적 물체는 자연적 전기소(electrical effluvia)에 의해 그러한 경향이 만들어지고, 자기적 물체는 형태에 의한 요인이나 근원적인 힘들에 의해 만들어진다."

– 윌리엄 길버트,《자석에 관하여》중에서

"자성을 띤 물체의 주변으로 모든 면에서 자성의 영향(virtue)이 쏟아져 나온다. (…) 구형의 자석의 경우에는 이 자성의 세력이 구형으로 퍼지고, 길쭉한 모양의 자석인 경우에는 자성의 세력이 자석의 모양대로 퍼진다." – 윌리엄 길버트,《자석에 관하여》중에서

앞서 탈레스는 전기력과 자기력의 원격 작용에 대해서 물체에 일종의 영혼(영향력)을 부여하여 설명했다는 것을 언급했다. 반면, 플라톤은 그런 본원적인 힘은 없고, 원격 작용이라는 것은 단지 진공의 부재로 인해 발생하는 현상이라고 주장했다. 길버트는 전기력과 자기력을 구분한 과학자답게 두 개의 힘에 대해서 별개의 원인을 제시한다. 전기력의 경우에는 물체에 전기소라는 일종의 유체가 있어서 이것이 하나의 물체에서 흘러나와 다른 물체에 붙음으로 해서 전기

력을 유발한다고 설명했고, 자기력의 경우에는 물체 자체에 (아마도 물체의 형태에서 비롯되는) 근원적인 힘이 있다고 설명했다. 전기소 이론은 마찰 대전을 통해 정전기력이 발생한다는 것과 정전기력으로 달라붙은 물체 사이에 종이나 리넨 조각을 넣으면 사라진다는 것을 관찰하고 제안한 것이다. 자기력의 경우에는 자석을 서로 비비지 않더라도 자기력이 발생하고, 자석 사이에 종이나 리넨 조각을 넣어도 자기력이 여전히 작용하기 때문에 자기 유체와 같은 것이 원인은 아니라고 보았다. 그러니까 길버트에게 전기력은 전기소라는 물질이 물체들 사이를 이어 주는 힘으로 원격 작용이 아니었고, 자기력은 이어 주는 물질 없이도 발생하는 원격 작용에 가까웠다. 길버트는 자석의 효력 범위를 실험하면서 오늘날의 자기장을 예고하는 듯한 그림도 남겼다. 원격 작용을 (최소한 암시적으로는) 긍정한다는 점에서 길버트의 자기력은 탈레스의 영혼설과 맥이 닿아 있다고 할 수 있겠다.

《자석에 관하여》에 수록된 로드스톤(자석) 주변 자기력의 영향력을 표시한 그림. 길버트는 A와 같은 모양의 자석일 경우 그 자석의 효력은 A의 모든 가장자리로부터 같은 거리까지 퍼지는 걸 관찰했다. 오늘날의 관점에서 이 그림은 마치 자기장의 영향이 동일하게 퍼진 범위를 표시한 것처럼 보인다.

길버트의 세심하고 구체적인 관찰을 통해서 전기와 자기 이론은 고대 그리스 시절보다 확실히 한 단계 더 발전하게 된다. 또한 길버트의 자기력에 대한 이론은 탈레스의 이론보다 조금 더 장의 개념을 예고하는 듯한 양상을 띠기 시작한다. 물질에 (목적적) 의

지를 부여하는 물활론이나 신비적인 미신에서 탈피하여, 물질을 지배하는 (실험으로 확인할 수 있는) 수학적 자연 법칙을 추구하려는 희미한 전조가 16세기에 태동하고 있었던 것이다. 길버트의 연구 이후 전기력과 자기력은 구분되어 다루어진다.

1733년 샬레 듀 페이(Charles François de Cisternay du Fay, 1698~1739, 프랑스)는 다양한 물질의 마찰 대전 실험을 통해서 전기력에도 인력과 척력이 있음을 보이고 (+)와 (-)의 두 종류의 전기를 도입한다. 듀 페이가 진행했던 실험은 오늘날 우리가 학교에서 배우는, 여러 가지 도체, 부도체 막대기와 천들을 문질러서 확인하는, 바로 그 마찰 대전 실험이다. 이렇게 전기력과 자기력은 인력과 척력이라는 비슷한 행동을 보이지만, 물질의 대전 과정과 물질의 자화 과정이 전혀 다르다는 차이로 인해 서로 구분되어 별개의 현상으로 자리 잡아 가고 있었다. 특히 가느다란 도체 선을 이용하여 멀리 떨어진 물체를 대전시킬 수 있음이 알려지면서 전류에 대한 이해도 발전한다. 그 후 벤자민 프랭클린(Benjamin Franklin, 1705~1790, 미국), 쿨롱(Charles-Augustin de Coulomb, 1736~1806, 프랑스) 등의 연구를 통해 전기 현상에 대한 이론은 자기 현상과 떨어진 채로 오늘날의 모습으로 차츰 정립되어 갔다. 그런데 이런 평화로운(?) 상황은 1820년 외르스테드(Hans Christian Ørsted, 1777~1851, 덴마크)의 실험으로 극적인 반전을 맞게 된다.

외르스테드는 전류에 대한 강의 도중 우연히 전선 주위에 놓인 나침반의 방향이 전류가 흐를 때 변하는 현상을 발견한다. 외르스테드의 실험은 곧 유럽의 학계에 알려지게 되었고, 이 현상에 매료되었던 패러데이는 1년 뒤 인류 최초의 모터를 만들게 된다. 이후 페러데이는 전기와 자기 현상에 대한 실험을 평생에 걸쳐 진행하면서 전기와 자기가 연결되어 있다는 신념에 가까운 믿음을 가지게 된다.

전류가 자석에 반응하는 일종의 자성을 가질 수 있다면 자석으로부터 전류를 만들어 낼 수 있지 않을까를 고심하던 패러데이는 10년에 걸친 연구 끝에 자석을 움직여서 (자석 주변의 자기장을 변화시키면) 자석을 감싼 전선에 전류가 흐르게 되는 '전자기 유도' 현상을 마침내 발견한다. 이 덕분에 인류는 발전기의 원리를 이해하고 만들수 있게 된다. 실제로 패러데이는 인류 최초의 발전기(동극 발전기)를 1831년에 제작한다. 이는 인류의 태동 이래로 계속해서 이어진 도

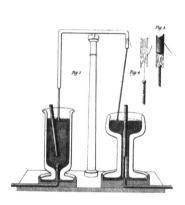 

(왼쪽) 패러데이가 제작한 모터의 개념도. (오른쪽) 아직까지 남아 있는 실제 패러데이가 제작했던 모터(1822년 모델). 개념도에 제시된 인류 최초의 모터는 동극 모터의 일종이었다.

인물과 실험으로 보는 **스토리 물리학**

구 발전의 역사에서 인류가 이전의 비약과는 비교할 수 없는 압도적인 도구를 손에 넣는 또 하나의 '프로메테우스'적인 사건이었다. 인류는 비로소 소위 '과학 기술 문명'이라고 불릴 문명을 맞이할 국면으로 접어들게 된다.

외르스테드의 실험과 패러데이의 전자기 유도를 통해 전기와 자기 현상은 긴밀히 얽혀 있음이 드러났다. 그렇다면 전기와 자기의 원격 작용에 대한 이론은 길버트의 관점보다 얼마나 발전하였는가? 패러데이가 명시적으로 주장한 장의 개념은 맥스웰의 손을 거쳐 완벽한 수학적 체계를 가질 수 있게 되었는데, 개념적으로 패러데이와 맥스웰은 전기장과 자기장을 각각 (공간을 채우고서) 전기적인 영향을 전달하는 물질, (공간을 채우고서) 자기적인 영향을 전달하는 물질로 보았다. 이 물질은 전기소처럼 물질로부터 흘러나오는 건 아니었기 때문에 전기소나 자기소 이론과는 다른 것이었고, 그렇다고 전기력과 자기력이 중간 매개물 없이 작동하는 힘도 아니었기 때문에 근원적인 원격 작용 힘도 아니었다. 하지만 전기장과 자기장의 파동이 빛이라는 사실이 밝혀지고, 빛의 매질이 없다는 것이 실험으로 확인된 이후에는 어떤 물질로서의 전기장과 자기장이라는 관점은 폐기된다.

자기적인 영향력(즉, 자기장)이 전류(혹은 움직이는 전하)에 미치는 힘은 후에 로렌츠 힘이라고 불리게 되는데, 이 힘에 대한 수식은 맥스웰(1865), 헤비사이드(Oliver Heaviside, 1889), 로렌츠(Hendrik Lorentz, 1895)

가 차례대로 발표한다. 헤비사이드의 1889년 논문 "유전체를 통과하는 전하의 운동에 의한 전자기적 효과에 관하여(On the electromagnetic effects due to the motion of electrification through a dielectric)"에는 다음의 공식이 등장한다.

$$F = \mu_0 q V u H_0$$

위 식에서 $\mu_0 H_0$는 오늘날의 기호로 자기장 벡터 $\vec{B}$를 의미하고, q는 움직이는 전하의 전하량, u는 움직이는 전하의 속도 벡터 $\vec{v}$, V는 두 개의 벡터 u와 H_0를 벡터곱하라는 의미이다. 오늘날 전자기학 교과서에 등장하는 식으로 고치면 $\vec{F} = q\vec{v} \times \vec{B}$가 된다. 벡터곱의 특징은 두 개의 벡터 방향이 서로 평행하지만 않으면(즉, 두 벡터의 끼인 각이 $0°$ 또는 $180°$가 아니면) 0이 아닌 값을 갖는다는 것이다. 그리고 이때 결과 벡터의 방향은 처음 두 벡터 방향에 수직이 된다(좀 더 정확히는 처음 두 벡터를 곱 순서대로 오른손으로 감을 때 펼친 엄지손가락 방향이 된다). 그러니까 로렌츠 힘의 뜻은, (전류는 전하의 움직임이니까) 전류의 방향과 자기장의 방향이 조금이라도 어긋나 있으면 전류가 흐르는 전선은 힘을 받게 된다는 것이다.

앰버와 로드스톤에서 시작된 여정은 온갖 우여곡절을 거쳐 드디어 로렌츠 힘에 이르렀다. 이 여정은 한편으로는 장의 개념에 도달하는 여정이었고, 다른 한편으로는 전기 현상과 자기 현상을 명시적으로 구분 지음과 동시에 통합하는 이론을 세워 가는 과정이었다. 이 험난한 과정 중에 우리는 모터와 발전기라는 엄청난 도구도 발견할 수 있었다. 그러나 전기와 자기에 대한 탐구는 여기서 끝나는 것이 아니다. 전자기학의 유산은 상대성 이론과 양자 역학으로 이어졌고 그 후속 이론들에 대한 탐구는 지금도 현재 진행형이기 때문이다.

실험의 이해

시중에서 구할 수 있는 거의 모든 모터의 구조는 그림의 직류 모터처럼 되어 있다. 고정되어 있는 자석이 일정한 자기장을 만들고 있는데, 이 안에 전선이 위치해서 전류가 흐른다. 전류의 방향과 자기장의 방향은 수직하게 되어 있고 마주보는 전선에서 서로 반대 방향의 로렌츠 힘이 발생해서 모터는 회전축을 중심으로 회전하게 된다.

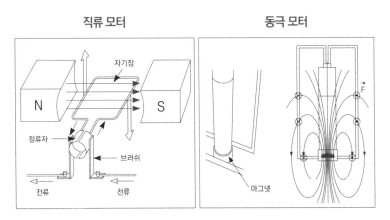

직류 모터와 동극 모터를 비교한 그림. 두 모터 모두 작동 원리의 핵심은 자기장의 방향과 전류의 방향이 평행하지 않다는 데 있다.

동극 모터는 언뜻 보기에 기존 모터의 이런 구조와 상당한 차이가 있기 때문에 처음 보면 의아한 느낌이 든다. 하지만 하나하나 뜯어보면 정확히 기존의 모터와 같은 원리임을 알 수 있다. 우선 건전지의 외피가 자석에 붙는 물질이기 때문에 자석은 건전지의 음극에 자기력으로 붙일 수 있다. 그리고 자석이 도체이기 때문에 건전지의 양극과 (음극에 붙은) 자석을 전선으로 이으면 전류가 흐르게 된다. 이때 구리선은 전도성이 좋은 도체로서 전선 역할을 잘 수행하는 동시에 구부려서 여러 가지 모양을 만들기에도 용이하다. 자, 이제 구리선을 따라서 전류가 흐르고 있다. 그런데, 음극에 붙어 있는 자석은 그 주변에 자기장을 만든다. 그리고 이 자기장이 충분히 강한 범위 내에 구리선이 놓여 있다! 한번 따져 보자. 구리선을 따라서 흐르는 전류의 방향과 자기장의 방향이 어떤가? 그렇다 서로 평행하지가 않다. 보통의 모터처럼 이 두 방향이 수직인 것은 아니지만, 로렌츠 힘에서 중요한 것은 전류의 방향과 자기장의 방향이 수직이냐 아니냐가 아니라 서로 평행한지 아닌지이다. 자, 이제 구리선은 힘을 받기 시작한다. 그런데 이 구리선은 회전축을 고정시켜 놓지도 않았는데 힘을 받아서 다른 데로 튀어가지 않고 왜 그 자리에서 계속 회전하는가? 그것은 구리선을 구부린 모양에 원인이 있다. 구리선은 좌우 대칭 모양으로 구부러져 있는데, 이 때문에 대칭선을 중심으로 구리선의 반대 지점에 같은 크기, 반대 방향의 힘이 항상 작용해 구리선이 직선 이동 없이 제자리에서 회전하도록 만든다.

좀 더 관심 있는 독자들은 동극 모터를 이용하여 로렌츠 힘에 대해서 조사해 볼 수 있는데, 몇 가지 예를 들면 더 많은 자석을 음극에 붙여 보는 것, 음극에 붙이는 자석의 극을 뒤집어서 붙여 보는 것, 구리선을 구부릴 때 자석과 가까운 쪽 또는 먼 쪽을 평퍼짐하게 구부려 보는 것 등이 있다. 한번 직접 실험해 보자.

독자 중에는 앞서 제시된 패러데이의 동극 모터 작동에 대해서도 궁금한 사람이 있을 것이다. 패러데이는 우선 양쪽 유리잔 바닥을 뚫어 유리잔 안으로 전극을 설치해서 외부의 전지와 연결하였다. 그리고 유리잔 가운데에 막대자석을 설치했다. 그 후 양쪽 유리잔에 수은을 붓고 수은 표면에 도체 막대가 닿도록 하여 수은과 도체 막대를 통해 전류가 흐르도록 하였다. 그러면 오른쪽 도체 막대의 팔에 달린 가느다란 도체 선이 수은 표면을 저으면서 회전하기 시작한다. 다들 눈치챘겠지만 패러데이의 동극 모터도 전류의 방향과 자기장의 방향이 평행하지 않기 때문에 회전하는 현상이다.

더 살펴보기

다음 그림은 여러 가지 모양의 동극 모터를 제시하고 있다. 이 모터들의 기본적인 동작 원리는 모두 동일하고, 작용 · 반작용을 이용해서 전선을 회전시키는 것이 아니라 자석을 회전시키는 방식으로 응용할 수 있다. 독자 스스로 위에 제시한 각각의 경우에 어떤 운동이 발생하는지, 그리고 그때 로렌츠 힘은 무엇인지 한번 분석해 보자.

동극 모터의 여러 예시.

발전기가 문명의 재건에 어느 정도의 영향력을 미칠까? 말라위는 아프리카 남서부에 있는 나라로 면적은 남한 면적보다 약 17% 정도 더 크며, 전 세계 최빈국 중 하나로 2018년 IMF가 추산한 일인당 명목 GDP가 342달러 수준이다. 농업이 말라위 국가 경제의 주요 근간인데, 이마저도 반복되는 가뭄과 흉작으로 국민 개개인이 끊임없이 기근에 시달리는 형편이다. 가뭄이 들면 말 그대로 사람이 '굶어' 죽을 수 있는 곳이다. 캄쾀바(William Kamkwamba, 1987~, 말라위)의 아버지는 가난한 농부로, 캄쾀바와 아홉 명의 가족은 2001~2002년에 걸친 극심한 가뭄으로 인해 하루 한 끼만 옥수수 빵을 먹으며 버텨야 했다. 캄쾀바의 마을에는 전등이 없어서 램프로 집을 밝혀야 했는데, 램프 기름이 떨어지면 그것을 사러 한참을 걸어 나가야 하는 사정이었다.

최소한의 교육과 의료도 당연히 기대할 수 없는 열악하다 못해 생명을 위협하는 수준의 환경과 절망적인 상황에서도 캄쾀바는 배움에 목말라 지역 도서관에 있는 책을 읽으며 혼자 공부를 한다. 과학책을 좋아했던 캄쾀바는 전기 사용을 다룬 책에서 풍차로 전기를 만들 수 있다는 내용을 읽게 된다. 당시 열네 살이었던 캄쾀바는 고철 쓰레기장에서 주워 온 자전거 헤드라이트의 발전기와 고철들, 마을 주변에서 모은 나무 조각들을 이용해서 자신의 집 마당에 풍력 발전기를 세운다. 캄쾀바는 이 풍력 발전기가 생산한 전기로 집의 전구를 밝히고 라디오를 들을 수 있었다. 여기서 그치지 않고 캄쾀바는 추가로 만든 발전기로 물을 길어 올릴 수 있도록 했다. 기특하지만 뭐가 대수냐고? 풍력 발전기로 전구를 밝힌 건 이제 더는 램프 기름을 사러 먼 곳까지 걸어서 갈 필요가 없어졌다는 뜻이고, 라디오를 들을 수 있다는 건 방송을 통해 문화와 교육을 접할 수 있다는 의미였다. 또한 기계로 물을 길어 올릴 수 있다는 건 가뭄에도 농사를 지을 수 있고 더는 목숨이 위태로울 정도의 기근에 시달리지 않아도 됨을 의미했다.

두 번의 왕립학회 학회장 제의 사양, 기사 작위 사양, 웨스트민스터사원 묘지 사후 안장 제의 사양(웨스트민스터사원의 묘지는 영국 왕족과 위인들이 묻히는 곳으로 뉴턴, 다윈 등도 여기에 묻혀 있다. 여기에 묻히는 것은 영국인에게는 사후에 누릴 수 있는 최고의 영광이라고 할 수 있다). 그리고 자신이 했던 실험들을 평생에 걸쳐 매일 자세히 기록했던 연구 노트를 누구든 그 결과를 사용할 수 있도록 왕립학회

캄쾀바가 14세에 만들었던 첫 풍력 발전기. 캄쾀바의 인상 깊은 이야기는 그가 했던 2007년, 2009년 TED 강연과 그의 저서 《바람을 길들인 풍차 소년》에서 확인할 수 있다.

에 기증한 패러데이는 그 누구보다 겸손하고 명예를 멀리했지만, 캄쾀바의 이야기를 들었다면 자신이 발명한 발전기와 모터에 대해서 대단히 자랑스러워하지 않았을까? 사람을 살리는 과학이란 이런 것이다 하고 말이다.

교훈

어떠한 힘이 두 종류의 극으로부터 발생한다는 것은 의외의 우주적 의미를 가질 수가 있다. 두 개의 극이 있음으로 해서 인력, 척력, 그리고 (극들이 적당히 서로 상쇄된 상태의) 중립의 세 가지 양상으로 힘이 발생할 수 있는 것이다. 만약 한 종류의 극으로부터만 힘이 발생한다면 오로지 척력 또는 (힘의 부호가 반대로 뒤집혀져서 고정된) 인력 중 한 가지의 양상으로 힘이 발생할 수밖에 없다. 극의 종류가 단지 한 개 더 많음으로 해서 발생할 수 있는 운동의 종류와 여러 물체로 이루어지는 계의 상태가 비교할 수 없을 정도로 오묘하고 다채로워지는 것이다. 전기력과 자기력은 각각 이렇게 두 종류의 극이 관여하는 힘이다. 각각 따로 있어도 충분히 오묘할 이 두 힘을 패러데

인물과 실험으로 보는 **스토리 물리학**

이와 맥스웰이 통합하자 빛과 물질(전하 또는 자기 쌍극)의 상호 작용이라는 가려져 있던 진리의 단면이 우연찮게 드러나 버렸다. 전기력에 의한 운동, 자기력에 의한 운동, 전류와 자기 쌍극 사이의 힘에 의한 운동, 전하 또는 자기 쌍극의 운동에 의한 빛의 발생, 빛이 일으키는 전하 또는 자기 쌍극의 운동, 이 모든 심오한 작용들을 아우르는 패러데이·맥스웰의 전자기학을 만약 하나의 키워드로 압축한다면 그 키워드는 무엇일까? 여러 좋은 후보가 있을 수 있지만 현상으로 드러나는 것들을 포괄하기에는 '에너지'가 적합할 것 같다. 그러니까 우리는 개별적인 전자기적 현상을 에너지의 어떤 측면들이 얽힌 것으로 바라볼 수 있다. 그리고 그렇게 얽힌 측면을 풀어내는 장치가 바로 모터와 발전기이다. 모터는 전기 에너지를 운동 에너지로 바꾸어 주고, 발전기는 운동 에너지를 전기 에너지로 바꾸어 준다. 풀어내는 방식은 한 가지만 있는 게 아니라서 직류 모터도 가능하고 동극 모터도 가능하다. 교류 발전기도 가능하고 동극 발전기도 가능하다.

현대의 물리학은 거의 모든 물리 현상들이 '에너지'라는 보편적인 물리량으로 포섭될 수 있음을 확인해 준다(물론 최근에는 '에너지'만으로는 부족하고 '정보'라는 것이 '에너지'만큼이나 중요하고 보편적인 물리량이란 게 분명해지고 있다). 그렇다면 다른 물리 현상들에도 전자기학의 사례가 응용될 수 있지 않을까? 즉, 어떤 에너지와 다른 에너지가 얽혀 있는 관계를 밝혀낼 수만 있다면 우리는 모터나 발전기 외에 또 하나의 (실시간) 통제가 가능한 에너지 변환 장치를 마련할 수 있지 않을까?

　현대 물리학의 최대 화두 중의 하나가 힘의 통합이다. 전자기력과 약력은 전자기·약력 이론으로 어느 정도 통합되었지만 강력과 중력까지 통합된 이론은 아직 요원하다(입자물리학의 표준 모형은 전자기·약력·강력을 동시에 다루지만 강력이 전자기력으로 작동한다거나 전자기력이 강력으로 작동하는 수준의 예측을 하는 통합을 이룬 것은 아니다).

　아인슈타인이 말년에 고심했던 문제 중의 하나도 자신의 중력 이론과 전자기력의 통합 문제였다. 이 통합은 실용적인 차원에서 엄청난 파급을 일으킬 수 있는데, 왜냐하면 이러한 통합에 대한 이해는 전혀 새로운 차원의 에너지 변환을 가능하게 만들기 때문이다. 예를 들어 지금 우리가 이해하고 있는 수준에서는 중력 위치 에너지를 전기 에너지로 바꾸려면 반드시 중간에 제3의 물체의 운동 에너지를 거쳐야 한다. 그런데, 만약에 (실제로 자연이 중력과 전자기력을 깊은 수준에서 통합하고 있어서) 중력과 전자기력이 통합되어 있는 이론을 발견하게 된다면 중간에 제3의 물체의 운동 에너지를 거치지 않고도 중력 위치 에너지를 바로 전기 에너지로 바꿀 수 있는 길이 열리게 된다. 이게 무슨 의미인지는 현재로서는 마치 발전기가 없던 시절에 발전기를 꿈꾸는 것처럼 그 함의를 충분히 실감하기 어렵지만, 실제로 그러한 장치가 가능하다면 그것은 아마도 발전기의 발명 이상의 '프로메테우스적 사건'이 될 것이다. 이것만으로도 힘의 통합 이론에 대한 기대는 충분할 수 있지만, 사실 물리학자들이 꿈꾸는 야망은 이것보다 훨씬 크다. 왜냐하면 전기력과 자기력이 통합되면서 우연찮게 드러난 빛에 대한 진리처럼 그동안 상상할 수 없었던 새로운 진리를 통합 이론이 드러낼 것이기 때문이다.

3장
물이 만든 다리

실험 결과

증류수가 두 개의 비커에 걸쳐서 다리를 만들고 있다.

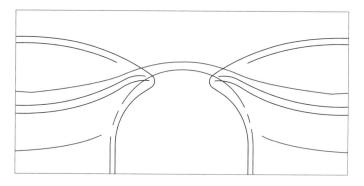

도입

물질의 근원에 대한 고민은 고대 그리스의 4원소설로부터 2,000년을 경과해 오늘날 원자핵보다도 작은 세계에 대한 탐구로 이어지고 있다. 2018년 현재, 인류는 118가지 원소를 확인하였고 이것들이 바로 우리 우주의 만물을 구성하는 화학적인 빌딩 블록들이다. 입자 가

인물과 실험으로 보는 **스토리 물리학**

속기에서 만들어지는 불안정한 원소를 제외하면 대략 90개 내외의 원소가 마이크로 크기 이하의 물질부터 상상하기 힘든 크기의 거대 항성까지의 모든 구조물을 만들고 있다. 만약 우리에게 90여 종류의 다른 모양을 가진 레고 블록이 잔뜩 주어진다면 우리의 상상력이 만들어 낼 수 있는 물건의 종류는 몇 가지일까?

100개가 넘는 모든 원소들이 우주에 골고루 있는 것은 아니다. 어떤 원소들은 매우 많고 어떤 원소들은 매우 희귀하다. 원자들의 개수가 가장 많은 원소부터 차례대로 나열해 보자. 우리 태양계의 경우 원소의 양은 수소, 헬륨, 산소, 탄소, 질소 순이다. 놀랍게도 이 순서는, 헬륨을 제외했을 때 우리의 몸을 구성하는 원소를 많은 것부터 나열한 순서와 동일하다(헬륨은 일반적인 조건에서 화학적 반응성이 거의 없는 원소로 생명체를 구성하는 데 쓰이지 않는다. 또 질소보다 적은 원소들은 태양계의 원소 구성 비율과 인체의 원소 구성 비율에 차이가 난다). 여기서 수소와 산소는 물로 결합해서 인체의 70% 이상을 차지하고 있다. 탄소는 모든 유기 분자의 기본 골격으로 쓰인다. 질소는 단백질을 구성하고 있다. 이것들은 모두 생명 현상에 절대적으로 필수적인 원소들이다. 태양계와 인체를 구성하는 원소들의 풍부한 순서가 많은 부분 일치한다는 건 태양계가 생명을 잉태하였다는 사실을 생각하면 어쩌면 당연한 것처럼도 보인다. 하지만 이것을 역으로 생각해 보면 조금은 아찔한 기분이 든다. 우리 몸을 관찰하는 게 우주를 관찰하는 행위와 같은 맥락에 놓일 수 있는 것이다. 미국의 천문학자 닐 디그래스 타이슨(Neil deGrasse Tyson, 1958~)은 이것을 다음의 말로 시적으로 표현하였다.

"우리는 우주 안에 있고, 우주는 우리 안에 있다."

지구가 생명을 잉태하는 데 결정적인 역할을 한 물은 가히 생명의 물질이라 불려도 마땅할 지경인데도 역설적으로 우리는 물을 너무나 익숙하고 당연한, 그래서 특별할 게 전혀 없는 평범한 물질로 여긴다. 지진 해일이나 폭우 정도로 압도적인 파괴력을 보여 주지 않으면 우리가 평소에 물에 대해서 다시 생각해 볼 일은 거의 없다. 하지만 한 컵의 물이라 하더라도 그 무표정한 표면 아래에 생생한 역동성을 늘 간직하고 있다. 물의 역동성을 다시 일깨우는 한 가지 방법은 전위차를 이용하는 것이다. 마치 중력하에서 위치의 높이 차이가 물체의 운동이라는 역동성을 만들듯, 전기적인 위치 차이는 물의 역동성을 놀라운 방식으로 드러낸다. 이것은 물에 전기 충격을 가해서 물이 침묵을 깨고 우리에게 조금 더 직접적으로 말을 걸어오게 만드는 방법이다. 그리고 이렇게 한 번 침묵을 깬 물은 놀랍게도 구조물을 만들기도 한다. 그렇다면 물은 스스로 어느 정도까지 구조물을 만들 수 있을까? 여러분은 앞의 실험 결과를 보기 전에 물로 만들어진 다리가 가능하다고 상상할 수 있었는가?

실험 순서

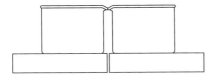

두 개의 비커를 준비해 나무 등의 절연체 위에 놓는다. 비커를 서로 마주보게 하고 가까이 가져다 놓는다. 비커가 닿을 필요는 없다.

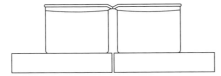

두 개의 비커에 증류수를 넘치지 않게 따른다.

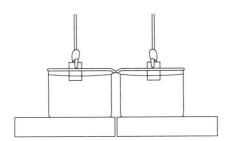

클램프를 이용하여 두 개의 금속판을 증류수에 반쯤 담근다. 두 개의 금속판 중 한쪽에 (+)극을 다른 쪽에 (−)극을 연결하고 고전압 발생 장치에 연결한다. 금속판에 걸리는 전압을 점점 증가시킨다.

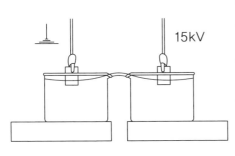

금속판에 걸리는 전압이 1만 5천 볼트 이상이 되면 한쪽 비커의 증류수가 요동치다가 다른 비커로 물이 튀어 넘어가면서 곧이어 증류수가 두 비커 사이에 다리를 만든다. 천천히 두 비커를 떨어뜨려도 다리는 유지된다.

왜 신기한가?

보통 액체는 집어 올릴 수가 없고 지표에서 아래로 방울져서 떨어진다. 특히 물보다 더 끈적거리는 액체들이라도 액체 상태로 공중에서 수평 구조를 이루는 현상은 흔히 관찰할 수가 없다. 그뿐만 아니라 앞의 실험에서는 물이 자신이 담겨 있는 비커를 넘어서 다른 지지대 없이 연결 다리를 만들어 내는데, 이렇게 자신이 담겨 있는 그릇을 자신이 넘어서 구조물을 이루는 것은 고체라도 보기 어려운 현상이다. 실험을 관찰할수록 풀리지 않는 질문들이 계속 생긴다. "비커가 떨어져도 다리는 왜 유지되고 있는가? 전압이 안 걸릴 때도 다리는 형성되는가? 물 이외의 액체도 똑같은 현상을 보이는가? 물에 다른 물질을 섞으면 어떻게 되는가? 고전압을 걸었을 때 왜 처음에 물이 튀는가?"

질량이 있는 줄의 양쪽 끝을 잡고 늘어뜨리면 아래로 볼록하게 처지는데 이 모양을 현수선이라고 한다. 현수선은 쌍곡코사인 함수를 사용해서 수학적으로 표현할 수 있다.

발상

비커를 점점 멀리해서 물이 만든 다리를 길게 할수록 다리의 모양은 현수교처럼 가운데가 처진 로프 모양을 닮아 간다. 이것은 노끈 양쪽을 느슨하게 잡았을 때 쌍곡코사인 함수 모양으로 노끈이 아래로 처지는 것과 유사하다. 처진 노끈이 현수선 모양을 이루는 것은 노끈의 장력과 노끈에 작용하는 중력이 균형을 이루기 때문이다. 그렇다

인물과 실험으로 보는 **스토리 물리학**

면 물이 만든 다리를 만약 일종의 노끈처럼 생각할 수 있다면 다리의 장력과 중력이 균형을 이루는 것이 아닐까? 이때 물이 만든 다리에 장력이 있다면 이 장력은 어디서 왔을까? 노끈에서는 노끈을 이루는 분자들의 결합력 때문에 장력이 발생한다. 혹시 증류수에 걸린 고전압이 물이 만든 다리의 장력과 어떤 연관이 있는 것은 아닐까? 고전압이 물에 장력을 발생시킨 것인가?

배경 원리

물체는 거시적으로 보이는 전기적 성질에 따라서 도체, 부도체, 반도체, 초전도체로 나뉜다. 이는 물체가 전류를 얼마나 잘 흐르게 하는가 혹은 물체에 걸린 전위차가 (자유)전자의 운동 에너지로 얼마나 잘 전환되는가에 따라 나눈 것이다. 마치 똑같은 높이 차이의 언덕길이지만 언덕길 표면이 모래밭인지, 살얼음이 끼어 있는지에 따라서 미끄러져 내려오는 썰매의 속력이 다른 것과 같다.

부도체의 경우 부도체의 두 지점 사이에 전위차가 있어도 전류는 흐르지 않는다. 하지만 매우 높은 전위차를 걸어 주면 모든 물체는 전류를 흘린다. 왜냐하면 모든 물체는 원자로 이루어져 있고, 원자는 다시 전자와 원자핵으로 이루어져 있기 때문이다. 매우 높은 전위차가 걸리면 전하를 가진 전자는 원자에서 필연적으로 떨어져 나와서 전위차에 따른 운동을 한다. 즉, 도체와 부도체 등의 구분은 일상적으로 쓰이는 수 볼트에서 수백 볼트 이내의 전위차를 기준으로 다분히 편의적으로 나눈 면이 있다. 주어진 물체에 몇 볼트의 전위차가 걸렸을 때 전류가 흐른다 혹은 흐르지 않는다고 이야기하는 것이 좀 더 정확한 표현이 되겠다. 편의상 이 글에서는 일상적인 전위차에서 전류를 흘리지 않는 물체를 부도체라고 하자.

대부분의 부도체는 2개 이상의 원소가 분자를 이루고 그 분자들이 서로 결합해서 이루어진다. 이 결합은 단단할 수도 있고, 느슨할 수도 있다. 부도체라고 하면 흔히 플라스틱, 고무, 나무 등 고체를 떠올리기 쉽지만 액체와 기체도 부도체가 될 수 있다. 일상적인 조건에서 모든 물체는 전기적 중성으로 존재하는데, 부도체도 마찬가지다. 그렇지만 이는 원자핵의 (+)전하와 전자의 (−)전하가 겉보기에 중성을 이루고 있는 것으로 실제로 원자핵과 전자는 각자의 전하를 여전히 개별적으로 띠고 있다. 그렇기 때문에 부도체라고 하더라도 외부에서 전위차를 걸어 주면 분자 내부의 (+)와 (−)전하가 자유롭게 흐르지는 못하더라도 전위차에 따라서 약간의 위치 이동이 발생한다. (+)전하는 전위가 낮은 쪽으로 이동하려 하고, (−)전하는 전위가 높은 쪽으로 이동하려 한다. 즉, 서로 반대 방향으로 조금씩 이동하는 것이다. 이러한 전하의 편향성은 물질을 이루는 분자 전체에서 발생하고, 결국 거시적으로 물체 자체가 (+)와 (−)전하로 두 개의 극을 가지게 된다. 주의해야 할 것은 이때 물체는 전체적으로 여전히 중성이라는 점이다. 평소에는 (+)전하와 (−)전하가 골고루 흩어진 상태로 있던 중성 물체가 전위차로 인해서 (+)전하와 (−)전하가 편향적으로 재분포된 것이다. 마치 평소에 무덤덤한 기분이다가 외부

의 어떤 상황을 경험하면서 내면에 긍정적인 기분과 부정적인 기분
이 동시에 드는 상황이라고나 할까?

외부 전위차 때문에 분자의 전기적 극성이 편향되어 거시적으로
극성을 띠게 되는 현상을 유전 분극(誘電分極, dielectric polarization. 여기서
한자 '誘'는 유인한다는 뜻이다)이라고 한다. 이는 전하를 유인해서 극이 나
뉘었다는 뜻이다. 유전 분극이 일어날 수 있다는 점을 강조하기 위
해서 부도체를 유전체(誘電體, dielectric substance 혹은 줄여서 dielectric)라고
도 부른다. 교과서에 따라서는 부도체라는 용어와 유전체라는 용어
를 같은 뜻으로 섞어서 사용하기도 하지만, 엄밀히 말한다면 거의 모
든 부도체는 유전체이지만 유전체라고 해서 반드시 부도체인 것은
아니다. 도체에서도 분극이 일어날 수 있기 때문이다.

경우에 따라서 우리는 도체와 부도체 중에서 도체는 유용하고 부
도체는 유용하지 않는 것으로 보는 경향이 있다. 하지만 만약 지구상
의 모든 물체가 도체라면 어떤 일이 벌어질까? 이것은 전혀 반갑지
않은 일이다! 왜냐하면 발전소에서 만들어진 전류가 도선을 따라서
흐를 때, 도체뿐인 세상에서는 도선이 아무 물체라도 닿게 되면 힘
들게 만든 전류는 모두 땅으로 흘러 버리기 때문이다. 즉, 부도체는
전류가 잘 흐르지 못하는 바로 그 이유 때문에 전류가 잘 흐르는 도
체만큼이나 전기 에너지를 활용할 때 필수적이다. 그런데 여기에 더
해서 부도체의 유용성이 하나 더 있다. 부도체는 유전체로서 전기적

극성을 띤 채로 머물 수 있다는 사실이다. 그래서 부도체는 전류를 잘 흘리지 못하지만 전하를 국소적으로 품고 있을 수가 있다. 도체도 대전을 통해서 전하를 품고 있을 수 있지만, 이 경우에는 전하가 도체 표면을 따라서 퍼져 버린다. 하지만 부도체는 어느 지점이라도 유전 분극이 국소적으로 일어나서 주입된 전하를 붙들고 있을 수가 있다. 풍선을 머리에 비빈 다음에 플라스틱 보드에 붙이면 풍선이 보드에 붙은 채로 한참을 머물 수가 있는 것도 바로 유전 분극과 전류가 잘 흐르지 않는 부도체의 성질 때문이다.

물로 만들어진 다리에서 부도체의 유전 분극이 중요한 것은 유전 분극 때문에 물 분자들이 전기적 극성에 따라서 가지런히 정렬되기 때문이다. 물의 경우에는 전위차가 걸리지 않더라도 물 분자 자체의 구조로 인해서 이미 분자 안에 극성이 나뉘어 있는데, 유전 분극이 일어나기 전에는 물 분자들은 각자의 극성이 서로 어지럽게 얽혀서 물 전체로 봤을 때 방향성을 띤 결합력이 없다. 하지만 유전 분극이 일어나면 물 분자들 사이의 결합력을 서로 보강시켜 주는 방향으로 물 분자들이 정렬되어 마치 물 분자들 사이에 추가적인 결합력이 발생한 것처럼 보인다. 다시 말해 전위차가 걸릴 때 물 분자들의 극성이 전위차에 따라서 정렬하게 된다. 이렇게 되면 무작위로 서로 상쇄되어 있던 (+)와 (-)극이 일렬로 정렬하면서 분자 간 결합이 일반적인 상황보다 더 강하게 된다. 즉, 물로 된 로프가 가능해지는 것이다!

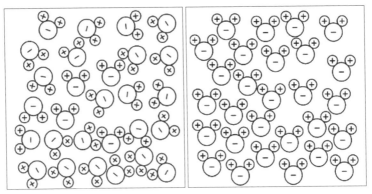

| 유전 분극이 되기 전 | 유전 분극이 된 후 |

유전 분극이 발생하면 극성 분자들 간에 추가적인 결합력이 생긴다.

유전 분극이 잘 일어나는 정도를 유전율이라고 한다. 아무런 물질
이 없는 진공의 경우에 유전율은 8.85×10^{-12} F/m(F는 전기 용량을
나타내는 단위로 C/V와 같고 farad로 읽는다)이다. 증류수의 경우에
유전율은 진공의 80배 정도이고, 바닷물의 경우에는 32배, 꿀은 24
배, 콜라의 경우 3배 정도가 된다. 그러니까 증류수는 유전율이 매
우 높은 물질에 속한다. 유전율이 높은 물질은 유전 분극을 통해서
전기 에너지를 더 많이 저장할 수 있다.

이제 물을 옆으로 이어지게 하는 장력의 신비는 풀린 듯하다. 하지
만 한 가지 남은 문제가 있는데, 아무리 장력이 강하더라도 왜 물이
방울져서 아래로 떨어지지 않는가 하는 점이다. 여기에는 다른 요인
이 있는데, 바로 표면 장력이다(같은 장력이라는 이름이 붙었지만, 앞

서 말한 유전 분극에 의한 장력과는 다른 힘이다). 유체의 표면에 있는 분자들은 유체 내부에 있는 분자들과 다르게 표면의 안과 밖에 서로 비대칭적인 힘을 받는다. 이 때문에 결과적으로 표면의 분자들은 표면적을 줄이려는 방향의 힘을 받는 모양새가 된다. 즉, 유체의 표면이 장력을 가진 하나의 고무막 같은 역할을 하는 것이다. 컵에 넘치도록 가득 담긴 물이 흘러넘치지 않을 때 물 표면의 모양이 씌어 놓은 뚜껑 모양을 하고 있는 것은 바로 이 때문이다. 또한 컵에 담긴 물에 띄운 클립이 가라앉지 않고 물 표면에 떠 있는 것도 클립이 이 막을 유지하는 장력을 뚫을 정도의 압력을 가하지 못하기 때문이다. 즉, 이 가상의 막은 안쪽에서 밖으로 물이 넘쳐 나가지 못하도록 하는 역할과 막 바깥쪽에서 안쪽으로 물체가 뚫고 들어오는 것을 막는 역할을 모두 하고 있다. 실제 고무막의 장력 방향이 고무막을 따라서 발생하듯이 표면 장력 역시 물 표면의 접선 방향으로 생긴다.

표면 장력은 유체의 표면적을 줄이는 역할을 하는데, 이 때문에 오히려 유체가 분리되는 경우가 발생할 때도 있다. 물이 나오던 수도꼭지를 잠근 후에 수도꼭지 끝에서 물방울이 똑똑 떨어지는 모습을 관찰해 보면, 잠근 직후에 물방울이 바로 떨어지는 게 아니라 수도꼭지 입구에 퍼져 있던 물 분자들이 중력 때문에 우

가득 담긴 물이 흘러넘치지 않는 것도, 클립이 물 표면 위에 떠있는 것도 모두 표면 장력 때문이다.

인물과 실험으로 보는 **스토리 물리학**

선 낮은 곳으로 몰리는 것을 볼 수 있다. 점점 몰린 물 분자들이 모여서 반구 모양의 꽤 큰 뭉치가 형성되어도 물방울은 좀체 떨어지지 않는데, 이는 표면 장력이 고무막 역할을 해서 물이 떨어지지 못하게 덮고 있기 때문이다. 이 상황에서 물 분자들

표면 장력은 물방울이 떨어지지 않도록 붙들고 있는 한편, 어느 정도 이상 커진 뭉치는 방울져서 떨어지게 한다.

이 더 몰리면 물의 뭉치가 계속 커지면서 아래로 처지기 시작한다. 이렇게 솟아 내린 부분은 무한히 아래로 길어지는 대신 어느 순간 물방울로 분리되어 떨어진다. 그것이 유체의 표면적을 더 줄일 수 있기 때문이다. 즉, 물방울이 떨어질 때까지 버텨 주는 것도 표면 장력이지만, 충분히 방울졌을 때 떨어져 나오게 하는 것도 표면 장력인 것이다. 물로 만들어진 다리에서도 표면 장력은 두 가지 상반된 역할을 수행하고 있는데, 물이 방울져 떨어지지 않도록 붙들어 덮고 있는 역할과 만약 물방울이 뭉치는 곳이 있다면 떨어내 버리는 역할이다.

실험의 이해

 물이 만든 다리 실험은 앞서 살펴본 유전 분극 효과와 표면 장력 요인을 고려했을 때 맥스웰 전자기학과 뉴턴 역학으로 이해가 가능하다. 즉, 고전압을 걸어 줘서 발생한 유전 분극에 의한 장력, 물 분자들 사이의 결합력에 의한 표면 장력, 그리고 물 분자들의 질량에 의한 중력이 균형을 이루어 물이 만든 다리가 형성된다.

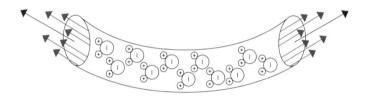

물이 만든 다리 부분을 그린 그림. 시각적 편의를 위해서 휘어짐은 실제보다 과장되게 그렸다. 다리를 이루는 물 분자들은 유전 분극 후에 정렬되어 있다. 유전 분극에 의해 다리 전체에 걸쳐서 장력이 발생한다. 다리 양 끝에 발생하는 장력은 검은 화살표 방향으로 작용한다. 파란색 화살표로 표시된 표면 장력은 표면에 걸쳐서 접선 방향으로 작용한다. 다리의 수직 단면적은 A이고, 다리의 길이는 l이다. 물의 밀도는 ρ이다. 다리 양 끝의 장력은 수평 방향과 θ각도를 이룬다. 중력가속도는 g이다.

 그림에서 유전 분극에 의한 장력은 맥스웰 전자기학에 따라서 다음과 같이 주어진다.

$$T_{유전분극} = (\varepsilon_물 - \varepsilon_0)AE^2$$

 여기에서 $\varepsilon_물$은 증류수의 유전율, ε_0는 진공의 유전율이다. A는 원기둥 모양의 다리의 단면적이고, E는 다리 내부에 걸리는 전기장의 크기이다. 즉, 물의 유전율이 커질수록 장력이 커지고 더 많은 전기 장이 다리 내부에 걸릴수록 장력이 커진다는 의미이다. 또 원기둥의 단면적이 커질수록 하나의 단면적에서 유전 분극이 발생하는 분자들의 개수가 많아지므로 장력이 증가한다.

표면 장력은 다음과 같이 주어진다.

$$T_{\text{표면장력}} = \frac{1}{2}\gamma(\pi D)$$

여기서 γ는 물의 표면 장력 계수이고 D는 원기둥 모양의 다리 단면의 원둘레 길이이다. 즉, 원기둥 단면 원둘레가 길어질수록 물 표면 막의 장력이 커진다는 의미이다. 여기서 $\frac{1}{2}$이 들어간 이유는 표면 장력이 원기둥을 유지하려는 효과만 있는 게 아니라 물방울이 되어서 원기둥이 되는 걸 방해하는 효과도 있기 때문이다.

위 식들을 이용하여 유전 분극에 의한 장력의 수직 성분과 원기둥의 질량에 의한 중력의 비율을 계산하면 다음과 같다.

$$R_{\text{유전분극}} = \frac{T_{\text{유전분극, 수직}}}{\text{중력}} = \frac{(\varepsilon_\text{물} - \varepsilon_0)AE^2}{\rho g A}\frac{2\sin\theta}{l}$$

표면 장력의 수직 성분과 원기둥의 질량에 의한 중력의 비율은 다음과 같다.

$$R_{\text{표면장력}} = \frac{T_{\text{표면장력, 수직}}}{\text{중력}} = \frac{\gamma(\pi D)}{2\rho g A} \frac{2\sin\theta}{l}$$

여기서 $\sin\theta$는 물의 다리가 쭉 뻗은 원기둥이 아니라 현수선처럼 휘어진 원기둥이기 때문에 장력의 수직 성분만을 고려하기 위한 항이다. 나민(Namin) 등의 연구자들은 실험을 통해서 이 비율을 측정하였는데 그들의 실험 결과를 대략적인 그래프로 그리면 다음과 같다.

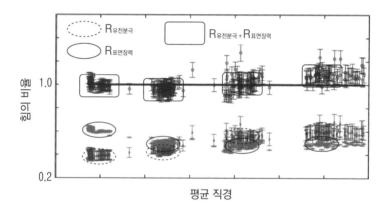

이 그래프는 우선 유전 분극에 의한 장력과 표면 장력의 합력이 중력과 거의 평형을 이룬다는 것을 보여 주는데, 이것은 이 두 힘이 물이 만든 다리 현상의 주요한 원인임을 뜻한다. 좀 더 세부적으로는 각각의 힘이 물이 만든 다리 유지에 비슷한 정도의 역할을 한다는 것을 알 수 있다. 중력을 1로 두었을 때, 물이 만든 다리의 지름이 작을 때는 유전 분극에 의한 효과가 0.4, 표면 장력에 의한 효과가 0.6 수준이다. 지름이 클 때는 유전 분극에 의한 효과가 0.55, 표면 장력에

인물과 실험으로 보는 **스토리 물리학**

의한 효과가 0.45 수준이다. 즉, 지름이 커질수록 다리를 유지하는 데에서 유전 분극의 효과가 더 중요해진다는 뜻이다. 이로써 물이 만든 다리의 원인에 대해 대략적으로 이해하게 되었다. 한 가지 유의할 점은 물이 만든 다리 현상은 아직까지 완벽히 규명되지 않은 부분이 많다는 것이다. 유전 분극에 의한 장력 효과와 원기둥 다리 내부의 전기장 형성에 대한 논의도 아직 진행 중이고 다리가 보이는 추가적인 신기한 현상들도 보고되고 있기 때문이다.

더 살펴보기

물이 만든 다리의 길이는 어느 정도까지 길게 할 수 있을까? 전위차에 의해서 발생한 유전 분극이 다리 형성에 매우 큰 요인이었다. 그렇다면 전위차를 충분히 높여 준다면 다리도 계속해서 길게 늘일 수 있지 않을까? 마치 줄의 장력이 버텨 준다면 매우 긴 현수선 모양을 만들 수 있듯이 말이다. 하지만 물로 만든 다리의 경우 전위차를 2만 5천 볼트 이상 높여도 2.5cm 이상의 길이를 유지하지 못하고 끊어진다. 이처럼 일반적인 고체로 된 줄과는 다르게 물로 만든 다리는 길이의 한계가 있다. 이러한 한계를 설명할 수 있는 한 가지 가능성은 물이 만든 다리는 길이가 길어지면 다리 가운데로 물이 점점 더 고이게 된다는 점이다. 즉, 다리의 가운데에서 물 분자들끼리 점점 뭉치면서 커지다가 물로 된 혹을 형성해서 이것이 떨어져 나가는 것이다. 하지만 왜 아무리 큰 전위차가 걸려도 이를 극복하지 못하는지는 명확히 밝혀지지 않았다.

물이 만든 다리는 겉보기에 정지해 있는 것처럼 보인다. 하지만 놀랍게도 실제로는 유전 분극의 사슬을 형성한 물 분자들이 흘러 다닌다. 이러한 흐름이 발생한 데에는 크게 두 가지의 요인이 있다. 첫 번째는 전위차에 의한 전류이다. 높은 전위차로 인해 대전된 입자들이 물 표면을 떠돌면서 다리를 통해 이동하는 것이다. 이에 따라서 물 분자들의 흐름까지 발생한다. 두 번째 이유는 대류 현상이다. 전류가 흐르는 일반적인 전선은 저항에 의해서 뜨거워진다. 마찬가지 이유로 물이 만든 다리를 통해서 흐르는 전류는 열을 발생시키고 이것은 물을 가열시킨다. 이렇게 국소적으로 가열된 물과 비커에 담긴 상대적으로 차가운 부위의 물이 대류 현상을 일으킨다. 이러한 물의 흐름이 다리의 형성, 유지, 한계 길이 등과 어떻게 서로 연관되어 있는지 종합적인 이해를 위한 연구는 아직 진행 중이다.

교훈

일상생활에서 늘 부딪히는 부도체들은 심심하고 평범한 물질이다. 하지만 물이 만든 다리는 부도체의 심심함 이면에 잠재되어 있는 그들의 전기적 역동성을 잘 드러내 준다. 사실은 이런 역동성이 평소에 드러나지 않기 때문에 우리가 일상적으로 아무런 불편함 없이 부도체를 사용할 수 있다. 물의 내적인 역동성은 물이 만든 다리에서 보여 준 유전 분극 현상과 표면 장력에서 끝나지 않는다. 물의 화학적인 역동성은 물질을 용해시키고 그것들이 서로 만나서 작용하도록 만드는 숨은 역할을 담당하고 있다. 이러한 역할은 지구 규모로 확장되어서 매우 큰 함의를 가지게 된다. 지구 표면에는 거대한 물의 흐름이 크게 두 가지가 있는데 바로 해류와 대기이다. 이 거대한 흐름은 단지 물 분자의 흐름이 아니라 물 분자가 끌고 다니는, 지구에 존재하는, 원소들의 흐름이 된다. 이 흐름은 좋은 물질, 나쁜 물질을 가리지 않고 모두 끌어안고 순환한다. 그 거대한 흐름의 과정 중에 필연적으로 사람을 포함한 생태계가 있다. 지구상에서 이러한 물질의 순환에서 고립되어 있을 수 있는 곳은 없다. 그리고 그 순환의 주인공은 바로 우리가 오늘도 무심히 여기고 있는 물이다. 지금 주변에 무표정하게 놓여 있는 물체들을 한번 둘러보자. 그리고 그 물체들이 심심한 겉보기와 다르게 어떤 역동성과 사연을 안에 품고 있을지 한번 추측해 보자.

4장
루퍼트 왕자의 눈물방울
(Prince Rupert's Drop)

실험 결과

눈물방울 모양으로 굳은 유리의 머리 부분에 총을 쏘았을 때 총알을 맞고도 맞은 부위가 깨어지지 않는다.

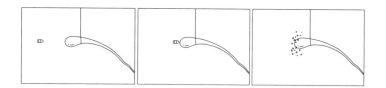

도입

1660년 왕자 루퍼트(Prince Rupert of the Rhine, 1619~1682)는 영국의 왕 찰스 2세(1630~1685)에게 눈물방울 모양의 작은 유리 조각을 가져다 준다. 이 유리 조각의 머리는 망치로 내리쳐도 깨지지 않았지만, 가느다란 꼬리 부분을 손으로 살짝 깨트렸을 때는 조각 전체가 산산이 터져 나가면서 가루가 되었다. 1661년 찰스 2세는 이 신기한 현상에 대

　　　　　　　　　　　　　　인물과 실험으로 보는 **스토리 물리학**

해서 연구할 것을 왕립학회에 명한다. 왕립학회는 1660년 찰스 2세가 창립을 승인한, 현재 세계에서 가장 오래된 국립과학원이다. 왕립학회의 좌우명은 "그 누구의 말이라도 곧이곧대로 받아들이지 마라(Nullius in verba)"인데, 이는 권위에 의존한 논증에 반대하고 철저히 실험을 통해서 모든 걸 증명하려는 과학적 접근법에 헌신할 것을 천명하는 매우 야심찬 선언이다. 프라하에서 태어난 왕자 루퍼트는 찰스 2세와 사촌이었는데 젊어서 군인으로 명성이 높았고, 과학에도 관심이 많아서 왕립학회의 세 번째 창립 회원이기도 했다. 눈물방울 모양 유리 조각의 신기한 현상은 사실 루퍼트 왕자 이전부터 네덜란드나 독일 북부 지역에서 알려져 있었지만 오늘날 유독 루퍼트 왕자의 이름이 붙은 건 이 현상을 귀족들의 유흥거리로만 치부하지 않고 과학적 해명을 촉발한 그의 역할 때문인 것으로 보인다.

　루퍼트 왕자의 눈물방울은 제조 방법이 매우 간단한데, 유리를 뜨겁게 가열해서 녹인 후 마치 꿀이 떨어지듯이 흘러내리는 유리를 차가운 물에 떨어뜨리면 끈끈한 유리 덩어리가 급격히 식으면서 눈물방울 모양으로 굳어진다. 360년 전 기술 수준에서도 쉽게 만들 수 있을 정도로 특별한 가공법이나 별도의 물질 처리가 필요 없었다. 물론 이 시대에 유리 자체가 오늘날처럼 주변에 널려 있을 정도로 흔했던 건 아니다. 유리의 역사는 인류의 여명기인 석기 시

루퍼트 왕자의 눈물방울 그림. 《유리방울에 대한 설명(Account of the Glass Drops)》 중에서.

대까지 거슬러 올라가는데, 이때는 유리를 인위적으로 가공한 것이 아니고 화산 활동이나 벼락 등의 자연 활동으로 만들어진 유리 조각을 도구를 다듬는 데 쓰거나 그 자체를 도구로 사용했던 것으로 여겨진다. 유리의 쪼개진 날은 석기들에 비해 매우 날카롭기 때문에 아마 만능 도구 정도로 쓰였을지도 모른다. 맨 처음 인위적으로 유리를 가공하기 시작한 곳은 고대 문명의 발상지인 기원전 3500년경 이집트와 메소포타미아 지역으로 알려져 있다. 이때는 주로 작은 유리알을 만들거나 도기 표면에 얇은 유리 막을 만드는 수준이었다. 이로부터 2,000년 정도 지나 기원전 16세기에 이르러 메소포타미아에서 유리로만 된 꽃병을 만들 수 있게 되었는데, 이 유리병이라는 것도 전혀 투명하지 않고 다만 유리 특유의 매끈한 표면을 가지고 있을 뿐이었다. 이 시기부터 인류의 주요 문명권에서는 유리를 인위적으로 다룰 수 있었던 것으로 보인다.

기원전에서 기원후로 넘어오는 시기에 유리 가공법에 있어서 혁신적인 방법이 발견되었는데, 바로 입으로 불어서 유리를 가공하는 방법이다. 이 방법은 지금도 유리 공예가들이 유리로 제품을 만들 때 쓰고 있다. 뜨거워져서 끈끈해진 유리 덩어리를 기다란 관의 한쪽 끝으로 한 움큼 떼어 낸 다음 다른 쪽 끝에서 입으로 공기를 불면 속인 빈 유리병이 만들어진다. 유리병을 만드는 혁신적인 방법이었지만 기원후 1세기 전후의 유리병들은 여전히 투명도가 떨어져서 어슴푸레하게 반대편이 보일 정도였다.

인물과 실험으로 보는 **스토리 물리학**

기원후 1세기 로마 시대에 접어들면서 유리 가공 기술이 더욱 발달하기 시작하는데, 그 이유는 사람들이 유리를 건축 자재로 사용하고자 했기 때문이다. 바로 창문이다. 희미하게라도 유리병을 투명하게 만들 수 있다는 걸 알게 되었으니 유리로 창문을 만들고 싶어 한 것은 어쩌면 당연한 일이었는지도 모른다. 실제로 처음에는 유리병의 아랫부분을 잘라내어 창문으로 사용했다. 추위와 더위는 막으면서 바깥의 햇볕을 쪼이고 또 건물 안에서 밖의 풍경을 바라보고자 하는 인간의 욕망은 이렇게 충족될 수 있었다. 오늘날에도 우리가 가장 일상적으로 접하는 유리의 사용처가 바로 창문인 걸 보면, 지금은 충족되어 자각하지 못할 뿐 햇빛과 야외를 접하고자 하는 건 여전히 인간의 강력한 욕구임이 틀림없다.

유리 기술의 발달에도 불과하고 기원후 상당한 시기까지 유리는 주요 관공서와 귀족들의 사치스런 별장 등에 주로 사용되었다. 옛날에는 유리 제품 자체가 매우 비쌌던 것이다. 인류 역사에서 어림잡아 18세기 이전까지 유리는 사치품이었다. 유리 제품이 상상할 수 없이 어마어마하게 비싸게 거래되었던 시기도 있고, 고가품으로 아예 따로 세금이 매겨지던 때도 있었다. 이렇게 귀하던 유리가 지금은 너무나 흔하고 값싼 물건 취급을 받는 것은 어떻게 된 일일까? 유리 제품을 대량으로 만들 수 있는 공법과 기술의 발전도 원인이지만 무엇보다도 원재료가 너무너무 흔하기 때문이다. 유리의 주요 성분은 이산화규소, 즉 모래이다. 지각 구성 성분의 1위와 2위가 각각 산소와 규소인데, 이 두개가 결합된 것이 바로 이산화규소이다.

규소는 반도체 소자의 주요 원소이기도 한데 지구는 다행스럽게도(?) 지각에 모래가 매우 많기 때문에 반도체 가격은 싸질 수 있었다. 반도체가 전자 정보 혁명의 쌀로 여겨지는 걸 고려하면 IT 문명의 황금기로 접어들고 있는 오늘날을 모래의 시대라고 조금 과장해서 말할 수도 있을 것 같다. 만약 지각 구성이 달라서 규소가 흔치 않은 원소였다면 유리와 반도체는 어떻게 되었을까? 주기율표에서 규소와 같은 족의 다른 원소로 유리와 반도체 소자를 만들 수 있을까? 탄소, 규소, 저마늄, 주석, 납, 플레로븀 등의 14족 원소 중 저마늄 정도가 규소 대신 유리와 반도체를 만드는 데 활용될 수 있지만 저마늄은 우주에서 규소의 1만분의 일 정도만 존재하는 비교적 희귀 원소라서 아마 유리와 반도체가 지금만큼 대중화되기는 어려웠을 것이다.

다시 유리 이야기로 돌아와서 일상생활에서 우리가 유리에 대해 가지고 있는 가장 큰 인상은 깨어지기 쉬운 물체라는 것이다. 비록 잘 깨어지지 않는 강화유리와 방탄유리 등도 존재하지만 주변의 유리 제품들은 여전히 테이블에서 떨어지면 산산조각 나는 것들이 대부분이다. 또, 유리는 깨어지기 쉬울 뿐만 아니라 깨어진 부위가 뾰족하고 날카롭기 때문에 아이들이 유리 가공품 근처에 가면 부모들은 무의식적으로 긴장하게 된다.

지금 유리가 이 정도로 충격에 민감한 정도이면 루퍼트 왕자의 눈물방울이 처음 유명세를 타던 시기에 통용되던 유리에 대한 인상도 이보다 더 심했으면 심했지 크게 다르지는 않았을 것이다. 유리가 잘 깨어지는 게 유리 가공품들의 두께가 얇기 때문이라고 오해할 수 있는데, 이게 그렇지만도 않은 것이 바위 크기의 두꺼운 유리 덩어리라 하더라도 표면에 충격을 가하면 마치 신석기 시대의 뗀석기 같은 표면 흔적을 남기면서 쉽게 움푹 떨어져 나간다. 그러니까 심지어 두꺼운 유리도 잘 깨져 나가는데, 루퍼트 왕자의 눈물방울은 총알을 맞고도 표면에서 미세한 유리 조각 하나 안 떨어질 정도로 어떻게 그렇게 단단할 수 있을까? 찰스 2세의 명을 받아서 이것을 조사하던 학자들은 어떤 결론을 내렸을까? 고대부터 사람들은 결정을 물이 굳어서 된 것으로 보았는데, 이런 견해는 길버트의 《자석에 관하여》에도 등장한다. 그러니까 겨우 몇 백 년 전만 해도 인류는 결정이나 고체의 구조에 대해서 감조차 잡을 수 없었다는 뜻이다. 루퍼트 왕자의 눈물방울에 대해서 조사했던 찰스 2세 당시의 한 연구자는 안쪽에 액체가 있고 이것이 모종의 역할을 한다고 보고하기도 하였다. 손가락 크기만 한 루퍼트 왕자의 눈물방울 문제는 당시의 과학 수준에 비해서 몇 백 년은 앞선 문제였던 것이다.

실험 순서

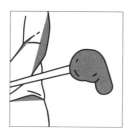

유리를 1,600℃ 이상
가열하여 녹인다.

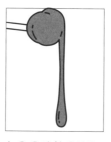

녹은 유리 한 움큼을
20℃의 물에
떨어뜨린다.

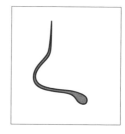

녹은 유리는 물속으로 떨
어지면서 저절로 눈물방
울 모양이 된다.

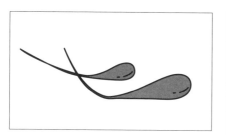

눈물방울 모양의 유리 조각이 단단히 굳으면
꺼내어 식힌다.

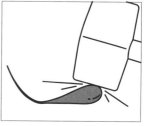

머리 부분을 망치로 두들겨도
깨어지지 않는다.

꼬리 부분을 쪼개면 눈물방울
모양 전체가 산산이 부서지면
서 사방으로 튄다.

왜 신기한가?

루퍼트 왕자의 눈물방울은 별다른 제조 과정이나 특별한 물질이 전혀 필요 없다. 녹인 유리와 차가운 물만 있으면 집에서도 만들 수 있다. 일반적인 유리와 마찬가지로 루퍼트 왕자의 눈물방울 역시 이산화규소 분자의 공유 결합으로 이루어질 뿐이다. 그런데 어떻게 망치의 충격을 견디는가? 더 이상한 것은 루퍼트 왕자의 눈물방울의 두꺼운 머리 부분과 가느다란 꼬리 부분이 깨어질 때 너무나 다른 양상을 보인다는 것이다. 머리 쪽과는 다르게 꼬리 쪽은 손가락으로 살짝만 힘을 줘도 깨어진다. 이것은 꼬리 부분이 너무 가늘어서 그렇다고 이해할 수 있을 것 같다. 그런데, 꼬리 부분을 깨트리면 도마뱀이 꼬리를 자르듯이 유리 조각이 떨어져 나가는 것이 아니라 루퍼트 왕자의 눈물방울 전체가 폭발하듯이 산산조각이 나 버린다. 이게 무슨 연쇄 반응을 일으킬 만한 물질이 루퍼트 왕자의 눈물방울 안에 들어 있는 것도 아닌데 말이다.

발상

반대로 생각해 보자. 보통 유리는 왜 단단하지 않은가? 유리를 불어서 유리병을 만드는 걸 보면 보통 유리 제품은 공기 중에서 만드는데, 이것들은 잘 깨어진다. 그렇다면 차가운 물에서 유리를 급격하게 식히는 과정에 루퍼트 왕자의 눈물방울이 단단해지는 비밀이 있는 것일까? 이것은 녹은 유리를 급격히 식히면 이산화규소 분자들의 결합이 특별히 강해진다는 뜻인가? 그런데 루퍼트 왕자의 눈물방울이 깨어질 때는 폭발하듯이 깨어진다. 이것은 이산화규소 분자들의 결합이 불안정하다는 뜻이 아닌가? 결합이 안정하다면 폭발하듯이 깨어질 이유가 없다. 결합이 단단한 것과 결합이 불안정한 것이 어떻게 동시에 양립할 수 있을까?

배경 원리

충분한 압력을 받았을 때 파괴되지 않는 물체는 없다. 혹자는 다이아몬드도 파괴될 수 있을까 하고 궁금할 수 있는데, 다이아몬드는 그리 강한 물질은 아니다. 합금보다도 약해서 손으로 강하게 망치질을 해서 깨뜨릴 수 있다. 다이아몬드는 강한 물질이 아니라 단단한 물질이다. 즉, 못으로 다이아몬드에 흠집을 낼 순 없지만 망치로 깨뜨릴 수는 있다. 그리고 다이아몬드가 지구상에서 가장 단단한 물질이라고 해도 다이아몬드끼리는 서로 흠집을 낼 수 있고 이 때문에 다이아몬드 가공이 가능하다. 모든 물체가 깨어질 수 있다는 것을 역으로 생각해 보면 모든 물체는 부분이 없는 하나의 연속된 덩어리가 아니라 부분 부분이 결합되어서 큰 덩어리를 이룬다는 걸 알 수 있다. 즉, 깨어짐은 역설적으로 결합에 대해서 알려준다. 물체가 깨어져서 조각이 나는 현상을 학술 용어로 파괴(fracture)라고 하는데, 파괴에 대한 연구도 다른 모든 연구와 마찬가지로 세심한 관찰에서 출발한다.

파괴라고 하면 언뜻 유리나 컵이 깨어지는 것밖에 떠오르지 않지만 사실 물체가 파괴되는 양상은 매우 다양하다. 우선 물체를 파괴하는 방법부터 다양한데, 누르거나 당기거나 휘거나 비틀어서 물체를 깨뜨릴 수 있다. 여기서는 파괴하는 방법보다는 물질들 사이의 깨어지는 양상에만 집중하기 위해 물질을 당겨서 파괴하는 경우에 한해서 이야기해 보자. 물질을 당겨서 파괴하는 경우 물질은 크게 다음 세 가지 중 하나의 양상을 보인다.

잡아당겨질 때 파괴되는 양상

취성 파괴 또는 메짐성 파괴 (brittle fracture)	연성 파괴 (ductile fracture)	완전 연성 파괴 (completely ductile fracture)
물질이 늘어나거나 변형 없이 끊어지는 경우. 깨어진다고 표현.	물질이 약간 늘어지다가 끊어지는 경우. 떼어 낸다고 표현.	물질의 늘어지는 부위가 더 이상 가늘어질 수 없어서 끊어지는 경우. 끊어진다고 표현.
유리, 돌, 도자기(세라믹)	금속, 고무	폴리머

표에서와 같이 물질을 시험 조각 모양으로 준비하여 파괴될 때까지 천천히 당겨 보는 시험을 인장 시험(tensile testing)이라고 한다. 인장 시험을 통해서 물질이 당겨질 때 보이는 역학적 특징을 알아낼 수 있는데, 이와 비슷한 실험을 레오나르도 다 빈치(Leonardo Da Vinci, 1452~1519, 이탈리아)가 실시한 기록이 남아 있다.

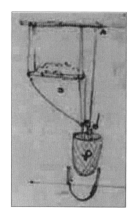

레오나르도 디 빈치가 수행한 인장 시험 설계 그림. 《코덱스 아틀란티쿠스(Codex Atlanticus)》중에서.

레오나르도 다 빈치는 철사 줄이 끊어지는 강도를 실험했는데, 철사 줄의 길이가 짧아질수록 더 많은 무게를 지탱했다고 실험 수치까지 기록했다. 이는 오늘날 알려진 재료 역학과는 다른 결과로, 사실 동일한 철사 줄의 경우 철사 줄이 지탱할 수 있는 무게는 철사 줄의 길이와는 무관하다. 그의 실험 결과가 왜 철사 줄의 길이에 따라서 달라졌는지는 레오나르도 다 빈치 연구자들마다 다르게 추정하고 있다. 여기서 우리는 그의 실험 결과를 떠나서 재료 역학은 커녕 뉴턴 역학조차 정립되기 훨씬 전에 물질의 역학적 성질을 정량적으로 연구했다는 사실만으로도 레오나르도 다 빈치가 시대를 얼마나 앞서 갔는지에 대해서 다시 한 번 놀라게 된다. 그렇다면 그는 왜 이런 것에 관심을 가졌을까? 그는 철사 줄의 강도 실험을 기록한 노트에 특히 반복 실험의 중요성을 언급하였다. 이로 미루어 이 실험이 단순한 호기심이 아니라 진지한 탐구였다는 걸 알 수 있는데, 아마도 그의 다른 역학 연구(마찰, 도르래, 바퀴 축 연구)와 마찬가지로 자신이 발명한 기계 장치나 무기에 직접적으로 필요했기 때문인 것으로 보인다.

인장 시험은 겉으로 보기에 크게 복잡해 보이지 않지만(기본적인 원리는 레오나르도 다 빈치의 실험과 동일하다!) 오늘날에도 실용적으로 꼭 필요한 시험이다. 새로운 종류의 물질을 섞거나, 새로운 제작법으로 만든 합금 또는 재료의 탄성, 강도 등의 정확한 정보는 매우 중요하다. 우리가 보통 생각하기에 금속은 단단하기만 하면 다 좋은 금속이라고 생

철골 구조물이 파괴된 모습. 재료의 특성과 한계를 정확히 파악하고 사용하는 게 중요하다.

각하기 쉬운데, 단단하다고 아무 금속이나 대충 쓸 경우 상황에 맞지 않는 역학적 특성 때문에 대형 사고가 발생할 수도 있다. 인장 시험은 재료가 가진 이러한 가능성과 한계를 정확히 알 수 있게 해 준다.

인장 시험에서 물체를 늘렸을 때 보통 어떤 결과가 나오는지 그래프를 통해 살펴보자.

응력-변형률 곡선

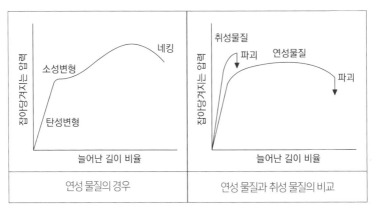

그래프의 수평축은 시험 조각의 늘어난 길이 비율(늘어난 길이 ÷ 원래 길이)로 오른쪽으로 갈수록 시험 조각이 많이 늘어났음을 의미한다. 수직 축은 시험 조각 내부가 잡아당겨지는 압력으로, 위쪽으로 갈수록 시험 조각이 높은 압력으로 잡아당겨짐을 의미한다. 주어진 재료에 대한 그래프의 전체적인 양상과 함께 그래프의 각 구간 기울기, 변곡점 등의 수치가 실제 재료를 어디에 쓸지 혹은 써서는 안 되는지를 결정한다.

그래프의 처음 직선 구간은 탄성 변형 구간으로 물질을 잡아당겼을 때 잡아당기는 압력에 정비례하여 길이가 늘어나는데, 이때 만약 압력이 사라지면 물질은 원래 모양으로 되돌아온다. 고무 밴드의 경우에 이 구간이 넓고, 늘이기 어려운 고무 밴드일수록 그래프의 기울기가 커진다. 금속과 유리의 경우에도 좁지만 이러한 구간이 있다. 얇은 금속 시편을 손으로 잡아당겨 보면 탄력감을 느낄 수 있고, 유리를 아주 가늘게 만든 광섬유가 약간 휘었을 때 팅기는 것을 통해 유리의 탄성을 간접적으로 경험할 수 있다. 모든 물질은 구간이 좁을지언정 어느 정도 탄성을 가진다고 할 수 있는데, 이는 미시적인 관점에서 원자들이 결합을 유지하는 적정한 거리가 있다는 뜻이다.

그 다음 구간은 소성 변형(plastic deformation) 구간으로, 이 구간에서는 물질을 잡아당기는 압력을 제거해도 물질이 원래 모양으로 복원되지 않고 늘어난 채로 그대로 남아 있게 된다. 고무 밴드를 잡아 늘

인물과 실험으로 보는 **스토리 물리학**

여 본 독자라면 아마 알 것인데, 고무 밴드를 늘이다 보면 고무 밴드가 약간 엷은 색을 띠면서 아예 늘어나 버려서 원래대로 돌아가지 않을 때가 있다. 금속은 이 구간이 꽤 긴 편이고, 유리는 이 구간이 탄성 변형 구간보다도 더 짧다. 유리는 아주 짧은 소성 변형 이후에 깨어지고 만다. 소성 변형까지도 견딘 물질은 더 늘어나면서 어느 부위인가가 가늘어지기 시작한다. 이 구간을 목처럼 가늘어진다는 의미로 넥킹(necking) 구간이라고 한다. 가늘어지던 물질은 마침내 파괴점(fracture point)에서 끊어진다.

연성 물질의 그래프 양상은 금속에서 잘 보이고 취성 물질의 그래프 양상은 유리에서 잘 보인다. 유리는 매우 짧은 탄성 변형 구간과 이보다 더 짧은 소성 변형 구간 이후에 넥킹 현상 없이 깨어진다. 금속은 끊어지는 것에 가깝고, 유리는 깨어지는 것에 가깝다. 그렇다면 물질의 이러한 차이는 어디에서 오는 것일까?

물질이 파괴되는 것은 물질 내부의 결합이 끊어지는 걸 의미한다. 파괴되는 방식이 다르다는 것은 결합을 이루고 있는 방식이 다르다는 것이고, 따라서 원소들의 결합의 종류 차이가 연성 물질과 취성 물질의 차이를 낳는다고 볼 수 있다. 한편, 같은 원소들이 같은 종류의 결합을 하더라도 원소들이 결합하는 기하학적 구조에 따라서 파괴되는 양상이 달라지기도 한다. 여기서 우리가 주로 다룰 금속과 유리의 차이는 결합의 구조보다 결합의 종류가 다른 것이 그 원인이다.

원자는 원자핵과 전자 사이의 전자기력과 양자 역학적인 효과 때문에 안정적으로 존재한다. 그렇다면 원자보다 큰 영역에서 중성 원자들의 결합은 어떻게 가능한 것일까? 놀라운 방식으로 그것을 가능하게 만드는 주인공은 바로 전자이다. 물질의 결합에서 전자가 담당하는 역할은 뉴턴 역학이나 맥스웰의 전자기학만으로는 설명이 되지 않는다. 양성자와 중성자로 뭉친 원자핵의 안정성이 양자 역학에 기대고 있듯이, 원자핵보다 더 큰 물질의 안정성도 양자 역학적인 원인에 의해 유지된다. 보통 전자라고 하면 우리들은 전류 현상 또는 전기 에너지를 활용할 때의 유용성 정도를 떠올리지만 양자 역학적인 효과로 인해 전자가 자연에서 실제로 담당하고 있는 역할(물질의 결합)은 이보다 훨씬 막대한 중요성을 가진다. 물질이 안정하지 않은, 다시 말해 원소들이 결합을 이루지 못하는 우주를 상상해 보자. 얼마나 황량할 것인가! 물질의 결합을 연구하는 학문인 화학에서 전자가 압도적으로 중요한 이유가 바로 이 때문이다.

전자가 관여하는 화학 결합의 놀라움은 결합이 가능하다는 사실에서 한 발 더 나아간다. 여러분 주변을 한 번 둘러보면 매우 다양한 종류의 화학 결합들이 존재할 거라고 추측할 수가 있다. 왜냐하면 만약 모든 원소가 똑같은 방식으로 결합한다면, 다시 말해 우주에 화학 결합이 하나의 방식만 있었다면 사물의 물성은 지금보다 다양성이 훨씬 덜했을 것이기 때문이다. 레고 조각 모음에서 오직 끼우는 방식의 연결만 가능한 경우와 관절, 기어, 크랭크 같은 연결도 가능한 경우에 창작물의 다양성 차이는 쉽게 상상할 수 있다.

　금속 원소들이 결합하여 덩어리를 이루는 경우와 유리에서 규소와 산소가 결합하여 덩어리를 이루는 경우 모두 전자들이 중요한 역할을 하지만 각 경우에서 전자의 구체적 역할은 매우 다르다. 원소들의 결합 이론은 아주 복잡하여 아직도 세부적으로 밝혀져야 할 게 많이 남은 영역이지만 여기서는 단순화된 모형으로 전자들의 역할을 이해해 보자. 금속 원자들의 경우 개개의 원자에 속박되어 있는 전자들 중에서 일부가 다른 원자들 사이를 자유롭게 돌아다닐 수 있는 상태가 되면서 금속 원자들이 결합하게 된다. 이를 금속 결합이라고 하는데, 이는 마치 자유 전자로 이루어진 바다가 금속 원자 이온들을 품어서 결합을 이루는 것 또는 자유 전자로 이루어진 포장지가 금속 원자 이온들의 배열을 유지시키고 있는 것으로 비유적으로 생각할 수 있다. 반면에 유리에서 규소와 산소는 서로 다른 원소의 일부 전자들을 자신의 원자핵에 속박시켜서 결합하게 된다. 즉, 산소 원자에 속박되어 있는 전자를 옆의 규소 원자가 자신에게도 구속시키고, 규소 원자에 속박되어 있던 전자가 산소 원자에도 구속되어 원자들끼리 거리를 유지한다. 전자 입장에서 보면 규소와 산소 모두를 구속시키는 것이 가능해져서 결합이 이루어진다. 마치 이어달리기에서 배턴을 넘겨주기 직전에 두 선수가 모두 배턴을 잡아서 이어진 것으로 비유할 수 있다. 이를 공유 결합이라고 하는데, 금속 결합과 다르게 전자들이 원자들을 자유롭게 돌아다닐 수가 없다. 하나는 전자가 모든 원자들을 자유롭게 돌아다닐 수 있어서 유지되는 결합이고, 다른 하나는 전자가 자기 자리에서 원자들을 붙들고 있어서 유지되는 결합이기 때문에 금속 결합과 공유 결합은 달라도 너무나 다른 결합 방법이다. 덧붙여서, 산소와 규소가 같은 공유 결합을 할 때에도 그 배열이 규칙적인 경우 석영이 되고 불규칙적인 경우 유리가 된다.

금속과 유리의 결합 종류가 달라서 생기는 단단함의 차이에 대해서 알아보기 전에 각 결합의 일반적인 특징을 살펴보자. 금속 결합의 특징은 무엇보다도 자유 전자라는 전자의 독특한 상태에 있다. 단순한 모형에서는 이 자유 전자가 금속 전체를 떠돌면서 금속을 묶어 주고 있다고 볼 수 있는데, 이 때문에 금속이 보이는 가장 대표적인 성질이 바로 높은 전기 전도도이다. 금속에 가해지는 약간의 전위차에

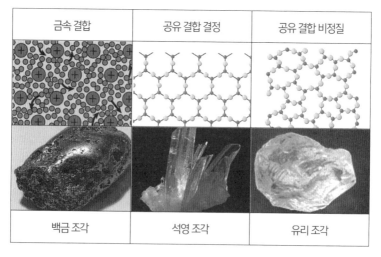

보통의 유리는 규소 원자와 산소 원자가 불규칙적인 배열로 공유 결합하고 있는 비정질체이다.

인물과 실험으로 보는 **스토리 물리학**

도 자유 전자들이 쏠리는 운동이 가능한 것이다. 또, 자유 전자는 원자에 속박된 전자에 비해서 외부에서 충돌이 가해질 때 쉽게 운동 에너지를 얻는데 이게 바로 금속의 열전도율이 높은 이유 중의 일부이다. 또한 전자가 광자와 충돌한다는 게 콤프턴 산란 실험을 통해 알려져 있는데, 금속 표면에 고르게 분포된 자유 전자는 넓은 진동수에 걸쳐서 광자의 진행을 방해한다. 즉, 금속 표면에 빛을 쪼이면 거의 모든 파장 영역에서 빛이 반사 또는 흡수된다. 그냥 통과하는 빛은 거의 없다. 그렇기 때문에 금속은 불투명하고, 빛이 흡수되는 정도에 따라서 금속 특유의 회색 계열 표면 색깔을 보이는 것이다. 물론 구리와 금의 경우 다른 금속과는 달리 고유한 색을 보이는데, 이는 원소에 따라서 금속의 자유 전자 상태가 달라 생기는 현상으로 자유 전자가 단순히 독립적으로 다룰 수 있는 개개 전자의 집합이 아님을 시사한다.

한편, 공유 결합의 경우에는 금속 결합에 비해 물질의 특성을 일반화해서 이야기하기가 어려운데, 그 이유는 원자들끼리 공유 결합을 통해 만들어진 분자들이 다시 서로 결합할 때 공유 결합 이외의 방식으로 결합해서 거시적인 물체를 형성할 수 있기 때문이다. 예를 들어 개개의 물 분자는 수소와 산소의 공유 결합으로 이루어지지만 물 분자들끼리는 수소 결합을 통해 뭉쳐진다. 얼음이 깨어지는 것은 물 분자들 사이의 수소 결합을 끊는 것이지 물 분자 내부의 공유 결합을 끊는 건 아니다. '물은 공유 결합을 한다' 또는 '물은 수소 결합을 한다'라고 표현할 때는 어느 수준의 결합을 가리키는지 주의해야 한다. 유리의 경우에는 규소와 산소가 공유 결합만으로 계속 이어져 있기 때문에 물보다는 상황이 단순할 수도 있는데 유리의 복잡한 성질들을 보면 반드시 그렇다고 단정할 수만도 없다. 상온의 유리는 일상적인 수준에서 고체라고 생각하기 쉽지만 엄밀하게 따졌을 때 정말 고체인지 액체인지를 획일적으로 정하기는 쉽지 않다. 또, 유리는 1,600℃ 이상의 온도에서 말랑말랑한 상태이다가 식으면 불규칙적인 배열로 굳어지고 그 굳는 온도가 식히는 빠르기에 따라 달라진다. 이는 물이 얼음이 될 때 분자들이 규칙적인 배열로 정렬하고 식히는 속도에 상관없이 늘 0℃에서 어는 것과는 상당히 대조적인 행동이다. 여하튼 상온의 유리일 경우 전자들은 모두 원자들에 속박되어 있어서 금속보다 전기 전도도가 낮다. 열전도의 경우도 일반적으로 금속보다는 떨어진다. 유리의 경우에 열전도는 전자의 운동이 아니라 원자들의 진동을 통해서 이루어진다. 광자와 충돌해서 진행을 방해하는 전자들이 사방에 퍼져 있지 않고 원자들에 속박되어 있어서 빛의 투과가 가능하다. 즉, 유리는 투명할 수 있는 것이다.

하지만 결합의 종류와 투명도에 대해서 너무 섣불리 일반화하면 곤란하다. 주변의 모든 불투명한 물체를 자유 전자 때문이라고 일반화시킬 수 없고, 공유 결합을 한다고 모두 투명한 것도 아니다. 나무나 고무 등의 물체가 불투명한 이유는 자유 전자가 많기 때문이 아니라 구성 분자들이 광자를 흡수할 수 있기 때문이다. 흑연의 경우는 공유 결합을 하지만 불투명하다 못해 아예 검고 심지어 전류도 잘 흐른다. 물질의 결합에 대한 연구가 흥미진진한 이유는 바로 이처럼 평범한 예상을 뒤엎는 물질들이 가능하기 때문이다.

자, 그렇다면 결합의 종류에 따라서 달라지는 전자의 역할이 물질의 단단함에는 어떤 영향을 미칠까? 금속 결합에서는 매우 많은 자유 전자가 일종의 포장지 같은 역할을 한다고 했다. 즉, 자유 전자의 바다가 원자 뭉치를 품고 있기만 한다면 금속을 늘이거나 휘어도 어지간해서는 원자들의 결합이 유지된다는 뜻이다. 금속 조각을 떼어 내려면 자유 전자 포장지까지 분리해야 하므로 금속은 떨어지기보다 오히려 엿가락처럼 늘어나 버린다. 한편, 공유 결합의 전자는 원자들에 단단히 구속되어 있다. 늘이거나 휘기 위해서는 원자들의 배열이 유동적이어야 하는데 공유 결합은 그렇지가 않은 것이다. 그래서 늘어나거나 휘어지기보다 결합이 끊어져 버린다. 즉, 깨지는 것이다. 주의해야할 점은 공유 결합의 경우 늘어나거나 휘어지기 어렵고 억지로 구부리면 차라리 깨진다는 뜻이지 공유 결합 자체가 깨지기 쉽다는 뜻은 아니다. 오히려 공유 결합은 매우 강한 결합이다. 실제로 일상적인 유리의 인장 강도는 7MPa 수준이지만 이론적으로는 GPa 수준으로 강해질 수 있다. 이는 강철의 인장 강도(수백 MPa)보다 10배 이상의 강도이다. 루퍼트 왕자의 눈물방울만 해도 작은 유리 조각이 얼마나 단단해질 수 있는지 잘 보여 준다. 그렇다면 유리는 왜 일상 생활에서 깨어지기 쉬운 물질이 되었는가?

금속이 늘어나거나 휘어지는 것의 미시적인 원인은 비교적 최근까지도 잘 이해되지 않은 연구 주제였다. 1930년대까지 원자층들 사이의 미끄러짐이 금속이 변형될 수 있는 주요 원인으로 꼽혔는데 여기에는 한 가지 문제가 있었다. 이론적인 계산을 해 보면 실제로 금속을 변형하는 데 필요한 힘보다 훨씬 큰 힘이 계산되었던 것이다. 1934년에 에곤 오로반(Egon Orowan, 1902~1989, 헝가리·영국·미국), 미할리 폴라니(Michael Polanyi, 1891~1976, 헝가리·영국), 제프리 잉그람 테일러 경(Sir Geoffrey Ingram Taylor, 1886~1975, 영국)은 개별적으로 거의 동시에 어긋나기(dislocation, 전위) 이론을 사용해서 금속 변형을 설명한다. 어긋나기 이론은 쉽게 말해서 물체를 이루는 원자들의 배열이 완벽하지 않고 결함이 있을 때 물체의 특성에 생기는 영향을 다루는 이론이다. 결함은 물체가 형성될 때 불순물이 섞이거나 환경 요인이 균일하지 않아서 결합이 고르게 형성되지 못할 때 발생한다.

금속 결합의 경우 어긋난 부위가 결합을 따라서 이동할 수 있다. 이는 카펫의 행동을 통해서 비유적으로 생각할 수 있다. 바닥에 두 장의 카펫이 서로 포개어져서 깔려 있을 때, 위에 놓인 카펫만을 밀어서 따로 옮기기는 힘들다. 하지만 위에 놓인 카펫의 가운데 부위가 살짝 올라왔을 때 이 부위를 카펫의 다른 쪽으로 밀면 손쉽게 전체적으로 위쪽 카펫만을 밀어내게 된다. 자유 전자가 금속 원자들 전체를 싸고 있는 것을 카펫으로 생각한다면 자유 전자가 전체적인 결합을 유지하면서 원자들의 결합이 어긋난 곳이 이동하는 것으로 볼 수 있다. 금속이 늘어나거나 휘는 것은 원자들이 새롭게 배열하면서

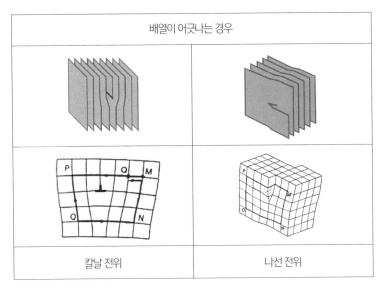

배열이 어긋나는 경우	
칼날 전위	나선 전위

배열의 어긋남이 물질의 강함에 미치는 영향은 무엇인가?

어긋난 곳이 이동할 수 있기 때문에 금속이 끊어짐 없이 모양을 바꾸는 현상인 것이다.

공유 결합의 경우에는 결합이 어긋난 부위가 자유롭게 이동할 수가 없다. 개개의 원자들이 단단히 결합하고 있어서 원자들의 재배열이 쉽게 일어나지 않기 때문이다. 대신 어긋난 부위는 다른 부위에 비해 결합의 강도가 약해진다. 그래서 어긋남이 없는 유리에 비해 어긋남이 있는 경우 깨어짐에 취약해지게 된다. 또, 어긋나는 부위가 불규칙적이고 완만하지 않기 때문에 유리의 깨어진 면이 특유의 날카로움을 띠게 된다. 이것을 역으로 생각하면 결합에 어긋남이 없도록 유리를 만들 수 있다면 유리는 매우 강해질 수 있다는 뜻이다!

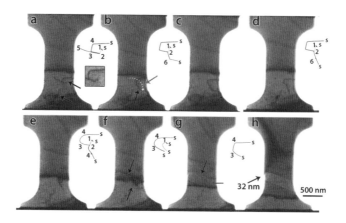

금속 조각을 당길 때 원자 배열의 어긋남이 재배열되면서 조각이 늘어나는 소성을 보인다.

종합하면 유리의 단단한 공유 결합 때문에 유리 내부의 어긋남이 잘 이동할 수 없고 따라서 변형이 잘 일어나지 않는다. 그러나 어긋남 지점이 변형에 취약점이 되어서 그 부분을 시작점으로 결합이 끊어지면 어긋나고 뾰족한 깨어짐을 보인다. 유리를 다루는 상가에서 유리를 자를 때에도 유리칼로 표면에 흠집을 내어서 이런 취약점을 만든 후 유리를 자른다. 평소에 일상생활에서 접하는 유리 제품들이 잘 깨어지는 것은 그만큼 원자들의 결합에 어긋남 현상이 많기 때문이다. 그렇다면 루퍼트 왕자의 눈물방울은 어떻게 그렇게 단단하게 되었는가? 불순물이나 어긋남 부위가 없었던 것일까? 특별한 물질 처리나 가공 공정이 없었는데도?

실험의 이해

1,600℃에서 녹은 유리가 20℃의 물에 떨어지면 물과 직접적으로 접촉하는 유리 표면이 먼저 급격히 식으면서 굳어 버리는데, 이때 안쪽 유리는 상대적으로 느리게 식는다. 눈물방울 모양은 녹은 유리 한 움큼이 아래로 떨어지면서 자연스럽게 형성되는 모양이다. 눈물방울 모양 유리 덩어리의 표면은 이미 식어서 굳어 버렸는데 안쪽은 아직도 식어 가면서 수축한다. 이 내부의 수축이 이미 굳어 버린 표면의 유리를 안쪽으로 잡아당기게 된다. 즉, 표면이 단단히 조여지는 것이다. 이것을 표면 유리가 수축 스트레스를 받는다고 한다. 이제 표면에 흠집이 나서 국소적으로 공유 결합에 어긋남이 발생해도 수축 스트레스 때문에 어긋남이 퍼져 나가지 못한다. 표면 전체가 워낙 강하게 조여지고 있으니까 흠집이 짓눌려 버리는 것이다. 또 설사 유리 내부에서 어긋남이 생기더라도 이 어긋남이 수축 스트레스가 작용하는 범위 안에 있다면 어긋남은 스트레스에 짓눌려 어긋남이 유리의 다른 부위로 진행하지 못한다. 즉, 루퍼트 왕자의 눈물방울에 어느 정도까지 흠집이 파여도 깨어지지가 않는 것이다.

이것이 바로 루퍼트 왕자의 눈물방울이 머리 부분에 총알의 강한 충격을 받아도 깨어지지 않는 원인이다. 그렇지만 이렇게 단단히 조여지고 있는 표면층을 뚫을 정도의 흠집이 나게 되면 루퍼트 왕자의 눈물방울은 깨어진다. 꼬리 부분을 쉽게 깨뜨릴 수 있는 이유가 바로 이렇게 단단히 조여지는 표면의 두께가 얇기 때문이다.

그렇다면 루퍼트 왕자의 눈물방울이 깨어질 때 폭발하듯이 산산 조각이 나는 건 무엇 때문인가? 루퍼트 왕자의 눈물방울은 안쪽이 천천히 식으면서 먼저 굳어 버린 표면이 안쪽으로 잡아당겨지는 스트레스를 받는다고 했다. 이것을 식어 가고 있는 안쪽 유리의 관점에서 보면, 안쪽 유리는 천천히 냉각되면서 수축해야 하는데 이미 굳어 버린 표면 유리가 이것을 방해하는 것이 된다. 즉, 안쪽 유리는 바깥으로 잡아당겨지는 인장(tensile) 스트레스를 받는다. 결과적으로 안쪽 유리는 바깥쪽으로 팽팽하게 당겨진 채로 굳어 간다. 만약 두 사람이 고무줄 양쪽 끝을 팽팽히 당기고 있을 때 고무줄 가운데를 가위로 갑자기 자르면 어떻게 될까? 잘려진 고무줄 조각은 바깥쪽으로 세게 튕겨 나가면서 고무줄을 잡은 손을 치게 된다. 그러니까 루퍼트 왕자의 눈물방울 내부는 이렇게 팽팽하게 당겨진 고무줄이 연속으로 줄을 서 있다고 볼 수 있다. 루퍼트 왕자의 눈물방울 꼬리 부분을 깨뜨리는 것은 이렇게 팽팽하게 당겨져서 차례대로 줄 서 있는 내부 유리의 한쪽을 끊는 것이다. 마치 팽팽히 당겨진 고무줄 하나가 끊어져

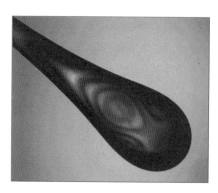

편광 필터를 통해서 본 루퍼트 왕자의 눈물방울. 내부 스트레스 분포를 간접적으로 볼 수 있다.

인물과 실험으로 보는 **스토리 물리학**

팅겨 나가면서 그 옆의 고무줄을 끊고 이것이 다시 그 옆의 고무줄을 끊고 하는 식으로 이러한 붕괴는 연쇄적으로 순식간에 루퍼트 왕자의 눈물방울 전체로 퍼지면서 일어난다.

정리하면, 루퍼트 왕자의 눈물방울은 표면이 안쪽으로 단단히 조여지는 스트레스와 안쪽이 바깥으로 팽팽히 당겨지는 스트레스가 아슬아슬한 균형을 유지하고 있다. 이 때문에 표면에 발생하는 웬만한 흠집에는 끄떡없다. 하지만 스트레스의 균형을 깨트릴 정도의 파손이 발생하면 무너진 한쪽의 균형이 루퍼트 왕자의 눈물방울 전체로 퍼지면서 각각의 부분에서 유지되던 정교한 균형이 모두 무너지게 되고 결국 산산조각이 나게 된다. 끊어진 고무줄이 팅겨서 날아가듯, 산산조각 나 버린 조각들은 사방으로 튀어 나간다. 균형이 깨어지는 장면을 초고속 카메라로 촬영해 보면, 균형이 깨어지는 전파 속도가 너무 빨라서 꼬리 쪽의 깨어진 조각이 아직 멀리 팅겨 날아가기도 전에 루퍼트 왕자의 눈물방울 전체가 산산이 쪼개어진다. 그 후 작은 조각들은 사방으로 튀어 나간다. 이때 깨어짐이 전파되는 속도는 1,600m/s에 이른다.

더 살펴보기

자동차의 측면 유리로 많이 쓰이는 강화유리가 바로 루퍼트 왕자의 눈물방울과 같은 원리로 만들어진다. 강화유리는 자동차 사고 시에 전체 유리가 작은 조각들로 쪼개어져서 탈출을 용이하게 하고 탑승자 또는 보행자의 2차 피해를 막는 역할을 한다. 강화유리를 만들기 위해서는 우선 일반 유리가 필요하다. 강화 과정을 거치기 전에 준비된 일반 유리를 필요한 규격에 맞게 자른다. 강화 과정은 일반 유리를 약 600℃ 정도로 가열한 후에 표면에 강한 바람을 불어서 급속 냉각시키는 방법을 사용한다. 즉, 유리 표면을 먼저 급격히 식혀 굳어지게 해서 루퍼트 왕자의 눈물방울처럼 유리 표면은 내부의 수축으로 인한 수축 스트레스를 받게 하고, 내부는 표면에 의한 인장 스트레스를 받게 만드는 것이다.

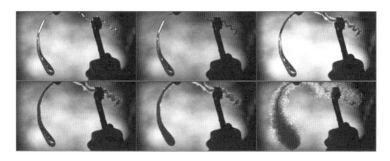

루퍼트 왕자의 눈물방울 꼬리 부분을 깨트린 순간을 초고속 카메라로 촬영한 모습.
꼬리 부분부터 결합의 끊어짐이 전파되는 것을 볼 수 있다.

유리가 투명할 수 있는 이유는 유리를 이루는 원자들이 공유 결합을 할 때 결합에 동원되는 전자들이 원자들에 단단히 구속되기 때문이라고 앞서 얘기했다. 만약 전자들이 무작위로 돌아다닌다면 광자와 충돌하여 광자가 진행하지 못하도록 방해하기가 수월해진다. 하

인물과 실험으로 보는 **스토리 물리학**

지만 유리의 공유 결합에는 이러한 전자가 없다. 다만 광자가 충분한 에너지를 가지는 경우에는 자신이 소멸하면서 구속된 전자의 에너지 준위를 높일 수가 있다. 이처럼 특정 파장의 빛은 유리를 투과하지 못하고 유리에 흡수되어 버린다. 대개의 유리는 이 파장이 자외선 영역이다. 즉, 가시광선은 유리에 구속된 전자의 에너지 준위를 높일 수 없기 때문에 유리에 흡수되지 못하고 투과되거나 반사된다. 그래서 유리가 우리 눈에는 투명한 것이다. 벌은 자외선을 볼 수 있기 때문에 벌이 유리를 통해서 사물을 보면 아마 다소 불투명하게 보일 것이다. 자외선은 신체에서 비타민D를 합성할 때 필요한데, 유리의 자외선 차단 효과 때문에 실내에서 많은 시간을 보내는 사람은 설령 실내가 아무리 채광이 좋더라도 반드시 실외에서 햇볕을 쬐는 게 좋다.

파인만(Richard Phillips Feynman, 1918~1988, 미국)은 1945년 7월 16일 시행된 인류 최초의 핵무기 야외 테스트를 참관한다. 이때 핵폭발 직후의 섬광에 대비해서 용접공들이 사용하는 어두운 안경이 참관자들에게 지급되었는데, 파인만은 핵폭발의 섬광이 눈에 미칠 악영향은 밝음이 아니라 자외선에 의한 것임을 간파하고 어두운 안경을 쓰는 대신 참관 장소까지 타고 갔던 차량에 올라타서 창문만 올렸다. 그리고 핵폭발 장면을 자동차 창문 뒤에서 맨눈으로 본다. 파인만의 말에 따르면 최초의 핵폭발 시험을 맨눈으로 본 사람은 자신이 유일하다고 한다. 파인만의 눈은 아무런 문제가 없었다. 다만 섬광이 너무 밝았던 관계로 한동안 눈에 잔상이 보였다는 것만 빼고는.

교훈

유리는 간단한 열처리만 거쳐도 구조가 훨씬 단단해질 수 있음을 루퍼트 왕자의 눈물방울은 보여 준다. 대장간에서 철을 높은 온도로 가열했다가 물에 담가 급속히 식히는 담금질도 강화유리와 같은 원리로 철을 단단하게 만드는 과정이다. 담금질 외에도 열처리를 통해서 결합 구조에 변화를 주는 오래된 기술 중에는 도자기 굽기가 있다. 도기와 자기는 원재료, 가공 방법 등 많은 부분에서 차이가 있지만 결정적인 차이는 빚어 만든 그릇을 굽는 온도에 있다. 도기는 1,100℃ 근처에서 그릇을 굽고 자기는 1,300℃ 이상에서 굽는다. 자기의 경우 도기보다 유리가 녹는 온도에 더 가까운 온도에서 굽기 때문에 흙에 함유된 이산화규소들의 결합이 그릇 내부에서 더욱 치밀하게 형성된다. 그래서 도기가 깨어진 단면을 보면 어딘가 흙의 느낌이 남아 있는 반면, 자기가 깨어진 단면은 흙의 느낌보다는 자기 표면과 유사한 매끈한 느낌이 난다. 또, 깨어질 때 자기는 유리가 깨지는 소리와 비슷한 쨍그랑 소리를 낸다. 화장실의 세면대가 도기의 대표적인 예이고, 가정에서 쓰이는 접시들이 자기의 대표적인 예이다. 혹시 세면대나 접시가 깨어진 단면을 볼 기회가 있다면 한번 살펴보자. 물론 다치지 않게 조심하면서.

이처럼 보통 유리인지 강화유리인지 혹은 도기인지 자기인지처럼 같은 물질의 다른 결합 상태를 알고 싶을 때, 물체를 깨트려 보는 게 유용한 방법이 된다. 물체에 충격을 주어서 물체가 파괴될 때 알 수 있는 정보로부터 물체의 결합에 대해 알아낸다는 발상은 러더퍼드

(Ernest Rutherford, 1871~1937, 뉴질랜드)가 알파입자를 금 박막에 쏘아서 원자의 구조를 밝히는 실험을 설계한 것과 같은 발상이다. 이 발상은 현재의 입자충돌기까지 이어지고 있다.

5장
마찰 발광
(triboluminescence)

실험 결과

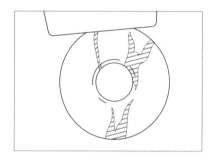

Wint-O-Green 사탕을 망치로 부수는 순간 사탕에서 푸른 색 빛이 난다.

도입

"몇 년 전 한 소녀의 상의에 부착된 자수 노리개가 흔들리거나 문질러질 때 불빛을 낸 것은 잘 알려진 사실이다. 이 현상은 일종의 기적처럼 여겨졌었다. 그 현상은 아마도 노리개 섬유를 염색할 때 쓰인 백반이나 염(소금)이 섬유에 다소 두껍게 굳은 후에 이렇게 굳은 백반과 소금 껍질이 마찰로 깨어졌기 때문일 것이다. 또 정제되었든 원재료 그대로든, 단단한 설탕을 어둠속에서 깨거나 칼로 표면을 긁을 때 불빛이 일어난다는 것도 거의 확실하다. 비슷한 방식으로 바닷물 또는 소금물에 노를 격렬히 저으면 밤에 불빛을 낸다는 것이 가끔 발견되었다." - 베이컨, 《과학의 새로운 도구》 중에서

과학 실험 시간에 실험 보고서를 써 본 적이 있는가? 아마 실험을 수행하는 시간은 재밌었지만, 실험 보고서를 쓰는 것은 힘들었던 경험이 한 번씩은 있을 것이다. 관찰로부터 가설을 세우고 이 가설을 바탕으로 실험을 계획한다. 그 다음 실험을 반복 수행하면서 일련의 실험 결과를 얻는다. 이렇게 얻어진 결과를 가지고 가설의 옳고 그름을 검증한다. 이 과정을 명료한 글로 체계적으로 작성하면 실험 보고서가 된다. 말로만 들어도 굉장히 딱딱하게 느껴지는 이 방식이 바로 오늘날 과학자들이 자연 과학을 쌓아 가는 방식이다. 아무리 일류 과학자라고 해도 이 방식을 피해 갈 수는 없다. 어쩌면 과학이라는 것은 앞서 말한 딱딱한 방법론 그 자체라고 할 수 있을 정도이다. 물론 딱딱하다는 것이 무슨 로봇이 수행하는 기계적인 과정이라는 뜻은 전혀, 절대로 아니다. 뛰어난 관찰은 매우 섬세한 감성을 요구하고, 훌륭한 가설은 깊은 사색과 대범한 창의력이 필요하며, 놀랄 만한 실험은 재치 있고 정교한 마음만이 설계할 수 있다. 그러니까 과학을 한다는 것은 그 어떤 창의적 영역의 일 못지않게 인간 정신의 종합적인 능력을 한계까지 밀어붙이는 일이다. 그렇다면 이렇게 창의적인 동시에 까다로운 방법론은 어떻게 세상에 나왔을까?

프랜시스 베이컨의 초상화(Paulus van Somer I, 1617).

프랜시스 베이컨(Francis Bacon, 1561~1626, 영국 잉글랜드)의 저서 《과학의 새로운 도구(Novum Organum Scientiarum)》(1620)는 아리스토텔레스가 쓴 《도구(Organon, 논리학과 관련된 6개의 저작 묶음)》를 비판적으로 겨냥하고 쓴 책이다. 이러한 의도는 책 제목에서부터 드러난다. 아리스토텔레스의 저작 제목 "도구"는 논리학이 철학의 가장 기본이 되는 수단이라는 의미를 깔고 있는데, 아리스토텔레스에게 있어서 논리는 곧 연역 논리이다. 반면, 베이컨은 연역 논리와는 다른 새로운 논리를 제시하는데, 그것은 바로 귀납 논리이다. 베이컨은 (연역법을 대신할) 귀납법이야말로 과학의 새로운 도구라는 걸 책 체목에서 의도했던 것이다.

귀납법은 쉽게 말해서 개별적이고 구체적인 관찰과 경험에서 출발하여 포괄적인 지식 또는 진리를 구축하는 방법이다. 베이컨을 영국 경험론의 시조라고 하는 것도 그가 그만큼 귀납 논리를 옹호했기 때문이다. 그가 말한 "아는 것이 힘이다"라는 말은 지식 자체의 파급력만을 강조한 것처럼 보이지만, 그보다는 경험에 바탕을 둔 지식이야말로 진정한 힘을 발휘할 수 있다는 의미로 볼 수 있다. 즉, 알아내는 과정이자 수단으로써의 경험을 강조한 것이다. 물론 우리는 자신

인물과 실험으로 보는 **스토리 물리학**

의 일상적인 경험으로부터 온갖 편협한 고정관념을 만들어 내고서는 그것을 진리라고 믿어 버리는 경향이 있다. 이런 함정이 존재하기 때문에 베이컨은 《과학의 새로운 도구》에서 귀납법이 올바로 적용되지 못하게 방해하는 요소들을 자세히 분석하고 있으며, 무엇보다도 편견과 선입견 없는 관찰과 실험을 매우 강조한다. 이렇게 베이컨이 주창한 귀납법이 더욱 다듬어져서 오늘날 우리가 아는 과학의 (굉장히 강력한) 방법론이 과학자들 손에 들어오게 되었다. 《과학의 새로운 도구》가 출판되고 고작 67년 만에 《자연 철학의 수학적 원리》가 출판된 게 완전한 우연만은 아니었을 것이다.

《과학의 새로운 도구》에서 베이컨은 먼저 우리가 편견과 선입견에 빠지는 유형을 자세히 분석한 다음에 자신이 직접 귀납법을 적용하여 지식을 도출하는 과정을 상세히 보여 준다. 이 부분에서 상당히 많은 자연 관찰 기록이 등장하는데, 이 기록의 꼼꼼함과 치밀함은 윌리엄 길버트의 《자석에 관하여》에 버금가는 수준이다. 우리가 도입부에 인용한 자수 노리개의 발광 현상에 관한 관찰도 여기에 수록되어 있다. 인용한 부분은 베이컨의 깊은 관찰력과 뛰어난 귀납 추론 능력을 보여 주는데, 이는 당시의 상황을 고려해야만 공감할 수 있다. 1620년대는 물질에 대한 아리스토텔레스의 4원소설이 멀쩡히 존재하던 때였다. 주류 학자들은 아직도 아리스토텔레스의 자연관 안에서 연구했으며 근대 화학은 17세기 말이 되어서야 등장한다. 심지어 뉴턴이 케임브리지대학에서 공부하던 1660년대에도 아리스토텔레스의 자연 철학이 대학의 정규 교육 과정에 들어 있는 실정이었다. 지구 중심설, 4원소설, 에테르, 천체의 동심원 운동이 등장하는 바로 그 자연 철학 말이다. 그러니 자수 노리개 조각에서 빛이 반짝반짝 나는 현상은, 지금 봐도 신기하게 여겨질 텐데, 당시에는 얼마나 더 미신적이고 신비적으로 해석되었을 것인가. 당시에 최대한 미신을 배제하고 철학적으로 따졌어도 자수 조각을 이루는 4원소의 변환 정도로 현상을 이해할 수밖에 없었을 것이다. 그런데 베이컨은 설탕 결정과 소금물의 발광 현상을 관찰한 후, 자수 노리개의 섬유에 염(소금)이 함유되어 있다는 것을 눈치 채고서 염 결정이 빛을 낸다고 (올바른) 귀납 추론을 한 것이다(여기에 실험을 통한 가설 검증 과정만 추가되면 정확히 오늘날 과학을 하는 바로 그 방법이 된다). 베이컨은 빛을 내는 물질로 염 결정을 정확히 지목했을 뿐만 아니라 그 빛이 언제 발생하는지도 명확히 지목하고 있다. 마찰이 있을 때 결정은 빛을 냈다.

한편, 이와 비슷하지만 좀 더 극적인 발광 현상을 일찍이 생활에 이용한 사람들이 있었는데 이들은 영국에서 대서양을 건넌 곳에 있었다. 북미 대륙 콜로라도주에 거주하는 아메리카 원주민 운콤파그레 우트(Uncompaghre Ute) 부족은 1만 년 이상을 북아메리카 대륙에서 살았다. 이들은 버팔로의 생가죽으로 만든 작은 주머니 안에 석영 결정이 많이 함유된 돌들을 담은 딸랑이를 만들어서 자신들의 특별한 의식 때 사용했다. 이 딸랑이를 흔들면 주머니 안의 돌들이 서로 부딪치고 긁히면서 깜빡깜빡 빛을 내는데 그 빛은 버팔로 가죽을 통해서도 볼 수 있었다. 돌에서 나는 빛은 마치 구름 속에서 번개가 칠 때 구름 전체를 밝히듯이 번쩍이는 인상을 주었다. 딸랑이에서 나는 빛은 달그락거리는 소리와 어울려서 신비롭고 몽환적인 분위기를 자아냈다. 우트 부족의 선조들 중에서 이 빛을 제일 처음 발견한 사람들은 이 현상

우트 부족의 의식에 사용되었던 빛을 내는 딸랑이.

을 어떻게 이해하고 받아들였을까? 당시는 아마도 불을 피우는 것이 인위적으로 빛을 만들 수 있는 유일한 방법인 시절이었을 것이기 때문에, 현상을 어떻게 설명했던지 간에 돌멩이에서 나오는 빛은 그들에게 말로 표현하기 어려운 경이로운 감동을 불러일으켰을 것이다.

  우트 부족의 딸랑이와 비슷한 현상을 사실 우리는 이 책의 다른 실험에서 볼 기회가 있었다. 앞서 루퍼트 왕자의 눈물방울에 총알을 쏜 실험을 기억하는가? 방울이 총알에 맞는 순간을 초고속 카메라로 촬영한 영상을 보면 총알이 방울에 부딪히는 그 순간에 방울 내부에서 번쩍 하고 빛이 나는 것을 관찰할 수 있다. 요약하면 지금까지 소금 결정, 설탕 결정, 석영 결정, 높은 내부 압력을 가지는 유리 조각들은 모두 긁히거나 부딪혔을 때 빛을 낸다는 것을 알게 되었다. 이처럼 긁히거나, 충격을 받거나, 균열이 생길 때 물질이 빛을 내는 현상을 마찰 발광이라고 한다. 지금부터 마찰 발광을 좀 더 자세히 살펴보자.

실험 순서

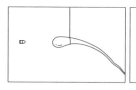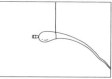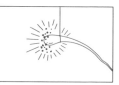

루퍼트 왕자의 눈물방울에 총알이 부딪히는 순간 빛이 나는 장면.

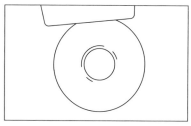

Wint-O-Green 사탕을 세로로 세운다.

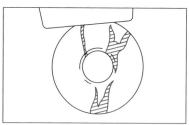

사탕을 망치로 내려치면서 초고속 카메라로 사탕이 깨지는 과정을 촬영한다. 초고속 카메라는 10,000프레임 이상으로 설정한다.

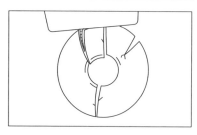

녹화된 영상에서 Wint-O-Green 사탕이 깨어지면서 푸른색 빛이 나오는 것을 관찰한다.

인물과 실험으로 보는 **스토리 물리학**

왜 신기한가?

사탕이 깨어질 때 빛이 난다는 것은 일단 확인되었다. 그런데 사탕이 깨어지는 것과 빛이 무슨 상관일까? 사탕 분자들의 결합이 끊어질 때 빛이 나온다고 생각하는 것이 우선 합리적인 가정 같다. 그런데 가장 간단한 원자인 수소 원자의 경우 수소 원자핵과 결합해 있는 전자가 높은 에너지 준위 상태에서 낮은 에너지 준위 상태로 바뀔 때 빛을 낸다. 쉽게 말해 전자와 원자핵의 결합이 더욱 강해질 때 빛을 내는 것이다. 역으로 수소 원자핵과 전자의 결합이 끊어지려면 충분한 에너지를 가지는 빛을 수소 원자가 흡수해야 한다. 이는 다른 모든 원자와 분자도 마찬가지다. 그런데 사탕 분자의 경우에는 결합이 끊어질 때 빛을 방출한다는 것인가? 물론 실험에서는 빛을 이용해서 사탕 분자를 깨는 게 아니고 망치가 사탕에 가한 역학적인 에너지 때문에 사탕이 깨어진다. 그러나 어쨌든 한 번 깨어진 사탕 조각들이 재결합하면서 빛을 내는 건 아니다. 그렇다면 망치의 역학적 에너지 중에서 사탕을 깨트릴 때 쓰이고 남은 에너지가 사탕 분자 내부의 에너지 준위를 높이는 것인가?

발상

사탕에 시선이 뺏겨서 우리는 다른 물질이 실험에 등장한다는 걸 잊기 쉽다. 공기 말이다. 즉, 빛의 출처로 사탕 말고도 하나의 가능성이 더 숨어 있다. 사탕이 깨어질 때 발생하는 푸른빛이 정말로 공기에서 나온 거라면 이 빛은 공기를 가로질러 생기는 것인가? 마치 번개처럼 말이다. 그렇다면 사탕이 깨어지는 것이 어떻게 공기를 가로 질러서 빛이 나게 하는가? 사탕 말고 다른 물체를 깨트릴 때도 공기 중에서 빛이 날까?

배경 원리

우리가 무인도에 떨어졌을 때 마실 물 다음으로 가장 먼저 확보해야 하는 것 중에 하나가 바로 불이다. 기술 문명이 없는 곳이라면 물질을 태워서 불을 확보하는 것이 빛을 얻는 거의 유일한 방법이다. 물질을 태운다는 건 단순하게 말해서 물질을 산소와 결합시키는 것이다. 이때 발화점 이상의 온도가 필요한데, 그 이유는 물질과 산소를 가만히 뒀을 때는 이 결합 반응이 발생하지 않기 때문이다. 발화점 이상의 온도가 하는 역할은 산소 분자들과 탈물질 분자들의 운동 에너지를 높여서 분자들끼리 강하게 충돌하는 환경을 만드는 것이다. 강한 충돌을 통해서 원래 안정했던 분자들이 불안정한 상태, 즉 새로운 결합을 만들 수 있는 상태로 변하게 되고 이제부터 불안정한 분자들끼리의 결합이 시작된다. 만약 새롭게 결합한 생성물들이 충분한 운동 에너지를 가지고 있다면 아직 안정한 채로 있는 탈물질 및 산소들과 다시 충돌해서 이것들을 불안정하게 만들게 되고 이 때문에 연쇄 반응은 유지된다. 이것이 바로 불을 피우는 데 성공했을 때 벌어지는 일이다. 불을 피웠을 때 따뜻한 것은 반응 생성물의 운동 에너지가 충분하기 때문이다. 그렇다면 불을 피웠을 때 빛은 어디서 나오는가? 일단 연쇄 반응을 유지할 정도로 충분한 열이 생성되면 열로 인

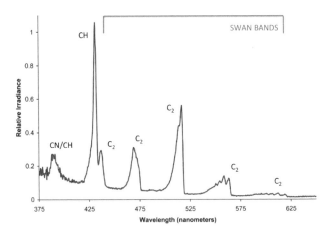

부탄가스 연소 불꽃의 스펙트럼. 푸른색과 초록색 파장의 빛이 많이 방출되는 것을 알 수 있다.

해 분자들이 충돌하면서 크게 두 가지 방법으로 빛이 발생한다. 하나는 충돌로 인해 기체 분자들이 진동하면서 전자기파로써 빛이 발생하는 열복사가 있고, 다른 하나는 충돌을 통해 기체 분자들 내부 전자의 에너지 준위가 높아졌다가 낮은 상태로 변하면서 방출되는 광자가 있다. 열복사에 의한 빛의 색깔에는 주로 붉은색, 주황색, 백색이 있고, 에너지 준위의 변화에 의한 빛의 색깔에는 열복사에서 보기 힘든 색깔인 푸른색 등이 있다.

아마도 햇빛과 달빛 다음으로 인류에게 압도적인 자연의 권능으로 나아온 빛은 번개일 것이다. 구름에서 땅으로 내리꽂히는 것처럼 보이는 벼락은 오늘날에도 실제로 인명 피해를 발생시키고 있으며 번개와 함께 발생하는 어마어마한 천둥소리는 밤중에 들을 경우 잠을 설치게 할 정도로 공포감을 불러일으킨다. 변변한 안전시설이 없었을 과거에는 이러한 경험이 더욱 불안스럽게 느껴졌을 터라 번개는 동서양을 막론하고 파괴적이고 절대적인 능력의 상징이 되었다. 그리스 신화의 최고신인 제우스의 무기가 바로 번개이고, 불교의 경전 중 하나인 금강경에서 금강金剛이라는 단어는 단번에 모든 번뇌를 박살내는 벼락같은 지혜라는 뜻을 포함하고 있다.

인류의 마음 깊숙한 곳에서 경이감의 대상이 된 지 오래이지만 번개가 발생하는 정확한 과정에 대해서는 아직도 밝혀지지 않은 것이 많다. 벼락의 발생에 대해 알려진 간략한 설명은 다음과 같다. 지표의 온도가 상승해서 발생한 상승 기류에 의해 공기 입자들이 하늘로 올라가면서 낮은 온도의 공중에서 과냉각되거나 응결하여 얼음 알갱이 또는 작은 눈 결정을 만든다. 무거워진 얼음 알갱이는 아래로 하강하고 가벼운 눈 결정들은 상승 기류를 타고 계속 상승하면서 서로 충돌하게 된다. 이때 얼음 알갱이는 음전하를, 눈 결정들은 양전하를 띠면서 구름 내부에 대전帶電 현상이 발생한다. 구름이 계속 성장하면서 구름 내부의 대전층도 강해지고 이 때문에 구름 아래의 지표 또한 유도 대전된다. 대략적으로 구름 상층은 양전하, 하층은 음전하, 구름 바로 아래 지표는 양전하를 띠는 것이다. 상승 기류가 구름을 대전시킨다는 것이 와 닿지 않을 수가 있는데 순식간에 성장하는 상승 기류의 기세는 지상에서 좀체 상상하기 어려울 정도로 위력적이다. 그 무서운 태풍과 허리케인이 바로 상승 기류의 대표적인 예이다. 해외여행을 위해 장시간 비행기를 타다 보면 반드시 한 번쯤 비행기가 무언가에 강타 당한 듯 심한 충격에 흔들릴 때가 있는데, 이 중에는 번개 구름을 만드는 상승 기류가 원인인 때가 있다. 비행기를 타고 가다가 공중에서 이런 충격을 만난다면 창밖을 보자. 창밖에 구름이 형성되어 있다면 아마 번쩍이는 번개를 관찰할 수 있을 것이다.

이제 구름과 지표 양쪽에 반대되는 전하의 양이 매우 많이 쌓였다. 하지만 구름과 지표 사이의 공기는 좋은 부도체(좀 더 정확히는 유전체)라서 전류를 좀체 흘리지 않는다. 이 때문에 전하는 더 쌓이게 되고, 대전으로 인해 마침내 구름과 지표 사이의 전압차가 1m 높이당 3MV(즉, 1m당 3,000킬로볼트. 참고로 우리나라의 최대 송전 전압은 765킬로볼트이다) 이상이 되면 공기 분자들이 유전 분극 상태를 넘어서 절연 파괴되어 이온과 전자로 분리되기 시작한다. 번개 구름이 탄생하는 순간이다. 이는 공기가 플라즈마 상태가 되는 것으로, 이온을 자유 전자 포장지가 둘러싸고 있는 도체와 유사한 상태이며 전기 전도도가 매우 높아진다. 즉, 구름에서부터 지표까지 플라즈마 상태가 된 공기의 길이 형성된다면 이 길을 따라서 구름과 지표 사이에 전류가 흐를 수 있게 된다. 이 길이 만들어지는 순간 수 마이크로 초 이내에 구름과 지표 양쪽에 쌓인 어마어마한 양의 전하가 중성화되는데, 전류의 양은 보통 3만 암페어 이상이고 전류가 흐르는 속력은 빛의 속력의 3분의 1 수준으로 알려져 있다. 전류가 흐르는 전선이 뜨거워지듯이 이런 어마어마한 양의 전류가 흐르는 플라즈마 길은 당연히 급속도로 뜨거워진다. 그 온도는 30,000℃에 이르는데, 태양의 표면 온도가 6,000℃ 임을 감안하면 벼락이 칠 때 왜 사방이 환해질 수밖에 없는지 납득이 갈 것도 같다. 하지만 벼락은 태양과 다르게 핵융합 과정이 아니고, 태양 표면처럼 열복사가 흑체 복사인지도 명확히 밝혀지지 않았다. 그렇다면 빛은 어디서 나오는가? 벼락이 칠 때 발생하는 빛에는 라디오파, 적외선, 가시광선, X-선, 감마선 등이 포함되어 있는 것으로 알려져 있는데, 이 중 가시광선 영역의 빛은 수소 원자, 산소 원자, 질소 원자, 산소 분자, 질소 분자의 선 스펙트럼을 포함한다. 이러한 선 스펙트럼으로부터 알 수 있는 사실은 다음과 같다. 벼락 때 플라즈마 길을 따라서 움직이는 엄청나게 빠른 전자나 이온은 주변 공기의 원자나 분자와 충돌해서 에너지 준위를 높일 수 있다. 또 플라즈마 길 주변의 이온화된 원자나 분자들이 중성화할 때도 이것들 내부 전자의 에너지 준위가 높아진다. 이렇게 에너지 준위가 높아진 원자나 분자들의 에너지 준위가 다시 낮아지면서 광자가 방출된다. 지상에서 10km 이상의 높이까지 형성되는 번개 구름의 장엄함만큼이나 설명이 장황해졌는데, 빛이 발생하는 원리는 결국 물질 내부 전자의 에너지 준위가 충돌을 통해서 높아진다는 것이 핵심이다. 눈에 보이는 것처럼 빛 자체가 구름에서 지상으로 내리꽂히는 것이 아니다.

여담으로 벼락의 스펙트럼에 질소 원자의 선 스펙트럼이 있다는 것이 흥미로운데, 왜냐하면 질소 분자는 너무나 안정하여 질소 분자로부터 질소 원자를 얻는 것은 말할 것도 없고 질소 화합물을 인공적으로 만드는 것이 인류에게는 매우 어려운 과제였기 때문이다. 이 문제는 1910년 전후로 그 유명한 하버-보슈법을 통해 해결된다. 즉, 벼락의 파괴력은 질소 분자를 단번에 질소 원자로 쪼갤 만큼 엄청난 것이다. 또 하나 덧붙이자면 벼락이 칠 때 플라즈마의 온도가 30,000℃에 이른다고 했는데, 국소적으로 이렇게 온도가 급격하게 오르면 플라즈마와 주변 기체는 폭발적으로 팽창해 버린다. 이 폭발음이 바로 우리가 듣는 천둥소리이다.

번개처럼 공기의 이온화에 의해 빛이 발생하는 경우가 또 하나 있는데, 바로 코로나 방전이다. 이는 고압 전선 주변 등에서 빛이 나는 현상으로, 빛이 나는 모습이 마치 공기 중에 스프레이로 물을 뿜을 때 물이 분사되는 모습과 비슷하다. 벼락이 구름과 지표 사이의 매우 높은 전위차에 의해 공기 분자가 이온화되어 발생하듯이, 코로나 방전은 전압이 매우 높은 전극 주변의 공기가 전위차로 인해 이온화되었다가 다시 중성화되면서 발생하는 빛이다. 같은 전압이 주어졌을 때 둥그스름한 물체보다 뾰족한 물체에서 전기장이 더 세기 때문에 코로나 방전은 주로 뾰족한 고전압 물체 주변에서 볼 수 있다. 특히 벼락이 내리꽂히기 전에 지상의 뾰족한 물체 주변에서도 코로나 방전이 발생하는데, 이것은 벼락에 필요한 공기의 플라즈마 길이 지상과 연결될 조짐이다. 근처의 물체 표면에서 어슴푸레한 빛이 나는 것을 보았다면 곧 근처에 벼락이 친다는 것을 의미한다.

이 외에도 공기나 기체를 통해서 전류가 흐르는 경우로 불꽃 방전(spark discharge), 아크 방전(arc discharge), 글로우 방전(glow discharge) 등

방전에 의해 발생하는 빛. 차례대로 번개, 코로나 방전, 아크 방전.

이 있는데 역시나 이 경우들에도 빛이 발생한다. 이 모든 발광 현상들의 핵심은 물리적 충돌에 의해 기체 분자의 에너지 준위가 높아지는 데 있다. 벼락의 경우에는 주로 전자와 이온이었지만, 충돌시키는 물체가 전자든 광자든 이온이든 원자든 분자든 상관없이 무엇으로 때려도 에너지 준위는 높아질 수 있다.

정리하자면 발광 현상의 경우, 화학 반응이 되었든 역학적 반응이 되었든 원자 또는 분자 내부에서 전자의 에너지 준위가 변할 때 빛의 흡수와 방출 현상을 동반할 수 있다는 것이다.

실험의 이해

Wint-O-Green 사탕이 쪼개어질 때 빛이 나올 수 있는 곳은 사탕 분자 또는 사탕 주변의 공기 분자밖에 없다. 즉, 사탕이 쪼개어질 때 이 분자들의 에너지 준위가 높아졌다가 낮아진다는 것인데, 무엇이 이 분자들의 에너지 준위를 높이는 것일까? 그것은 바로 사탕 분자들에 구속되어 있던 전자들이다. 이는 마치 벼락이 칠 때의 상황과 매우 유사한데, 마찰 발광 현상을 보이는 많은 물질들은 덩어리가 작은 조각으로 쪼개어질 때 균열의 양쪽 면 중 한쪽 면으로 전자들이 쏠린다. 이것이 쪼개어진 면 사이에 높은 전위차를 만들고, 공기를 가로질러 전자가 방전이 되면서 결국 번쩍 빛이 난다. 여기까지는 벼락과 매우 유사하다. 벼락은 상승 기류가 구름을 충전시켰다가 지표로 방전되는 것이라면, Wint-O-Green 사탕의 마찰 발광은 망치의 역학적 일이 물질을 쪼개면서 균열 면을 충전시켰다가 방전되는 것이라고 할 수 있겠다.

그런데 Wint-O-Green 사탕이 쪼개어질 때는 번개와는 조금 다른 과정이 더해지는데, 그 이유는 공기의 대부분을 이루는 질소 분자에서 방출되는 빛은 거의 다 자외선으로 우리 눈에 보이지 않기 때문이다. 그렇다면 실험 영상의 푸르스름한 빛은 무엇인가? 이것을 이해하려면 형광(florescence) 현상을 이해해야 한다. 형광은 높은 에너지의 광자를 흡수해서 물질의 에너지 준위가 높아졌다가 곧바로 에너지 준위가 낮아지면서 빛을 내는 현상인데, 이때 높아진 에너지 폭에 비해서 낮아지는 에너지 폭이 작다. 즉, 흡수한 빛에 비해서 더 작은 에너지의 빛(더 파장이 긴 빛)을 내는 현상이다. 실생활에 활용되는 형광 물질들 중 많은 것은 자외선을 흡수해서 가시광선(주로 푸른 빛)을 방출한다. 예를 들어 형광등 안에는 수은 기체가 들어 있지만 형광등의 백색 빛은 수은에서 나오는 것이 아니다. 수은 기체를 통해 방전이 일어날 때 수은 기체는 자외선을 내는데, 형광등 안쪽 벽에 발려 있는 형광 물질이 이를 흡수했다가 다시 가시광선으로 방출하는 것이다. Wint-O-Green 사탕이 쪼개어질 때도 공기 분자를 통해 발생한 방전이 자외선을 내는데, Wint-O-Green 사탕에 포함되어 있는 노루발풀(wintergreen) 추출물이 바로 형광 물질이기 때문에 이 자외선을 흡수했다가 푸른빛으로 방출한다. Wint-O-Green 사탕이 아닌 다른 사탕에서는 마찰 발광 현상을 관찰하기가 힘든 이유도 사실 이것 때문이다. 일반 사탕에는 노루발풀 추출물 같은 형광 물질이 함유되어 있지 않은 것이다. 물론 공기 방전 과정에서 질소 분자 자체가 아주 약간의 파란색 가시광선도 방출하기 때문에 보통의 사탕을 가지고 실험한다면 암전 수준의 깜깜한 암실에서 실험을 해야 겨우 관찰할 수 있다.

참고로 형광과 비슷한 인광(phosphorescence) 이라는 현상이 있는데, 인광 물질 역시 우선 높은 에너지의 광자를 흡수해서 에너지 준위가 높아진다. 그 후 높아진 에너지 준위보다 조금 낮은 에너지 준위로 상태가 바뀌는데, 이때는 빛을 방출하지 않고 분자의 진동 등으로 에너지가 바뀐다. 이 에너지 준위에서 인광 물질은 꽤 오랜 상태에 머물다가 더 낮은 에너지 준위로 바뀌면서 빛을 낸다. 물론 방출하는 빛은 흡수하는 빛보다 에너지가 더 작은, 다시 말해서 파장이 더 긴 빛이다. 인광 물질 중에는 심지어 인광이 일주일씩 지속되는 물질도 있다. 이것이 인광의 유용한 점인데, 이는 마치 빛을 저장했다가 나중에 꺼내어 쓰는 것과 같기 때문이다. 자외선을 흡수해서 가시광선을 방출하는 형광 물질과 인광 물질을 준비하고 자외선을 켜 두면 형광 물질과 인광 물질 모두 빛이 난다. 이때 자외선을 끄면 형광 물질은 즉시 빛이 꺼지지만 인광 물질은 계속 빛을 내고 있다. 이 상태로 계속 시간이 지나면 인광 물질이 내는 빛도 서서히 어두워지다가 결국에는 꺼진다. 초록빛 인광을 몇 시간에 걸쳐서 내는 물질이 야광 제품에 많이 사용된다. 다른 빛깔의 인광보다 초록빛 인광을 이용하는 이유는 인간의 눈이 초록빛깔에 가장 민감하기 때문이다.

다시 정리하자면, Wint-O-Green 사탕이 파괴될 때 빛이 나오는 곳은 공기(질소 분자)와 사탕(노루발풀 추출물) 모두이다. 그렇다면 마찰 발광은 모든 물질에서 발생하는가? 마찰 발광의 필요조건은 균열 양쪽 면으로 전자가 비대칭적으로 분포하는 것이었다. 쪼개어지면서 비대칭적인 전자 분포를 가지기 위해서는 대칭을 이루는 결정보다 중심 대칭이 아닌 결정이 훨씬 유리하다. 결정 구조가 대칭인 물질의 경우 쪼개어질 때 특별히 선호되는 방향이 생길 수가 없기 때문이다. 하지만 이러한 설명으로 이해되지 않는 마찰 발광 물질도 있기 때문에 결정 구조만 가지고 무작정 일반화할 수는 없다. 마찰 발광은

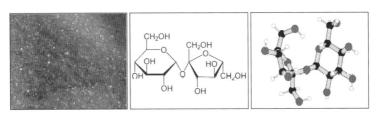

설탕 결정과 분자 구조. 결정 구조가 중심 대칭이 아니다.
형광 물질이 섞이지 않은 보통의 설탕 조각을 깨트리더라도 암실에서 빛을 볼 수 있다.

아직 알려진 것보다 알려지지 않은 게 많은 분야이다.

더 살펴보기

　Wint-O-Green 사탕만큼 일상에서 마찰 발광을 잘 볼 수 있는 다른 물건이 있을까? 있다. 접착테이프다. 접착테이프를 쫙 뜯을 때 접착 물질의 결합이 끊어지면서 Wint-O-Green 사탕과 같은 원리로 빛이 난다. 그런데 사탕을 깰 때 나오는 빛과 테이프를 뜯을 때 나오는 빛이 무슨 쓸모가 있을까? 사탕에서 나온 빛을 실생활에 활용한 사례는 아직 없지만 테이프를 뜯을 때 나오는 빛은 예상보다 큰 활용 사례가 있다. 이 빛으로 무려 손가락의 X-ray 사진을 찍은 것이다! X-ray는 고전압이 걸린 전자를 금속판에 때려서 만드는 것이 보통이다. 그런데 고전압도 필요 없고 금속판도 필요 없이 시중에서 구한 접착테이프로 X-ray를 만들 수 있다! 카마라(C. G. Camara) 등의 연구자는 이와 관련한 연구를 2008년 《네이처(Nature)》에 게재하였다. 이 실험에 직접 도전해 볼 독자는 우선 모든 접착테이프에서 마찰 발광이 일어나는 것은 아니라는 점에 유의해야 한다. 마찰 발광이 잘 일어나는 테이프와 그렇지 않은 테이프가 있으니 여러 종류의 테이프로 시험을 해야 한다. 그리고 카마라 등의 연구자들에 따르면 X-ray는 오직 진공에서 접착테이프를 뜯을 때만 발생한다. 그러니 진공을 만들 장비가 있어야 한다. 실험가에게는 번거로울 수 있지만 이건 다행스런 이야기다. 진공에서 접착테이프를 뜯을 때 나오는 X-ray 양은 이미 매우 적어서 걱정할 필요가 없는 수준이긴 하지만, 아무리 적은

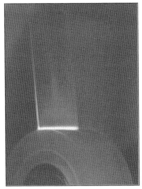

접착테이프를 뜯을 때 발생하는 마찰 발광 현상.
접착테이프의 마찰 발광은 진공에서 X-ray를 방출한다.

양이라도 접착테이프를 사용할 때마다 공기 중에서 X-ray가 튀어나
온다면 접착테이프를 쓰기가 여간 찜찜하지 않을 것이기 때문이다.

접착테이프의 마찰 발광은 사탕의 경우보다 더 흥미로운 점이 있
는데, 그것은 접착 물질이 원자들의 규칙적인 배열로 이루어지는 결
정이 아니라는 점이다. 이처럼 원자들이 제멋대로의 배열을 이룬 채
로 결합하고 있는 비결정질 물질에서 어떻게 전하 분포의 극적인 비
대칭성이 발생하는지를 밝히는 것은 결정의 경우보다도 더욱 어려
운 문제로 남아 있다.

교훈

사탕이 깨질 때 빛이 나는 현상을 차근차근 분석해 나가다 보면 처
음 이 현상을 봤을 때의 신비함이 다소 가시는 느낌을 받는다. 물체

가 깨지는 순간 전하 분포에 매우 큰 비대칭성이 생긴다는 것 말고는 마찰 발광도 물질이 빛을 내는 원리와 하나도 다를 게 없는 것이다. 원자든 분자든, 작은 물체든 큰 물체든 상관없이 모든 물질에서 빛 방출과 흡수는 물질 내부의 에너지 준위 변화에서 비롯된다. 그런데 여기서 조금만 관점을 달리해 보자. 물질 내부의 에너지 준위 변화는 물질의 결합 상태 변화를 의미한다. 그러니까 모든 발광 현상은 물질 결합 상태의 변화를 수반하는 것이 된다. 즉, 책상 위에 놓인 머그컵 하나도 빛을 흡수하고 방출하면서 자신의 결합 상태를 시시각각 변화시키고 있다. 이는 마치 머그컵이 빛을 마시고 뱉으면서 조용히 빛-숨을 쉬는 것과 같다. 이런 관점으로 주변을 둘러보면 자신이 주변의 모든 물체가 쏟아내고 마시는 날빛-숨과 들빛-숨 속에 쌓여 있다는 것을 알게 될 것이다. 이것은 방 안의 물건만 그런 게 아니다. 하늘, 땅, 지구, 달, 행성, 태양계, 은하 모두 자기들의 빛-숨을 쉬고 있다. 우주 배경 복사는 탄생 직후에 신생아가 뱉어 내는 첫 번째 숨결과 같은 우주의 가장 오래된 태고의 빛-숨이라고도 볼 수 있다. 우리는 이 빛을 우주 탄생 직후부터 지금까지 낮과 밤, 장소에 상관없이 끊임없이 쬐이고 있다.

6장
생물 발광
(bioluminescence)

실험 결과

열동가리돔(Cardinal Fish)이 입에서 빛나는 물질을 폭죽을 쏘듯이 뱉어 내고 있다.

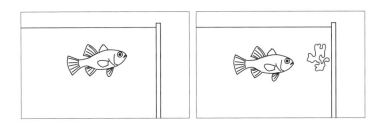

도입

깜깜한 밤. 호주 깁스랜드 호수(Gippsland Lakes) 지역에 서너 명의 사람을 태운 보트 한 척이 사방이 조용해지길 기다리며 떠 있다. 사람들 사이에는 약간의 흥분과 긴장, 무언가를 기다리는 호기심이 뒤섞여 있다. 마침내 조용한 바람소리와 차분한 파도소리만 남기고 주변이 침묵에 잠긴다. 보트는 기분 좋게 흔들리고 있다. 문득 누군가 미

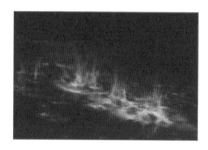

깁스랜드 호수 지역에서 볼 수 있는 생물 발광.

리 준비해 둔 돌멩이 몇 개를 집어서 바다에 던진다. 하늘과 바다의 경계가 새까만 어둠 속에서 뒤섞이고, 위와 아래의 구분이 사라진 밤의 막막함을 수면의 파열음이 깨트린다. 그 소리는 태고로부터 이어져 온 생명을 어둠 속에서 다시 소환해 내고, 갑자기 나타난 최면에 걸릴 것 같은 푸른빛이 심연처럼 어두운 바다를 점점이 수놓는다.

"어떤 것들은 낮의 빛 아래에서는 보이지 않다가 어둠 속에서 우리의 시각을 자극한다. 이런 것들을 통칭하는 일반적인 이름은 없지만 그 예로는 버섯, 동물의 뼈, 물고기의 머리, 비늘, 눈이 있다."

– 아리스토텔레스,《영혼에 관하여》중에서

버섯과 해파리의 생물 발광.

인물과 실험으로 보는 **스토리 물리학**

인간을 포함한 모든 동물은 끊임없이 빛을 내고 있다. 다만 인간이 내고 있는 빛은 열복사에 의한 적외선으로 인간의 눈에는 보이지 않는다. 인간이 낼 수 없는 가시광선을 다른 생명체가 내는 현상에 대해서는, 앞에서 인용한 아리스토텔레스의 기록에서도 알 수 있듯이 오랜 옛날부터 알려져 있었다. 알려진 정도가 아니라 고대 로마에서는 심지어 해파리를 막대기에 문질러서 일종의 횃불처럼 사용한 예도 있다. 아리스토텔레스는 이렇게 생물체가 내는 빛이 '열'과 관련이 없다는 것도 알고 있었던 것으로 보인다. 한편, 동물이나 식물이 발하는 빛만큼이나 오랫동안 알려진 신기한 현상이 있는데, 바로 바닷물에서 나는 빛이다. 바닷물이 내는 빛의 근원에 대해서는 오랫동안 그 누구도 갈피를 잡지 못했는데, 1688년 시암(Siam, 지금의 태국)으로 향하던 선교사 기 타샤(Guy Tachard, 1651~1712, 프랑스)는 태양빛이 낮 동안에 바다에 저장되었다가 밤에 방출되는 것이라고 기록했다.

1753년 벤자민 프랭클린(Benjamin Franklin, 1706~1790, 미국)은 바닷물 속에 극도로 작은 생물이 있어서 이 생물이 빛을 내는 것일 수도 있다고 추측한다. 프랭클린과 비슷한 시대에 빛이 나는 바다를 열심히 찾아 나선 박물학자 고데휴 드 리빌(Godeheu de Riville, 생몰년 미상, 프랑스)은 1754년 빛을 내는 바닷물을 관찰하려고 현미경 접안렌즈에 눈을 대는 순간 넋이 나가고 말았다. 그가 꿈에도 예상하지 못한 장면을 본 것이다. 현미경 위에 올려진 몇 방울의 물속에는 작은 생명체 무리가 바쁘게 헤엄치고 있었다. 지금은 플랑크톤으로 잘 알려진 바닷물 속의 작은 생물은 그 이전까지 인류에게 알려진 적이 없었다. 리빌은 핀셋으로 플랑크톤을 한 마리씩 집어서 플랑크톤이 쏟아 내는 푸른빛을 자세히 관찰한다. 후에 그는 이 현상에 대해서 화학자들이 연구해 줄 것을 촉구하는데, 그로부터 200년 이상이 지난 후에야 그의 바람이 이루어질 수 있었다. 어쨌든 이렇게 바닷물 속의 작은 생물에 의한 생물 발광은 1700년대 중반에 세상에 알려지게 된다.

바닷속 작은 생물의 생물 발광이 현대사에 직접적인 영향을 끼친 사례도 있는데, 바로 제1, 2차 세계 대전이다. 배가 바다를 가르고 한 무리의 생물 발광 플랑크톤을 가로질러 갈 때 물결이 푸른빛을 내게 되는데 군사 작전에서 이 빛은 매우 골치 아픈 문제였다. 제1차 세계대전 중이었던 1918년에는 영국 군함이 스페인 해안에서 이 빛을 관측하고 독일 U-보트(잠수함)의 존재를 파악해서 격침시킨 사례도 있다. 또, 제2차 세계 대전 중에 일본군은 바다에서 대량의 패충류 (Ostracoda, 1mm 정도의 크기이며 딱딱한 껍질 속에 다리를 숨길 수 있는 수중 생물) 를 수확하여 말렸다. 일본의 해안가에서 흔하게 접할 수 있었던 발광 패충류는 말린 후에 약간의 물만 붓고 손으로 비비면 바로 푸른빛이 났다. 이 빛은 지도를 읽기에는 충분히 밝고 적의 눈에는 띄지 않을 정도로 어두웠다. 무엇보다 유용했던 건 패충류의 발광에는 별도의 전지가 필요 없었다는 사실이다. 말려서 사용하기 때문에 밀봉만 잘해 놓으면 장시간, 장거리 보관에도 문제 없었다. 이처럼 그 유용성이 일찍 알려진 생물 발광의 군사적 개발은 오늘날에도 기밀 사항으로 분류된다.

바닷속 플랑크톤의 생물 발광은 한 명의 전투기 조종사를 살리기도 했는데, 그 조종사의 이름은 제임스 로벨(James Arthur Lovell Jr., 1928~, 미국)이다. 1954년 어느 날 로벨은 일본의 해안가에서 비행 훈련을 하고 있었는데, 그날따라 험한 날씨 속에서 조종석의 계기판이 모두 꺼지는 일이 발생했다. 그는 항공모함으로 돌아가는 데 필요한 정보를 계기판으로부터 더는 얻을 수 없었고, 항공모함으로 돌아가지 못하면 비행기는 해안에 추락할 게 뻔한 상황이었다. 조여 오는 불안과 어둠 속에서 방법을 찾던 중에 그는 바다에서 초록빛의 물결이 일어나는 것을 보았다. 그 물결은 배가 지나가면서 남긴 생물 발광의 흔적이다. 그는 그 생명의 빛 한 줄기를 자신의 길잡이로 삼아서 무사히 귀환할 수 있었다. 그런데 어떤 운명의 장난인지 그는 이런 일생일대의 암흑 속 귀환을 훗날 더욱 절망적인 상황에서 한 번 더 맞이하게 된다. 인류 역사상 지구에서 가장 먼 거리에서 조난당했으나 조난자 3명 모두 무사 귀환하여 인류의 우주 탐사 역사에서 "성공보다 더 위대한 실패"로 기록된 아폴로 13호(1970년 4월 11일 발사)의 선장이 바로 제임스 로벨이었던 것이다. 영화《아폴로 13호》에서 배우 톰 행크스(Thom Hanks)가 그의 역을 맡았었다. 어둡고 망망했던 바다 위에 떠오른, 작은 생물들이 극적으로 만들어 낸 한 줄기 빛에 대한 기억이 사상 초유의 우주 조난 상황에서도 평정심을 잃지 않도록 무의식적으로 그를 도왔던 것은 아닐까?

이처럼 생물의 몸체가 빛을 내는 생물 발광은 그 신비로운 빛만큼이나 흥미로운 일화가 많이 있다. 그렇다면 이 장의 앞부분에 제시된 실험에서 열동가리돔은 어떻게 몸에서 빛을 내는 것이 아니라 빛을 몸 밖으로 발사할 수 있었을까? 물고기 입이 생물 발광을 하는 것인가? 물고기가 입으로 폭죽을 쏘는 것처럼 엉뚱해 보이는 이 현상은 사실 물고기가 빛을 내는 게 아니라 빛을 내는 생물 발광 플랑크톤을 물고기가 뱉어 내는 모습이다. 물고기에게 먹힌 플랑크톤은 즉시 빛을 내는데, 이 때문에 물고기 몸도 밝아진다. 물속에서 자신의 몸이 밝아지면 포식자의 표적이 되기 때문에 물고기는 뜨거운 감자라도 먹은 양 황급히 플랑크톤을 뱉어 버리는 것이다. 푸른빛은 물고기가 뿜어내는 폭죽이 아니라 플랑크톤이 쏘아 올린 비상 경고등이었던 셈이다. 그렇다면 크기 1mm 내외의 플랑크톤은 어떻게 생물 발광을 할 수 있을까? 고등 생물에 비해 훨씬 덜 발달된 기관을 가졌을 것만 같은데 말이다.

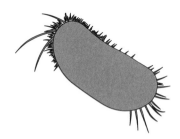

생물 발광을 보이는 패충류.
열동가리돔은 잡아먹은 패충류가 빛을 내면 황급히 뱉어 낸다.

인물과 실험으로 보는 **스토리 물리학**

실험순서

	열동가리돔과 패충류 플랑크톤을 투명한 어항에 담는다.
	열동가리돔이 패충류 플랑크톤을 잡아먹는 것을 초고속 카메라로 촬영한다.
	촬영된 영상에서 열동가리돔이 패충류 플랑크톤을 잡아먹은 후에 주둥이 밖으로 뱉은 물질에서 푸른색 빛이 나는 것을 관찰한다.

왜 신기한가?

열동가리돔이 뱉어 내는 것은 열동가리돔이 만들어 낸 물질이 아니다. 열동가리돔에게 잡아먹힌 패충류는 빛을 내는 물질을 방출하는데, 이 패충류를 열동가리돔이 뱉어 내는 것이다. 패충류의 크기는 보통 1mm 수준이고 큰 개체라도 3mm를 넘지 않는다. 그럼 이렇게 작은 패충류는 어떻게 발광 현상을 일으키는가? 앞서 살펴본 마찰 발광의 경우에는 물질 결합에 급격한 변화가 생겨서 빛이 발생하였다. 패충류도 비슷한 방식으로 빛을 내는가? 패충류가 이용하는 물질은 무엇일까? 생체 내에 그러한 물질을 따로 저장해 둔 것인가? 어떻게 필요할 때 저장해 둔 물질의 결합에 변화를 일으키는가?

발상

전구처럼 전류를 흘려서 빛을 내는 게 아닌 이상, 패충류는 결국 물질을 이용해서 빛을 낼 수밖에 없다. 그런데 생물의 몸속에 존재하는 무수한 물질 중에서 이온이나 간단한 분자들은 대부분의 생물에 공통적으로 존재한다. 따라서 패충류가 생물에 공통적인 이러한 물질로 빛을 낸다면 패충류가 내는 독특한 빛을 다른 생물도 낼 수 있어야 하지만 실상은 그렇지가 않다. 그렇다면 패충류는 자신만의 고유의 물질을 가지고 있다는 뜻이고, 종의 특징적인 고유한 물질은 단순한 분자보다 아무래도 복잡한 고분자일 가능성이 높다. 생체 내에서 특별한 기능을 가지면서 생물에게 개성을 부여하는 고분자라고 한다면 거기에는 좋은 후보가 있다. 바로 단백질이다. 패충류는 과연 단백질을 이용해서 발광을 일으키는 것일까?

배경 원리

앞 장에서 우리는 빛이 발생하는 여러 사례를 살펴보았다. 빛이 발생하는 현상의 핵심은 대부분 물질 내부 전자의 에너지 변화였다. 이 에너지 변화의 폭에 따라서 방출되는 빛이 가시광선일 수도 아닐 수도 있다. 따라서 어떤 물질이든 그 물질에서 방출되는 특유의 빛이 있고, 역으로 빛이 있다면 그 빛을 방출한 물질이 있다고 추측할 수 있다. 그만큼 빛과 물질은 뗄 수 없는 관계이다. 생물체에서 발생하는 빛 역시 물질로부터 비롯하는데 그 방식에는 크게 열복사(thermal radiation 혹은 incandescent)와 발광(luminescent 혹은 cold light)의 두 가지가 있다.

열복사는 온도가 있는 물체라면 물질의 종류에 상관없이 발생하는 빛인데, 이 빛이 발생하는 근본적인 원인은 모든 물체가 원자로 이루어져 있기 때문이다. 물체의 온도는 원자들의 미시적인 운동 에너지를 대표한다. 즉, 온도가 있다는 것은 원자들이 운동하고 있다는 뜻이다. 원자들의 운동을 뉴턴 역학과 맥스웰 전자기학의 관점에서 봤을 때, 물질을 이루는 원자들의 진동은 원자 내부의 양성자와 전자의 진동을 의미하고 전하를 띤 양성자와 전자의 진동(가속운동)은 복사를 일으킨다. 결과적으로 물질의 온도가 높을수록 높은 진동수의 열복사 빛이 발생하게 되는데, 낮은 온도에서는 눈에 보이지 않는 적외선이 복사 스펙트럼의 대부분을 차지한다. 500℃부터 물체는 엷은 붉은색의 가시광선을 복사하고, 700℃일 때 보통의 붉은색, 1,000℃에서 레몬색, 1,200℃에서 노르스름하고 눈부신 하얀색 빛을

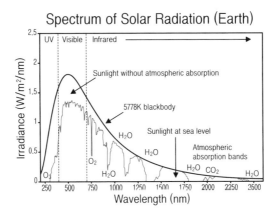

태양빛의 스펙트럼. 그래프의 윗부분 지구 대기 꼭대기 지점에서의 스펙트럼이고 아래 부분 해수면에서의 스펙트럼이다. 지구 대기 통과 전의 스펙트럼은 약 5,500℃에 해당하는 열복사(흑체 복사) 스펙트럼을 보여 준다.

뿜는다. 지구상에 있는 생물체들의 체온은 수십 ℃ 내외로, 이 온도에서 이들이 내는 열복사는 대부분 적외선 영역의 빛이다. 인간은 이 빛을 볼 수 없지만 뱀이나 상어 등 적외선을 감지할 수 있는 기관을 가진 생물도 있다.

태양 복사는 열복사로서 대기 흡수 전에 흑체 복사의 스펙트럼을 따르는데, 모든 열복사가 반드시 흑체 복사 스펙트럼을 가지는 것은 아니다. 열복사를 생활에서 이용하는 대표적인 예로는 백열전구가 있다. 아마 독자는 학교에서 꼬마전구를 본 적이 있을 텐데 이 꼬마전구를 백열전구의 작은 모형으로 생각할 수 있다. 꼬마전구에 수 볼트 이상을 걸어 주면 전구의 필라멘트는 대단히 밝게 빛난다. 이때 꼬마전구를 만져 보면 데일 듯이 뜨겁다. 예전에는 가정에서 많이 썼지만 요즘에는 은은한 분위기를 위한 조명 정도로만 쓰이게 된 백열전구는 꼬마전구처럼 열복사를 통해서 밝은 빛을 내기 때문에 온도가 매우 높아야 한다. 백열전구 필라멘트의 온도는 3,000℃에 이른다. 열복사는 온도가 그 원인이기 때문에 열복사를 통해서 주변보다 밝기 위해서는 주변보다 온도가 매우 높아야 한다. 따라서 열복사에는 필연적으로 빛 외에도 열로 인한 에너지 손실이 발생한다. 사실 열복사에서는 거의 90%의 에너지가 열로 방출되어 버린다. 그러니까 전구는 효율로만 따지면 광원으로 쓰기보다는 난로로 써야 할 물건인 것이다. 이 열 손실이 열복사의 가장 큰 기술적 단점이다. 또한 열복사는 복사의 방향이나 복사의 은폐를 인위적으로 조정하기 매우 어렵다. 주변보다 온도가 높은 물질을 모든 빛의 파장에 걸쳐서 숨기기는 매우 어려운 일이다.

열복사는 생물과 무생물 모두 항상 내고 있는 빛이지만, 생물이 인위적으로 발생시켜서 이용하기에는 매우 불편한 빛이다. 우선 수십 ℃ 내외의 일상적인 온도에서 발생하는 열복사는 적외선의 매우 한정적인 영역의 빛이고, 이 빛의 방향을 조정하려면 온도가 다른 차폐물을 이용해야 할 뿐 아니라 열복사를 이용해서 가시광선을 발생시키려면 온도가 최소 500℃에 육박해야 하는데, 이 정도의 온도에 버티는 생체 기관은 알려진 바가 없다.

그렇다면 생물체가 인위적으로 가시광선 영역의 빛을 발생시키고 싶다면 어떤 방법이 가능할까? 앞장에서 보았던 마찰 발광은 온도가 높아져서 가시광선이 나왔던 게 아니다. 마찰 발광이나 벼락의 핵심은 어떻게든 원자나 분자의 에너지 준위를 높이면 빛이 발생할 수 있다는 것이고 그 방법은 주로 광자, 전자, 이온, 원자, 분자들을 공기 분자들과 충돌시키는 것이었다. 즉, 이 같은 경우 높은 온도의 열복사가 아니더라도 가시광선을 발생시킬 수 있었다. 광자의 경우에는 원자나 분자에 충돌할 때 튕길 수도 있지만 아예 흡수되었다가 재방출될 수도 있는데, 형광과 인광의 경우가 바로 분자가 광자를 아예 흡수해서 에너지 준위가 높아졌다가 더 작은 에너지의 광자를 내놓는 현상이었다. 자외선에 노출되었을 때 가시광선을 재방출하는 물질들이 대표적인 형광과 인광 물질이라는 것도 앞장에서 언급했었다.

이처럼 열복사의 경우에는 높은 온도여야만 낼 수 있는 빛이 훨씬 낮은 온도에서 물질의 에너지 준위 변화를 통해서 발생하는 걸 발광(luminescence) 현상이라고 한다. 발광을 통해 발생하는 빛의 경우 당연히 열로 인한 에너지 손실이 거의 없다. 그렇기 때문에 생물이 통제 가능한 빛을 만들기에는 열복사보다 발광 현상을 이용하는 게 훨씬 유리하다. 그런데 생체 기관으로는 전자, 이온, 분자 등을 물질에 쏘아서 전자의 에너지 준위를 높일 수가 없다. 그렇게 높은 속력의 입자를 생체 기관이 만들 수 없기 때문이다.

물질의 충돌을 통해서 에너지 준위에 변화를 주는 방법으로 생물발광을 하기가 어렵다면 생체는 어떤 방법을 이용하는가? 생체가 이용하는 멋진 방법은 바로 생화학 반응이다. 어떤 화학 반응이 일어난 후에 생성되는 분자들의 에너지 준위가 높다면 이러한 화학 반응 생성물은 빛을 낼 수 있다. 즉, 에너지 준위가 높아진 물질을 만드는 화학 반응이 이루어지기만 하면 열복사처럼 온도가 높지 않아도 빛이 날 수 있는 것이다. 이처럼 화학 반응의 생성물이 빛을 내는 대표적인 예가 루미놀(luminol) 반응과 형광봉(글로우 스틱)이다.

루미놀 반응은 범죄 수사 드라마에 자주 등장한다. 루미놀 가루와 과산화수소수(H_2O_2)를 섞은 용액이 철과 반응할 때 청백색의 빛을 내는 발광 현상은 범죄 현장의 상징이 되었다. 이 푸른빛은 눈에 쉽게 띄지 않는 핏자국도 찾을 수 있게 해 주는데, 이는 적혈구의 철 성분이 과산화수소수를 분해하면서 발생한 산소가 루미놀과 반응하여 에너지 준위가 높은 유기 페록사이드(organic peroxide)를 만들기 때문이다. 에너지 준위가 높은 유기 페록사이드는 에너지 준위가 낮아지면서 빛을 낸다. 피가 몇 만 배 수준으로 희석되어도 루미놀 반응은 확실히 일어나기 때문에 범죄 현장 검증에서는 빠질 수 없는 물질이자 화학 발광의 대명사 같은 존재이다. 만약 루미놀 반응이 내는 푸른빛을 열복사로 얻고자 한다면 10,000℃에 육박하는 온도가 필요하다.

형광봉은 콘서트나 대형 경기장에서 자주 볼 수 있는 응원 도구로 친숙하다. 오지를 탐험하거나 밤에 야영할 때도 유용하게 사용된다. 형광봉은 처음엔 무색의 막대기인데 이것을 마치 부러뜨리듯이 한번 휘었다 편 다음에 흔들어 주면 빛이 난다. 주로 노란 빛깔의 가시

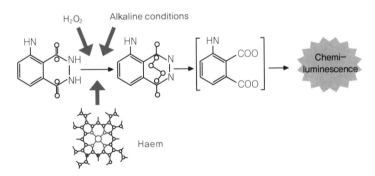

루미놀과 과산화수소가 적혈구의 철 성분과 반응하면 에너지 준위가 높은 화합물을 생성한다. 이 화합물은 에너지 준위가 낮아지면서 푸른빛(428nm)을 낸다. 루미놀 반응은 화학 반응을 통한 발광의 대표적인 사례이다.

광선을 내는 것이 시중에 많은데, 만약 열복사를 통해서 이런 빛을 내려면 대략 3,000℃가 되어야 한다. 열복사로 만든 형광봉이 있다면 방열 장갑을 끼고 방열복을 입어도 안전하지 않을 것이다! 형광봉은 아래 그림의 구조로 되어 있다. 우리가 겉에서 쥘 수 있는 용기 안쪽에 작은 용기가 하나 더 들어 있다. 작은 용기 안쪽에는 수소 페록사이드 용액(hydrogen peroxide solution)이 담겨 있고, 작은 용기 바깥쪽에는 페닐 옥살레이트 이스터(phenyl oxalate ester)와 형광 염료가 담겨 있다. 형광봉을 꺾어서 안에 담긴 용기를 깨트리면 작은 용기에 담겨 있던 수소 페록사이드 용액이 작은 용기 밖에 있던 페닐 옥살레이트 이스터와 섞이면서 몇 단계의 화학 반응을 한다. 이때 흔들어 주면 용액들이 더 잘 섞여서 반응이 잘 일어난다. 화학 반응이 진행되

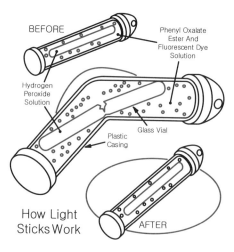

형광봉을 꺾으면 안쪽 용기가 깨져 용기 안과 밖의 물질이 섞이면서 반응한다. 이 과정 중에 가시광선을 내놓는다.

인물과 실험으로 보는 **스토리 물리학**

면서 생긴 생성물은 자외선을 내는데 이 자외선을 형광 물질이 흡수한 후에 가시광선을 내놓게 된다. 이 모든 과정이 단 몇 초 만에 일어나면서 형광봉이 빛난다.

형광봉의 화학 반응을 온도로 조절할 수도 있는데, 형광봉을 깨트린 이후에 아직 빛이 나고 있을 때 냉장고에 넣으면 빛이 꺼졌다가 다음날 꺼내어 데우면 다시 빛이 나는 걸 볼 수 있다.

생물체가 스스로 빛을 내는 현상을 통틀어 생물 발광이라 하는데, 루미놀 반응과 형광봉의 경우와 마찬가지로 생물 발광도 대부분 화학 발광을 통해 빛을 내는 현상이며 열복사 빛이 아니다. 반딧불이와 바다 생물들이 내는 빛이 생물 발광의 대표적인 예로, 반딧불이는 꼬리 부분에서 밝은 노란빛을 내지만 꼬리 부분이 전혀 뜨겁지가 않다. 생물 발광은 발광 효율이 90%에 달하기 때문에 열복사와 다르게 열이 거의 발생하지 않는다. 그럼 반딧불이가 생물 발광(화학 발광)을 위한 화학 반응에 이용하는 물질은 무엇일까?

생물 발광에는 크게 두 가지 물질이 필요한데, 각각 루시페린(luciferin)과 루시페라제(luciferase)라는 이름으로 불린다. 이 두 가지 물질이 참여하는 화학 반응을 통해서 에너지 준위가 높은 상태의 생성물이 만들어지고 생성물은 곧 에너지 준위가 낮아지면서 빛을 내게 된다. 즉, 생물 발광의 경우에도 루미놀 반응이나 형광봉의 화학 반응처럼 에너지 준위가 높은 화합물을 얻는 것이 핵심이다. 빛을 내는 데 사

용하는 루시페린과 루시페라제의 화학 구조는 생물의 종류에 따라서 무척 다양해서 생물마다 생물 발광을 통해 나오는 빛의 특성 또한 다르게 된다. 반딧불이가 내는 빛은 반딧불이-루시페린이 산소와 반응하여 산화루시페린이 될 때 나오는 빛인데, 루시

반딧불이의 생물 발광.

페라제는 이 반응의 촉매로 작용하는 효소이다. 그렇다면 발광 생물들은 루시페린과 루시페라제를 어디서 얻는 것일까?

실험의 이해

열동가리돔이 주둥이에서 뱉어 내는, 빛을 내는 물질은 열동가리돔의 생물 발광 물질이 아니라 열동가리돔이 삼킨 패충류의 생물 발

HO⎯[benzothiazole ring]⎯S\
⎯N⎯[thiazoline ring]⎯COOH

$+ \quad ATP \quad + O_2$

D-Luciferin

Firefly
Luciferase
+Mg2+

Light

$^-O⎯$[benzothiazole ring]$⎯S$
$⎯N⎯$[thiazoline ring]$⎯O^-$

$+ \quad PPi \quad + \quad AMP \quad + \quad CO_2$

Oxyluciferin

반딧불이 생물 발광의 반응식. 루시페라제는 루시페린과 산소의 반응 속도를 높여 준다.

광 물질이라는 것을 앞서 언급했다. 패충류는 해수와 담수 모두에서 발견되는 갑각류로 크기는 보통 1mm 정도에 외모는 물벼룩과 비슷하다. 다만 물벼룩과는 다르게 갑각이 몸 전체를 덮고 있어서 다리를 전부 숨길 수가 있

반딧불이 루시페라제의 구조. 루시페라제는 생체 내 효소로서 단백질의 일종이다.

다. 패충류는 현재 약 7만 종이 확인되었고, 초기 오르도비스기(약 4억 8,000만 년 전) 때부터 패충류의 화석이 발견된다. 그러니까 4억 8,000만 년 전 지구의 바다도 밤이면 패충류가 뿜어내는 푸른빛으로 몽환적으로 넘실댔을 것이다. 그렇다면 이렇게 어마어마한 세월 동안 지구에 존재해 온 패충류는 어떻게 생물 발광을 하는가? 패충류 역시 반딧불이와 비슷한 방식으로 루시페린과 루시페라제를 활용하는데, 우선 패충류의 구조를 간략히 살펴보자.

패충류는 다른 생물들과 달리 생물 발광에 필요한 루시페린과 루시페라제를 체내에서 화학 반응을 일으키지 않고 체외로 발사한다. 이렇게 발사된 물질이 물과 산소를 만나서 화학 반응을 일으키게 된다. 패충류-루시페린(Cypridina-luciferin)과 루시페라제를 체외로 발사하는 정확한 생체 기관이 무엇인지에 대해서는 연구자들마다 조금씩 의견 차이가 있는데, 대체로 위쪽 입술의 분비선과 어금니에서 두 물질이 각각 발사되는 것으로 보고 있다. 연구에 의하면 패충류는 빛

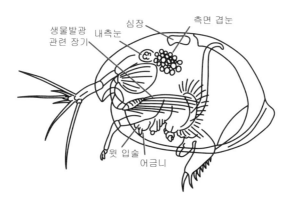

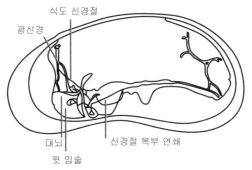

(위) 패충류의 주요 기관. (아래) 패충류의 주요 신경망. 윗입술과 어금니에서 발광 반응에 필요한 물질을 뿜어낸다. 대뇌는 뿜어내는 물질의 양을 조절할 수 있는 것으로 보인다.

다발의 직경, 빛의 지속 시간(수 밀리 초에서 수 초), 발광 빈도, 발광 위치(외투강 안에서 빛을 낼지 밖에서 빛을 낼지)까지 조절하는 것으로 밝혀졌다. 이는 패충류가 명백히 패충류-루시페린과 루시페라제 반응률을 조절한다는 뜻인데 정확히 어떻게 조절할 수 있는지는 아직도 알려지지 않았다. 패충류가 생물 발광을 이렇게 정밀하게 조절하게 된 건 1차 포식자를 놀라게 하거나 2차 포식자에게 1차 포식자

인물과 실험으로 보는 **스토리 물리학**

를 노출시켜서 생존이라는 목적을 달성하기 위한 것으로 보인다. 그러니까 패충류는 시각이나 촉각을 통해 자신이 먹혔다는 것을 인지하는 순간 대뇌를 통해 패충류-루시페린과 루시페라제 방출 판단을 내린 후 해당 방출 기관의 근육을 조절해서 두 물질을 방출한다. 마치 요즘 할리우드 영화의 대세인 슈퍼 영웅이 악당과 싸우는 장면의 패충류-물고기 버전이라고 할 수 있겠다.

패충류-루시페린이 루시페라제와 반응하는 과정. 여러 단계의 과정을 거치면서 에너지 준위가 높은 중간 화합물이 빛을 낸다. 패충류의 생물 발광 과정도 반딧불이와 동일하게 루시페라제 효소가 촉매로 작용해서 낮은 온도에서도 반응이 순식간에 일어난다. 이 덕분에 패충류는 절체절명의 순간을 빠르게 타개할 수 있다.

패충류는 루시페린과 루시페라제를 어디서 구할까? 그림에서 소개한 패충류-루시페린은 3개의 아미노산으로 구성되어 있는데, 동위원소를 이용한 물질 대사 추적 연구에 의하면 패충류는 생체에서 루시페린을 합성할 수 있는 물질 대사 경로를 가지고 있다. 쉽게 말해서 3개의 아미노산을 이용하여 루시페린을 만드는 화학 반응이 몸 안에 존재한다는 이야기다. 생체에서 일어나는 화학 반응 경로에는 다양한 물질과 복잡한 에너지 교환 과정이 필요한데, 이 과정들은 지구상에 초기 생명체가 등장한 뒤부터 수많은 시행착오를 거쳐 생체 내에 확립되었다. 패충류가 루시페린 합성에 필요한 아미노산까지도 체내에서 합성하는지 아니면 먹이에서 구하는지는 밝혀지지 않았다.

  패충류는 루시페린처럼 루시페라제도 체내에서 합성할까? 그렇다. 하지만 루시페린 합성과는 다른 방법을 이용한다. 루시페라제는 생물 발광 과정에 작용하는 효소로 단백질의 일종이다. 단백질은 적게는 수십 개, 많게는 수천 개의 아미노산이 연결되어 만들어지는 거대한 분자이기 때문에 화학 반응만으로 이렇게 많은 수의 아미노산이 특정한 방식으로 결합하여 루시페라제를 만드는 건 거의 불가능한 일이라고 볼 수 있다. 그래서 패충류는 루시페라제의 아미노산 결합 순서를 아예 따로 기억해 놓았는데, 패충류 DNA의 특정 유전자가 바로 그 정보 저장고이다. 이 정보를 가지고 있기 때문에 패충류의 세포는 루시페라제를 계속 찍어 낼 수 있다.

```
          730              750              770              790              810
GAT GCA GAT CAG CTG GCG ATC CAA CCC AAC ATA AAC AAA GAG TTC GAC GGC TGC CCA TTC TAT GGC AAT CCT TCT GAT ATC GAA TAC TGC
Asp Ala Asp Gln Leu Ala Ile Gln Pro Asn Ile Asn Lys Glu Phe Asp Gly Cys Pro Phe Tyr Gly Asn Pro Ser Asp Ile Glu Tyr Cys
                         240              250              260
          830              850              870              890
AAA GGT CTG ATG GAG CCA TAC AGA GCT GTA TGT CGT CGA AAT ATC TTC TAC TAT TAC ACT CTA TCC TGT GCC TTC CTA TAC TGT ATG
Lys Gly Leu Met Glu Pro Tyr Arg Ala Val Cys Arg Asn Asn Ile Asn Phe Tyr Tyr Tyr Thr Leu Ser Cys Ala Phe Leu Tyr Cys Met
                         270              280              290
          910              950              970              990
GGA GGA GAA GAA AGA GCT AAA CAC GTC CTT TTC GAC TAT GTT GGA ACA TGC GCT GCG CCG GAA ACG AGA GGA ACG TGT GTT TTA TCA GGA
Gly Gly Glu Glu Arg Ala Lys His Val Leu Phe Asp Tyr Val Gly Thr Cys Ala Ala Pro Glu Thr Arg Gly Thr Cys Val Leu Ser Gly
                         300              310              320
```

갯반디-루시페라제 cDNA 일부분의 뉴클레오타이드 서열과 이에 대응되는 아미노산 서열. 사람의 DNA에는 이 서열이 없다.

루시페린과 루시페라제의 차이는 이렇게도 이야기할 수 있겠다. 루시페린은 화학 반응 경로만 파악하면 실험실에서 화학적인 방법으로 합성이 가능하지만, 루시페라제 단백질은 유전자 정보 없이는 합성이 거의 불가능에 가깝다. 그러니까 루시페라제를 얻으려면 패충류 개체가 있어야 한다는 뜻이다. 혹은 최소한 패충류의 세포라도 있어야 한다는 뜻이다. 즉, 루시페라제 단백질을 실험실에서 얻으려면 패충류 양식 말고는 답이 없어 보인다. 그런데 인간의 탐구심은 경계와 범위가 없는 것이었으니…….

니렌버그(Marshall Warren Nirenberg, 1927~2010, 미국)와 마테이(J. Heinrich Matthaei, 1929~, 독일)는 1961년 5월 대장균에서 추출한 세포질과 자신들이 따로 합성한 RNA를 이용하여 세포 없이 시험관에서 단백질을 합성한다. 이 실험의 원래 목적은 DNA 사슬로 저장되어 있는 정보가 정확히 어떻게 단백질로 표현되는지를 알아내기 위한 것이었다. 그리고 이 실험의 성공으로 DNA 해독(decode) 연구가 가속화되어 지금 우리는 유전자의 염기 서열이 정확히 어떤 아미노산 서열에 대응되는지 알게 되었다. 물론 아미노산 서열만으로 단백질의 특성을 알 수 있는 것은 아니다. 단백질은 3차원으로 접혀 있는 구조가 기능을 결정짓기 때문이다. 아무튼 니렌버그와 마테이의 연구는 원래 목적의 중요성은 말할 것도 없고 세포가 없어도 RNA로부터 단백질을 만들어 낼 수 있는 기술적 혁신을 이룬 것만으로도 의의가 매우 크다. 니렌버그와 마테이의 연구가 비록 루시페리제를 합성하는 연구는 아니었지만, 패충류의 세포 안에서 이루어지는 루시페라제 합성 과정을 세포 밖에서 구현할 수도 있다는 가능성이 열린 것이다.

지금까지의 이야기를 종합하면, 발광 패충류는 한편으로는 생합성을 통해서 패충류-루시페린을 만들고, 다른 한편으로는 발광 유전자 정보로부터 루시페라제 단백질을 합성한다. 그리고 위험한 상황에 노출되면 이 두 가지 물질을 방출하는데, 이 물질들은 순식간에 여러 단계의 화학 반응을 거치면서 빛을 낸다. 이때 두 물질의 방출은 패충류의 대뇌와 신경 조직이 관여하여 조절하는 것으로 추측된다. 이 모든 것은 장구한 세월에 걸쳐서 확립된 1mm 내외의 세계에서 벌어지는 일이다.

더 살펴보기

2008년 노벨 화학상은 오사무 시모무라(Osamu Shimomura, 1928~, 일본), 마틴 챌피(Martin Lee Chalfie, 1947~, 미국), 로저 첸(Roger Yonchien Tsien, 1952~2016, 미국)에게 수여되었다. 수상자 선정 이유는 '녹색 형광 단백질(Green Florescent Protein: GFP)의 발견과 개발'이었다. 형광이라는 단

어에서 알 수 있듯이 녹색 형광 단백질은 짧은 파장의 빛을 흡수한 후 흡수한 빛보다 더 긴 파장의 빛을 내놓는다. 구체적으로 흡수하는 빛의 파장은 395nm(보라색)과 475nm(파란색)이고 내놓는 빛의 파장은 509nm(녹색)이다. 이 단백질은 (단백질이고 형광이니까) 당연히 생물 발광 연구를 통해서 발견되었다. 그런데 대부분의 생물 발광은 루시페린과 산소의 반응을 루시페라제 효소가 가속시키는 방식인 데 반해서 녹색 형광 단백질은 별도의 화학 반응 없이 적절한 빛만 있으면 생물 발광을 일으킬 수가 있다. 그러니까 루시페린과 루시페라제 없이도 빛을 내는 방법을 개발한 생물이 있다는 이야기인데, 시모무라 박사가 연구한 이 생물은 해파리(Aequorea victoria)였다.

교토에서 태어난 시모무라 박사는 일본제국군의 군인이었던 아버지를 따라서 만주와 오사카에서 자라다가 10대 때 나가사키의 이사하야시市로 오게 된다. 이사하야시는 1945년 8월 나가사키에 투하된 원자폭탄 투하 지점에서 25km 떨어진 지점인데, 그는 나중에 회상하기를 16세 때의 그날 자신은 나가사키에서 15km 떨어진 공장에서 일을 하고 있었으며 원자폭탄을 투하하기 위해서 폭격기가 날아오던 걸 직접 보았고, 또 폭발 직후 하늘에서 쏟아지던 거의 확실히 폭발 잔해물이 섞였을 검은 비에 흠뻑 젖었다고 말했다. 10대 때 방사능 낙진을 온몸으로 뒤집어썼던 그는 90세를 바라보는 2018년 지금도 정정하다.

히모무라 박사의 인생은 생물 발광에 대한 평생에 걸친 연구 여정이라고 해도 과언이 아니다. 그와 생물 발광의 인연은 1966년 갯반디 (Vargula hilgendorfii, Cypridina higendorfii) 루시페린의 화학 구조를 최초로 규명하면서부터 이미 결실을 맺고 있었다. 당시 2.5kg의 갯반디를 말리면 500g으로 질량이 줄어들었는데, 이것을 가지고 5일간 밤낮으로 정제 작업을 하면 2mg의 루시페린을 얻을 수 있었다고 한다(갯반디는 3mm 정도 크기의 패충류인데 2.5kg을 얻으려면 대체 몇 마리를 잡아야 했을까). 또 그때는 물질의 순도를 확신할 유일한 방법이 결정화였는데 갯반디-루시페린이 좀체 결정화가 되지 않아서 결정화 조건을 찾는 데 열 달이나 걸렸다고 한다. 매일 실패하는 실험과 반복되는 지루한 정제 작업을 300일 가까이 계속한다고 상상해 보자. 언제 성공한다는 보장도 없는 채로.

이러한 경험을 바탕으로 히모무라는 독특한 생물 발광을 보이던 해파리-루시페린의 구조 해명에도 도전하게 된 것인데, 막상 그에게 노벨상을 안겨준 녹색 형광 단백질은 해파리-루시페린 연구 중에 우연히 발견한 것이었다. 게다가 그는 녹색 형광 단백질을 발견 (1962년)하고도 한동안 이것을 연구하지 않았다. 왜냐하면 주요 관심사였던 해파리의 생물 발광 메커니즘이 처음의 예상과는 달리 단순히 루시페린 산화 과정이 아니어서 이것을 해명하는 데 또 애를 먹었기 때문이다. 나중에 밝혀진 바에 따르면 해파리의 경우 발광 단백질 (aequorin, 녹색 형광 단백질과는 다르다)이 루시페린을 싸고 있다가

인물과 실험으로 보는 **스토리 물리학**

발광 단백질이 열리면서 루시페린의 화학 반응이 일어나는 방식이었다. 아무튼 히모무라는 이런 발광 단백질의 존재와 루시페린의 화학 구조(1972년, 1979년)를 밝히기까지 약 6만 마리의 해파리를 잡아야 했다. 그는 이렇게 발광 현상 연구에 집중하는 와중에 1974년 녹색 형광 단백질을 결정화하여 다른 물질 없이 녹색 형광 단백질만으로 형광이 일어난다는 사실과 1979년 녹색 형광 단백질 내에서 형광이 일어나는 부위의 화학 구조를 규명했다. 그리고 히모무라는 2000년 70세가 넘은 나이에 발광 단백질의 분자 구조도 밝힌다.

자, 그렇다면 녹색 형광 단백질의 발견이 왜 중요할까? 이 단백질은 발광을 위해 다른 물질을 필요로 하지 않는다. 다시 말해서 생체 내에 이 단백질만 있으면 루시페린 같은 물질의 생합성 과정이 몸속에 없어도 발광을 할 수 있다는 뜻이다. 물론 루시페린 합성 과정이 필요없다고 하더라도 녹색 형광 단백질 자체는 몸속에 넣어 줘야 한다. 그런데 단백질은 일일이 몸속에 넣어 주는 대신 몸이 직접, 다시 말해 세포가 직접 찍어 내도록 할 수 있다. 즉, 녹색 형광 단백질 합성 정보를 가진 유전자를 세포 속에 넣어 주는 것이다. 이런 방법으로 형광 능력이 없던 생물이 형광을 보이게 할 수 있다걸 챌피 박사가 대장균과 예쁜꼬마선충을 통해 실험(1994년)으로 증명하였다. 그러니까 이 유전자만 발현된다면 거의 모든 동물이 생물 발광을 할 수 있다는 것이다! 그런데 놀라기는 아직 이르다. 챌피 박사 연구의 의의는 단순히 생물 발광을 가능케 한다는 것 이상이기 때문이다. 어떤 생물의 특정 유전자를 녹색 형광 단백질 유전자로 대체하거나 기존 유전자에 재조합하면 확인하고 싶은 단백질의 발현을 추적할 수가 있게 된다. 어느 세포에서 어떤 단백질을 만드는지 그림을 그릴 수 있는 것이다. 바로 이 지점에서 첸 박사가 등장한다. 그는 녹색 형광 단백질 유전자에 변이를 일으켜서 노란색, 파란색, 청록색 형광

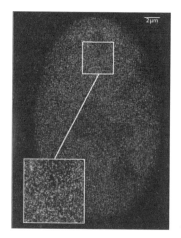

뼈 종양 세포의 핵. 형광 단백질을 이용하여 세포핵 안의 히스톤 단백질(붉은색) 약 7만 개와 염색질 리모델링 단백질(초록색) 약 5만 개를 구분할 수 있다. 세포 내부를 이렇게 시각화할 수 있는 것은 형광 단백질 덕분이지만, 이 정도의 선명한 해상도로 볼 수 있는 것은 초 고해상도 형광 현미경 덕분이다. 초 고해상도 형광 현미경을 발명한 업적으로 에릭 베치그(Robert Eric Betzig, 1960~, 미국), 윌리엄 머너(William Esco Moerner, 1953~, 미국), 슈테판 헬(Stefan Walter Hell, 1962~, 독일) 세 사람은 2014년 노벨 화학상을 수상하였다.

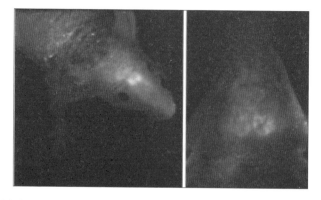

형광 단백질 유전자 전달 24시간 후에 쥐의 뇌에서 형광 단백질 유전자가 발현된 모습.

인물과 실험으로 보는 **스토리 물리학**

단백질을 만들었으며, 다른 생물에서 발견된 붉은색 형광 단백질 유전자도 변형해서 분홍색, 주황색 형광 단백질까지 만들었다. 이 덕분에 우리는 이제 세포 내 단백질 분포와 관계망을 총천연색 사진으로 볼 수 있게 되었다.

오늘날 형광 단백질과 생물 발광은 그 자체로 연구의 대상인 동시에 다른 연구를 위한 거의 필수적인 도구로 자리 잡았다.

교훈

현재의 고고학적 연구에 따르면 인류가 불을 사용하기 시작한 시점은 약 170만 년~20만 년 전으로 추정되고 있다. 불은 추위를 막고, 포식자를 쫓아내며, 요리를 가능하게 하고, 흙을 구워 도구를 만들 수 있게 한다. 이 때문에 인류가 불을 사용한 시점은 지구상에서 인류가 가지는 위상의 대전환점이 된다. 불의 사용 이후 인류는 본격적으로 자연사自然史에서 떨어져 나와 자기만의 길을 걷게 되는데, 이는 지구상의 다른 생물은 누릴 수 없는 커다란 자유인 동시에 자신의 운명을 끊임없이 자기의 손으로 개척해야 하는 굴레가 된다. 불은 고대의 자연사에서 현대의 핵폭탄 이상의 위상을 가지기 때문에 그리스 신화에서는 신들로부터 불을 훔쳐 어리석은 인간들에게 전한 프로메테우스가 산 채로 간을 쪼아 먹히는 형벌까지 받을 정도였다.

앞서 말한 불의 능력 외에 또 하나의 믿기지 않는 불의 기능이 있으니 그것은 바로 빛을 낸다는 것이다. 어둠의 제약에서 자유로워진다는 게 얼마나 많은 시간과 공간을 허락하는 것인지 상상해 보는 건 어려운 일이 아니다. 이것은 너무나도 큰 이득이기 때문에 불을 사용하지 못하는 생물들도 기를 쓰고 빛만은 개발하였다. 잠수정을 타고 심해로 내려가면 마치 칠흑 같은 우주에서 반짝거리며 움직이는 별들을 보는 것 같은 기이한 경험을 하게 된다. 이것은 그만큼 많은 종류의 심해 생물들이 생물 발광을 하기 때문이다. 그러니까 빛을 내서 이용하는 것만큼은 이들 생물이 인류보다 한참 앞서 있었던 셈이다. 이들은 생물 발광에 필요한 화학 반응과 물질 조합 정보를 영리하게도 자신의 몸 안에 구비했다. 반면, 자기 내부에서 조절 가능한 빛을 내지 못하는 인류는 자신의 최대 장기인 두뇌를 활용해서 빛을 내는 도구를 끊임없이 개발해 왔다. 이처럼 외부의 무기물질을 이용해서 빛을 내는 도구를 개발한 인류 역사의 최신 발명품이 바로 LED라고 할 수 있겠다. 한편, 무기물을 이용한 발광 도구 개발의 역사와는 비교할 수 없을 정도로 짧은 시간 안에 급격히 발전한 유전공학은 생물 간의 경계를 넘어서 인류가 세포 속에도 촘촘히 빛을 새길 수 있도록 하였다. 빛을 통해서 끊임없이 영역의 한계를 뛰어넘고 있는 인류의 역사는, 별의 후손으로 미약한 빛밖에 내지 못하던 존재가 오랜 탐구를 통해서 빛의 정체를 하나씩 밝혀내어 마침내 스스로 다시 선명한 빛을 낼 수 있게 되는, 마치 어떤 장대한 서사시를 보는 기분마저 들게 한다. 그리고 그 드라마는 앞으로도 계속 새롭게 쓰일 것이다.

7장
지구형 행성 탐색
(TRAPPIST-1)

실험 결과

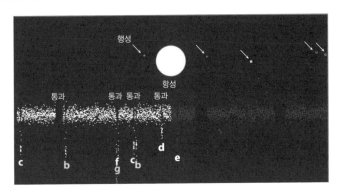

TRAPPIST-1 행성계의 행성들이 TRAPPIST-1a 항성 앞쪽을 통과(transit)하면서 항성의 밝기가 줄어드는 것을 관측한 자료.

도입

"따라서, 움직임이 동일하기 때문에, 원소들도 또한 반드시 모든 곳에서 동일해야 한다. 그렇다면, 다른 세계의 흙의 입자들은 당연하게도 우리의 중심 쪽으로 이동해야 하며 그 세계의 불은 우리의 변경 쪽으로 이동해야 한다. 그러나 이것은 불가능하다. 왜냐하면 만약 그러할 경우 그 세계에서 흙은 그 세계의 위로 이동해야만 하며, 불은 그 세계의 중심으로 이동해야만 한다. 마치 우리 세계의 흙이 다른 세계의 중심을 향해서 움직인다면 우리 세계의 중심에서 멀어져야 하는 것처럼 말이다." – 아리스토텔레스, 《천상에 관하여(On the heaven)》 중에서

아리스토텔레스는 우주의 중심으로서의 지구와 4원소들의 운동 방향성을 근거로 삼아 지구 밖의 천체 중에 지구와 같은 천체가 없음을 암시하고 있다.

"나는 인류가 우주로 퍼져 나가지 않고서 다음 천 년을 생존할 것이라고 생각하지 않습니다. 일개 행성 위의 생명에게 닥칠 수 있는 사고는 너무나 많습니다. 하지만, 저는 낙관론자입니다. 우리는 별들로 뻗어 나갈 것입니다."
– 스티븐 호킹, 영국 언론 《텔레그라프》와의 2001년 인터뷰 중에서

"지구에서 약 39광년 떨어진 곳에 있는 작은 별 TRAPPIST-1을 6년에 걸쳐 관측한 새로운 결과가 'Nature' 최근호에 게재되었다. (…) 2016년 초 TRAPPIST-1에서 지구와 유사한 3개의 행성이 발견되었다. (…) 이후 더 많은 망원경을 동원한 관측에서 연구자들은 4개의 행성을 더 발견했다."
– 2017년 《타임(TIME)》지 TRAPPIST-1 추가 행성 발견 기사 중에서

인물과 실험으로 보는 **스토리 물리학**

2017년 2월 《네이처(Nature)》에 게재된 TRAPPIST-1에 대한 연구 논문은 TRAPPIST-1의 7개 행성 모두에 물이 존재할 것으로 예측하였다. 그중에서 특히 TRAPPIST-1f로 명명된 행성의 경우 이론적으로 따졌을 때 행성 질량의 25%가 물 또는 얼음일 것으로 예상되었다. 지구의 경우 70%가 물이라는 이야기를 많이 들어보았을 텐데 이에 비하면 TRAPPIST-1f의 물의 양이 별로 많지 않아 보인다. 하

2017년 2월 넷째 주 《네이처(Nature)》의 표지. TRAPPIST-1의 상상도. 안쪽 행성에는 수증기가, 중간 행성들에는 물이, 바깥쪽 행성에는 눈 결정이 같이 그려져 있다.

지만, 지구의 70%가 물이라는 이야기는 지구 표면적의 70%를 물이 덮고 있다는 뜻이고, 질량으로 따졌을 때 지구의 물 양은 지구 질량의 0.2%에 불과하다. 그러니까 TRAPPIST-1f에는 상상할 수 없을 정도로 많은 물이 있을 수 있다는 뜻이다. 그곳에는 지구의 바다와는 비교조차 안 되는 어마어마한 깊이의 바닷속에서 무시무시할 정도로 크고, 어지러울 정도로 몽롱한 빛을 발하는 생물들이 살고 있을지도 모를 일이다. 인류가 이런 바다를 소설에서라도 상상해 본 적은 없을 것이다.

실험 순서

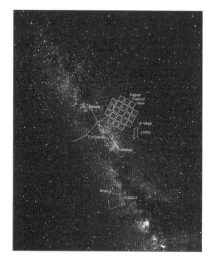

(왼쪽) 행성계를 탐색할 항성 후보를 찾는다. 오늘날은 필요한 경우 여러 곳의 관측소를 연계하여 24시간 쉬지 않고 하늘의 특정 구역을 관측할 수 있다.

(아래) 항성에서 나오는 광량의 미세한 변화를 충분한 시간에 걸쳐서 기록한다. 광량이 일정하게 유지되는 값과 변화되는 값을 관측한다. 광량의 값이 떨어질 때는 항성과 관측 망원경 사이로 행성이 지나갈 때이다. 오랜 시간에 걸쳐 많은 관측 자료를 확보하여 오차를 줄인다.

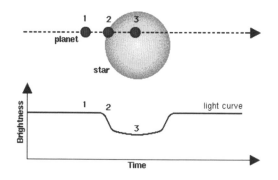

왜 신기한가?

만약 여러분이 우주 망원경을 이용해서 직접 행성계를 탐사해서 지구와 비슷한 행성을 찾고 싶다면 어디서부터 시작해야 할까? 우리가 가장 잘 아는 행성계, 즉 우리 태양계를 닮은 행성계부터 시작하

인물과 실험으로 보는 **스토리 물리학**

면 어떨까? 그렇다면 우선 우리 태양과 비슷한 항성부터 찾아야 할 것이다. 우리 태양과 비슷한 항성을 찾았다면 그 항성을 공전하는 행성들은 어떻게 확인할 수 있을까? 항성의 빛이 행성에 반사되어서 지구로 오는 것을 관측하기란 거의 불가능하다. 즉, 다른 행성계의 행성을 직접 관측으로는 탐색할 수가 없다. 행성은 보이지가 않기 때문에 결국 항성을 바라봐야 하는데, 이전까지 행성을 확인하는 간접적인 방법으로 주로 쓰였던 것은 행성이 항성을 공전할 때 항성의 위치가 미묘하게 변하는 걸 관측하는 것이었다. 이 변화도 사실 너무 미묘하기 때문에 항성의 위치 변화 자체를 보는 것이 아니고 항성이 내는 빛의 도플러 효과를 확인하였다. 이는 아주 영리한 방법이고 현재까지도 이 방법으로 꾸준히 행성들을 찾아내고 있다. 하지만 이 방법으로는 행성의 질량과 공전 주기만을 알 수 있다. 즉, 행성의 크기를 알 수 없기 때문에 행성의 밀도 산출에 어려움이 있고 행성이 지구처럼 단단한 암석 기반인지 목성처럼 거의 대부분 가스로 이루어져 있는지 예측할 수가 없다. 이래서는 기껏 어렵게 찾아낸 행성이 어떤 모습을 하고 있는지 밝혀낼 도리가 없다. 그럼 어떻게 해야 할까?

과학자들은 몇 가지 발상의 전환을 통해 이 상황을 타개했다. 우선 탐색의 궁극적인 목적은 행성이지 항성이 아니다. 그렇다면 굳이 우리 태양과 닮은 항성만을 고집해야 할 까닭이 없다. 또 항성의 운동을 통해서는 행성의 크기를 알 수 없고, 그렇다고 행성을 직접 볼 수도 없다. 그럼 행성의 크기가 항성에 미치는 영향이 무엇인지를 파악하여 그것을 관측하면 된다. 이러한 고민을 통해 성공적으로 찾아낸 행성계 중의 하나가 바로 TRAPPIST-1이다. 연구자들은 과연 무슨 방법을 썼고 행성에 물이 존재하는지는 어떻게 알아낸 것일까?

발상

첫 번째 발상의 전환은 이것이다. '우리 태양과 닮은 항성에만 집중하기보다 밤하늘에 가장 많이 잡히는 항성, 즉 우주에 가장 흔한 항성을 탐색하자.' 이것은 우리 태양계만이 생명 출현을 위한 최적의 조건일 것이라는 고정관념을 깬 것이다. 별로 대단치 않은 발상 같지만 이런 식으로 고정관념을 깨는 건 매우 어려울 뿐만 아니라 용기를 필요로 하는 일이다. 학계에서도 이런 발상에 대해서 처음엔 회의적인 반응이었다. 두 번째 발상의 전환은 '큰 행성과 작은 행성의 차이는 행성이 항성을 가리는 정도에 있다. 그렇다면 행성이 항성을 지나갈 때 항성이 어두워지는 정도를 측정해서 크기를 알아내자'이다. 이발상의 대담함은 행성이 항성을 최대한 가리더라도 그건 사실, 과장을 보태서, 눈곱만큼 어두워지는 정도에 불과하다는 점에 있다. 이런 정도의 미세한 차이를 감지하려면 관측 망원경의 빛에 대한 민감도가 그만큼 뛰어나야 한다. 다행히 인류는 그런 성능의 망원경을 만들 수 있고 이제 이 방법을 통해 행성의 크기만 알아내면 행성의 밀도를 알 수 있기 때문에 행성의 실제적인 모습에 좀 더 다가갈 수 있다. 그럼 물의 존재는 어떻게 알아낼 수 있을까? 행성의 밀도로부터 물의 존재를 추정할 수 있을까? 혹시 물의 존재 유무에 따라서 행성이 항성을 가리는 빛에 차이가 발생하는 것일까?

배경 원리

우주에는 너무나 많은 항성과 그 항성을 둘러싼 행성들로 이루어진 행성계(혹은 태양계, 태양계처럼 항성을 중심으로 여러 행성이 공전하는 계)가 있다. 우리 은하만 해도 항성의 개수는 적게는 1,000억 개에서 많게는 4,000억 개로 추정된다. 그렇다면 거의 이 숫자만큼, 어쩌면 훨씬 더 많은 수의 행성이 우리 은하에 있다는 뜻이다. 우리 태양이 아닌 다른 항성 주위를 공전하는 행성을 외계 행성(exoplanet)이라고 하는데, 외계 행성 탐색의 주요 목적 중에 하나는 지구 이외의 곳에서 어쩌면 일어나고 있을 생명 현상을 발견하는 데 있다. 우리가 현재까지 우주에서 확실하게 생명체를 확인할 수 있는 곳은 지구가 유일하기 때문에 지구 바깥에서 생명 현상을 탐색하기 시작한다면 우리의 출발점은 우선 우주 공간에서 지구와 비슷한 조건을 가지는 행성을 찾는 것이다. 이러한 행성을 지구형 행성이라고 하는데, 지구형 행성의 가장 중요한 조건은 단단한 지각을 가지고 있는가이다. 쉬운 말로 땅이 있어야 한다는 것인데, 지구의 경우 산소, 규소, 그리고 금속류들이 화합물을 이루어 우리가 밟고 설 수 있는 지각을 구성한다. 우리 태양계에서 수성, 금성, 지구, 화성은 지구형 행성으로 분류되고, 나머지 행성들은 행성 구성 물질들이 주로 기체나 액체 상태로 존재하는 목성형 행성으로 분류가 된다. 사실 목성형 행성의 핵도 단단한 암석으로 이루어져 있다. 다만 목성형 행성은 압도적인 양의 기체와 액체가 그 핵을 둘러싸고 있어서 전체 밀도를 따지면 밀도가 낮아진다. 만약 목성형 행성의 대기 아래의 단단한 곳에 발을 딛고자 한다면 엄청난 대기압에 눌려 버릴 것이다. 지구형 행성이 반드시 지구 크기의 행성이어야 하는 건 아니지만 암석을 이루는 핵이 너무 크면 그 큰 질량으로 인해 생긴 강한 중력이 주변의 가스들을 붙잡아서 대기층이 두꺼워질 수밖에 없다. 그래서 지구에서 발생한 생명 현상과 유사한 생명 현상을 기대한다면, 지각과 더불어 적절한 두께의 대기층을 가지는 것이 바람직할 것으로 예상되기 때문에 목성형 행성보다 지구 정도 크기의 지구형 행성이 우선 탐사 대상이 된다.

지구의 개성적인 생명 현상을 지지해 주는 요인들은 매우 복합적이다. 적절한 지각과 대기의 존재, 적절한 범위 내에서 변화하는 온도(온도가 고정되어 있어도 안 된다), 물의 양, 중력의 크기, 행성 자기장의 세기, 적절한 양의 방사성 원소, 밀물과 썰물을 가능케 하는 위성의 존재 등. 이처럼 생명 현상에 영향을 미치는 요인들은 너무나 많지만 그중 가장 우선시되는 한 가지를 선택하라면 그것은 행성의 온도이다. 아마 물이라고 생각한 독자들도 많겠지만, 물이 생명 현상 발생에 중요한 이유는 화학적 반응의 용매로 물만 한 물질이 없기 때문인데 물이 액체 상태가 아니라 고체나 기체로 있다면 용매로써의 기능을 사실상 상실하게 된다. 따라서 물이 존재하더라도 행성의 온도가 너무 낮거나 높으면 용매로써 소용이 없어진다. 행성의 온도는 항성이 복사하는 빛에 거의 절대적으로 의존하므로 당연히 항성으

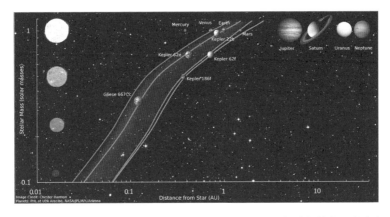

온도만을 고려하였을 때의 생명체 거주 가능 영역을 표시한 그래프. 가로축은 항성으로부터의 거리, 세로축은 항성의 질량을 나타낸다. 가로축은 범위별 로그 스케일, 세로축은 로그 스케일임에 주의해야 한다. 태양의 질량은 1로 두었다. 항성 일생의 대부분을 차지하는 주계열성인 동안에 항성의 밝기는 거의 대부분 항성의 질량에 의해서 결정된다. 따라서 주계열성의 경우 밝기로부터 항성의 질량을 결정할 수 있다. 밝은(무거운) 별 일수록 생명체 거주 가능 영역이 항성으로부터 멀어진다는 것을 보여 준다. 태양 질량의 10분의 1 정도에 해당하는 항성의 경우 생명체 거주 가능 영역이 수성의 공전 반경보다도 안쪽에 분포한다.

로부터 멀어질수록 빛을 받는 양이 줄어들어 행성의 온도는 낮아지게 된다. 반대로 항성에 가까우면 행성의 온도가 너무 높아지기 때문에 너무 멀지도 가깝지도 않은 적절한 범위의 공전 반경을 가질 때에만 행성에 존재하는 물이 충분히 액체 상태로 있을 수 있다. 이러한 공전 반경을 가지는 영역을 생명체 거주 가능 영역(Habitable Zone: HZ)이라고 한다

생명체 거주 가능 구역의 개념은 다소 지구 생태계 중심적인 발상이지만 우주에서 생명 현상을 탐색할 후보를 선정하는 하나의 중요

한 지침이 된다. 인류의 우주 생명 탐색은 이제 겨우 걸음마 수준으로, 우선은 이런 다소 편향된 시각에서라도 탐구가 시작되는 것이 중요하다. 위 그래프가 말해 주듯이 꼭 우리 태양과 비슷한 항성이 아니더라도 생명체 거주 가능 구역은 존재하고, 항성의 밝기(온도)에 따라서 거주 가능 구역의 위치는 달라진다. 특히 차가운 항성일수록 생명체 거주 가능 구역은 항성에 가까워진다. 항성의 밝기에 따라 생명체 거주 가능 구역이 존재한다면 그럼 어느 항성부터 지구형 행성 탐색을 시작해야 하는가? 우주에는 너무 많은 항성들이 있으므로 우선 적절한 항성을 선택해서 관측해야 하는데, 기존의 관측들은 주로 우리 태양과 크기와 밝기가 비슷한 항성들부터 탐색했다. 하지만, TRAPPIST-1 관측팀은 특이하게도 우리 태양보다 훨씬 작고 어두운 적색 왜성(red dwarf)을 후보로 정하였다. 그들은 왜 우리 태양과 비슷한 항성을 찾아서 우리 지구와 비슷한 공전 반경을 가지는 행성을 찾지 않았을까? 이는 기존의 방법에 비추어 보면 일종의 역발상인 셈인데, 우주에 존재하는 항성들의 비율을 보면 왜 그런 선택을 했는지 이해가 된다.

우리는 일상생활에서 남들도 나와 비슷하게 생각하고 판단하며, 비슷한 환경에서 성장했을 거라고 무의식적으로 가정하는 경우가 많다. 그리고 다른 사람이 나와 생각이 많이 다르다는 걸 알았을 때 꽤나 당혹해한다. 이렇게 자신을 중심으로 사고할 수밖에 없는 인간의 조건이 우주적으로 확장된 것이 천동설인 셈인데, 지금 인류가 천동

인물과 실험으로 보는 **스토리 물리학**

설을 극복했다고 할지라도 여전히 우리는 암암리에 우리 태양계를 우주에 있는 항성계들 중에서 주인공급의 표준적인 항성계로 여기는 고정관념을 떨치지 못하고 있다. 그러나 실상 우리 은하만 놓고 보더라도 우리 태양과 비슷한 항성은 15% 정도를 차지할 뿐이고 그나마 그중 절반 이상은 쌍성계로 존재한다. 즉, 우리 태양은 우주의 항성들 중에서 그다지 표준적인 항성이라고 할 수는 없지만 그렇다고 유일무이의 아주 특별한 항성도 아니다. 우리 은하계의 절반 정도의 항성들은 그 질량이 태양 질량의 4분의 1에도 못 미친다. 은하계에서는 우리 태양보다 작은 항성이 더 흔하다. 그러니까 우주에 존재하는 단단한 암석 지각을 가지는 지구형 행성들 중에서 우리 태양과 비슷한 항성 주위를 도는 것들보다 우리 태양보다 질량이 작은 왜성 주위를 도는 것들의 개수가 훨씬 더 많다는 뜻이다.

여기서 "그럼 우리 태양과 우리 지구가 매우 특별한 조건이기 때문에 생명이 탄생한 것은 아닐까?"라고 반문할 수도 있는데, 한 가지 조심해야 할 것은 지구의 질량과 크기는 지구형 행성들 중에서 특별한 편이 아니라는 점이다. 즉, 지구와 매우 비슷한 지구형 행성 중에서도 왜성 주변을 돌고 있는 것들이 우리 태양처럼 좀 큰 편의 항성을 돌고 있는 것들보다 훨씬 많다. 적색 왜성을 지구형 행성 탐색 대상으로 삼은 데는 이런 확률적인 배경이 있는 것이다. 여기에 더해서 적색 왜성을 선정한 좀 더 깊은 학문적 의의는 왜성의 생명체 거주 가능 영역의 지구형 행성에서 생명체를 발견하게 된다면 우주에서 일어나는 생명 발현에 대한 더 확장된 이해를 가져다줄 것이기 때문이다. 우리와 비슷한 행성계에서 생명 현상을 발견하는 것은 그 자체로는 경이로운 일이지만, 우주에서 생명이 발생하는 다양한 가능성에 대해서는 새로운 사실을 거의 알려주지 못할 확률이 높다.

　적색 왜성으로 후보 항성을 선정하였다. 그렇다면 해당 항성을 중심으로 하는 행성계의 행성들은 어떻게 찾아낼 것인가? 우리 태양계 내에서 토성까지는 도심의 밤하늘에서도 맨눈으로 관측할 수 있고 천왕성도 도심에서 벗어난 곳의 밤하늘에서는 맨눈으로 관측할 수 있다. 해왕성부터는 행성을 보기 위해서 망원경의 도움이 필요하다. 이처럼 우리는 맨눈으로든 망원경으로든 행성을 직접 보는 것에 익숙하기 때문에 다른 행성계의 행성들도 직접 보고자 시도하기 쉽다. 하지만 다른 행성계의 행성들은 그 크기가 엄청나게 큰 목성형 행성이 아닌 이상 직접적으로 관측되기에는 겉보기에 너무나 작다. 즉, 외계 행성들 중에서 지구형 행성은 지구에서 관측하기에는 너무 작고 희미하다. 한밤중 외진 곳에 홀로 서 있는 가로등을 생각해 보자. 가로등에서 조금 떨어진 곳에서 가로등 빛을 쳐다보는데 그 빛을 가로질러 날벌레 한 마리가 지나간다. 나방 정도라면 아마 가로등 빛 근처에서 뭔가 움직인다고 알아볼 수 있을 것이다. 심지어 그게 나방이라는 것도 알 수 있을지 모른다. 그런데 하루살이 단 한 마리가 지나간다면 어떨까? 아마 가로등 근처로 뭔가 움직였다는 것조차도 알아채지 못할 가능성이 크다. 지구형 행성 탐색은 바로 이 하루살이를 찾아내고자 하는 시도이다. 그런데 어떻게? 다시 말하지만 하루살이를 직접적으로 찾아내려는 것은 무모한 방법이다. 여기서 앞서 말한 발상이 등장하는데, 바로 하루살이가 가로등을 지나갈 때 가로등이 미세하게 어두워지는 걸 확인하는 것이다.

지구에서 관측했을 때 TRAPPIST-1의 행성들이 TRAPPIST-1a(항성)를 공전하면서 지구의 관측자와 TRAPPIST-1a 사이로 지나갈 때가 있는데, 이렇게 하나의 천체가 다른 천체 앞을 지나면서 가리는 현상을 통과(transit)라고 한다. 일식도 달이 태양 앞을 지나면서 태양을 가리는 통과의 일종이다. 이 통과 중에 행성은 항성의 빛을 가리기 때문에 항성 밝기의 변화를 관측하면 행성의 존재와 행성의 공전 주기를 알 수 있고, 밝기 변화의 양으로부터 행성의 크기 또한 알 수 있다. 큰 행성일수록 통과 때 항성의 빛이 더 많이 어두워진다. TRAPPIST라는 이름도 the TRAnsiting Planets and PlanetesImals Small Telescope(통과하는 행성들과 미행성들을 관측하는 소형 망원경)의 약자이다.

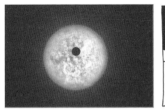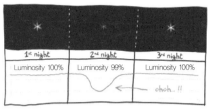

항성 앞쪽을 통과하는 행성과 그에 따른 항성의 밝기 변화.

행성의 주기를 알고 나면 그 유명한 케플러의 제3법칙(조화의 법칙)으로부터 행성의 공전 반경 또한 알 수 있다.

$$r^3_{공전반경} = \left(\frac{GM_{항성질량}}{4\pi^2} \right) T^2_{공전주기}$$

공전 반경은 행성이 생명체 거주 가능 영역에 있는지를 알려주는 중요한 정보다.

행성의 질량은 어떻게 결정할까? 여러 행성들이 하나의 항성을 공전하면서 서로 간에 작용하는 중력이 행성의 통과가 발생하는 시간에 미세한 영향을 미친다. 즉, 통과가 발생하는 시간의 작은 변화로부터 역으로 중력을 계산해서 행성들의 질량을 결정한다. 이렇게 우리는 너무 희미해서 직접적으로 관측되지 않는 행성의 존재와 크기, 질량, 그리고 마침내 밀도까지도 알아낼 수 있다. 가로등을 지나는 하루살이 한 마리에 대해서 이만큼 파악한다는 것이다! 여기서 행성의 밀도가 중요한 이유는 행성의 밀도로부터 지구형 행성인지 목성형 행성인지를 판단할 수 있기 때문이다. 밀도가 너무 작을 경우 그 행성은 대기와 해수가 대부분인 목성형 행성에 가깝다. 대부분이 지각으로 이루어진 지구형 행성이라면 밀도가 높을 수밖에 없다.

통과 관측법은 우리 태양처럼 밝은 항성보다 TRAPPIST-1 같은 어두운 적색 왜성을 배경으로 할 때 특히 유리하다. 항성이 어두워질수록 같은 크기의 행성이 가리더라도 밝기 변화를 측정하기가 상대적으로 용이해진다. 지구 크기의 행성인 경우 적색 왜성을 배경으로 했을 때가 우리 태양을 배경으로 했을 때보다 80배 정도 관측이 용이하다. 적색 왜성의 경우 관측에 있어서 또 하나의 유리한 점은 통과 데이터를 비교적 짧은 시간 안에 많이 확보할 수 있다는 점이다. 이 덕분에 데이터의 오차를 줄일 수 있어서 행성계에 대한 정확한 정보 산출이 가능해진다. 그럼 왜 적색 왜성의 경우 통과 데이터를 짧은 기간에 얻을 수 있을까? 적색 왜성의 생명체 거주 가능 구역을 공전하는 행성은 우리 태양의 생명체 거주 가능 구역을 공전하는 행성보다 공전 반경이 훨씬 짧다. 이 때문에 우리가 관심을 둔 적색 왜성을 공전하는 지구형 행성은 매우 짧은 공전 주기를 가지게 되고 통과도 자주 발생한다. TRAPPIST-1의 경우 우리 태양보다 50배 정도 빠르게 데이터 축적이 가능하다.

직접 볼 수가 없어서 통과라는 간접적인 방법으로 겨우 행성에 대해서 알아낸다고 했는데, 그럼 대체 볼 수도 없는 행성에 물이 존재하는지는 어떻게 알아낼 수 있을까? 관측 탐사선을 보내지 않는 이상 행성 표면에 물이 존재하는지 직접적으로 알기는 어렵다. 그래서 TRAPPIST-1의 행성들 경우에도 물의 존재는 간접적인 방법으로 추론할 수밖에 없었다. 그런데, 아직 TRAPPIST-1에 적용된 것은 아니지만 비교적 직접적으로 물의 존재를 확인할 수 있는 방법이 있다. 행성의 대기를 관측하는 것이다. 39광년이나 떨어져 있고 행성도 직접 볼 수 없다면서 대기는 또 어떻게 관측한다는 말인가?

이 방법도 역시나 통과 때의 빛을 관측한다. 예를 들면 이런 현상이 있다. 평소에 달은 밤하늘에서 약간 노란빛을 띠는 흰색이다. 그런데 월식 때 달이 지구의 그림자에 완전히 들어오면 달은 붉은 색을 띤다. 이것은 지구가 달에 도달하는 태양빛을 모두 가리면서 오직 지구의 대기를 통과할 수 있는 붉은 빛만이 달을 비추게 되고, 달은 이 빛을 반사해서 붉게 보이는 것이다. 이처럼 외계 행성의 통과 중에 항성에서 나오는 빛의 스펙트럼을 분석하면 외계 행성 대기의 흡수, 산란에 의한 스펙트럼의 변화를 측정할 수 있고 이것으로부터 행성 대기의 구성 성분을 알 수 있다. 스펙트럼의 변화 중에 물 분자에 의한 변화 부분은 대기 중 수증기의 양을 알려주고 해수의 양을 추정할 수 있게 해 준다. 연구자들은 이 방법을 통해 특히 온실 효과를 일으켜 지표와 대기를 따뜻하게 유지시켜 주는 이산화탄소, 자외선을 차단해 주는 오존의 발견을 기대하고 있으며, 나아가 만약 메테인까지 발견하게 된다면 생명체 존재에 대한 매우 긍정적인 신호가 될 것으로 보고 있다. 메테인은 미생물의 소화 과정에서 발생하기 때문에 생명체 존재에 대한 강력한 힌트가 될 뿐만 아니라 설사 메테인이 미생물에서 발생한 것이 아니라 자연적으로 존재한다고 하더라도 오랜 시간에 걸쳐 유기고분자가 합성되는 데, 다시 말해 원시 생명이 출현하는 데 쓰일 수 있기 때문이다.

이 정도로 정밀하게 대기의 스펙트럼을 측정하려면 매우 우수한 망원경이 필요한데, 2021년 발사 예정인 제임스 웹 우주 망원경 (James Webb Space Telescope)이 그 역할을 해 줄 것으로 기대된다. 제임스 웹 우주 망원경은 육각형 거울 18개를 조합하여 사용하며 다 합쳤을 때 거울의 전체 지름은 6.5m에 육박한다. 허블 망원경에 사용된

인물과 실험으로 보는 **스토리 물리학**

거울의 지름은 2.4m였다.

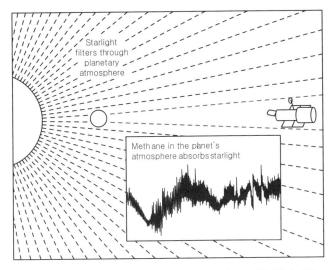

Starlight filters through planetary atmosphere

Methane in the planet's atmosphere absorbs starlight

통과할 때의 빛의 스펙트럼을 분석하면 행성 대기의 성분까지 알아낼 수 있다.

실험의 이해

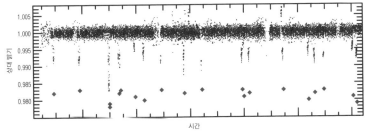

시간을 두고 기록한 TRAPPIST-1a의 광량 기록. 광량이 작아지는 때가 행성들이 항성 앞을 통과하는 때이다. 이 데이터에서 7개 행성의 존재와 각 행성의 공전 주기, 크기, 질량을 알아낼 수 있다. 항성의 밝기 감소는 2% 수준이다.

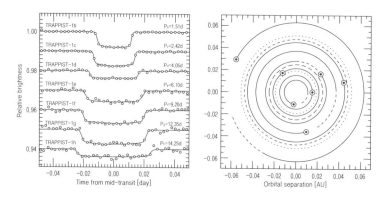

(왼쪽) 통과에 걸린 시간을 나타내는 그래프. (오른쪽) 공전 궤도를 나타내는 그래프. 통과 시간이 가장 짧은 TRAPPIST-1b의 공전 반경이 가장 작다. 가장 안쪽 행성부터 차례대로 이름이 b, c, d, e, f, g, h로 끝난다.

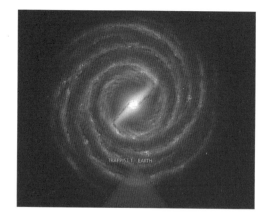

우리 은하 내 우리 태양계와 RAPPIST-1의 위치. 두 행성계는 약 39광년 떨어져 있다. 우리 은하의 직경은 약 17만 광년이고 우리 태양과 지구 사이는 약 8광분이다.

TRAPPIST-1 태양계의 항성, 즉 TRAPPIST-1a가 뿜어내는 복사 에너지의 양은 태양이 뿜어내는 양의 2,000분의 1에 불과하다. 이 때문에 TRAPPIST-1a는 초저온 적색 왜성(ultar-cool red dwarf)으로 분류되

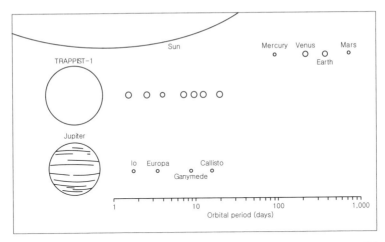

우리 태양계와 TRAPPIST-1 천체의 크기 및 공전 주기 비교. 크기의 상대 비율은 1:1 스케일이다. 공전 주기 수치 막대는 범위별 로그 스케일이다. TRAPPIST-1a(항성)의 크기는 목성보다 약간 크고 질량은 태양의 12분의 1 정도이다. 역설적으로 목성이 얼마나 큰지 알 수 있다.

는데, 태양의 표면 온도인 약 5,500℃의 절반 정도인 약 2,240℃의 온도를 가진다. 보통 노르스름한 빛을 내는 백열전구의 필라멘트가 2,400℃ 수준임을 감안하면, 온도와 복사되는 빛만을 놓고 봤을 때 백열전구를 방 안의 초저온 적색 왜성이라고 부를 수도 있겠다. 백열전구가 그런 것처럼 TRAPPIST-1a의 복사 스펙트럼의 대부분은 적외선 영역의 빛이다. 그러니까 TRAPPIST-1 태양계의 행성에서 시각을 개발한 생물이 있다면 그 생물은 인간이 시각으로 감지할 수 있는 빛의 파장보다 훨씬 긴 파장의 빛을 잘 감지할 가능성이 크다. 다른 물체 뒤에 숨어 있어서 우리는 볼 수 없는 포식자나 피식자도 이런 생물들은 물체를 통과하는 적외선을 통해서 볼 수 있다는 이야기다. 한편, TRAPPIST-1a 자체의 낮은 온도는 TRAPPIST-1a에서 조금만 떨어져도 물이 얼어붙는 상황을 초래하는데, 이렇게 되면 물이 존재하는 것이 생명체에게 큰 의미가 없게 되어 버린다. TRAPPIST-1a 주변에서 물이 얼지 않는 범위에 있으려면 지구가 우리 태양에서 떨어져 있는 거리보다 20배 정도는 가까이 있어야 한다. 다행히 TRAPPIST-1의 행성은 한 개를 제외하고 모두 이 거리 안쪽에 있으며, 가장 공전 반경이 큰 TRAPPIST-1h도 수성의 공전 반경보다 안쪽에 있다. 이처럼 행성들이 항성 주변에 바싹 붙어 있는 모습은 마치 추운 겨울날 미지근한 난로에 다닥다닥 사람들이 붙어 앉아 있는 모습을 떠올리게 한다. TRAPPIST-1a가 우리 태양보다 크기가 월등히 작은 것에 비해서 TRAPPIST-1의 행성들 크기는 지구와 비슷한 수준을 보이는데, 크기가 가장 작은 TRAPPIST-1h의 직경은 지구 직경의 0.77배이고 크기가 가장 큰 TRAPPIST-1g의 직경은 지구 직경의 1.15배이다. TRAPPIST-1 행성계의 항성은 우리 태양보다 훨씬 작은데 데워야 하는 행성들의 크기는 지구와 거의 비슷하다. 한 가지 재미있는 점은 지구와 크기 및 질량이 유사한 행성들이 이렇게 가까이서 공전하다 보면 서로 간의 중력이 불규칙하게 영향을 끼쳐서 궤도가 불안정해질 가능성이 큰데, TRAPPIST-1은 안정한 상태를 계속 유지한다는 것이다. 이는 TRAPPIST-1 행성 궤도들의 공전 주기 비율이 서로 거의 정수비를 이루는 특별한 궤도 공명 상태를 이루고 있기 때문인 것으로 밝혀졌다.

TRAPPIST-1 행성 중에서 공전 주기가 가장 짧은 TRAPPIST-1b

의 공전 주기는 약 1.5일이고 공전 반경은 지구 공전 반경의 90분의 1 수준이다. 공전 주기가 가장 긴 TRAPPIST-1h의 공전 주기는 약 19일이고 공전 반경은 지구 공전 반경의 16분의 1 수준이다. 이렇게 짧은 공전 주기는 통과 현상을 이용한 TRAPPIST-1 연구에 있어서 데이터 확보에 매우 유리한 조건이 된다. 두 달 정도의 관측 데이터만으로도 상당한 정보를 얻을 수가 있기 때문이다. 만약 역으로 TRAPPIST-1 행성의 누군가가 통과 현상을 이용해서 우리 태양계를 연구하고자 한다면 몇 년을 관측해야 할까? 목성은 공전 주기가 약 12년이고 토성은 약 30년이다. 해왕성은 약 165년이다!

TRAPPIST-1a에 가장 가까워서 일사량도 가장 큰 TRAPPIST-1b의 일사량은 지구의 약 3.88배이고 이 때문에 지표 온도는 500℃에서 1,000℃에 이를 것으로 추정된다. 가장 먼 TRAPPIST-1h의 일사량은 지구의 약 0.14배이고 지표 온도는 -104℃ 정도로 추정된다. 결과적으로 생명체 거주 가능 영역에 있는 행성 후보들은 TRAPPIST-1e, TRAPPIST-1f, TRAPPIST-1g 3개로 좁혀지고 이들의 표면 온도는 각각 -27℃, -58℃, -78℃ 정도이다. 온도가 영하인데도 생명체 거주 가능 영역인 것은 이 온도가 최대 온도가 아닌 평균 온도이기 때문이다. 지구의 경우 평균 온도는 15℃, 최소는 -89℃, 최대는 57℃이다. 이에 비추어 보면 TRAPPIST-1e, TRAPPIST-1f, TRAPPIST-1g의 경우에도 더운 지역과 더울 때의 온도가 충분히 영상을 상회할 수 있다.

앞서 언급하였듯이 통과 시의 밝기 감소량으로부터 행성들의 크기를 알 수 있고, 공전 시각의 변화로부터 행성들이 서로 미치는 중력의 영향을 계산하여 행성들의 질량을 결정할 수 있다. 행성들의 공전 시각은 짧게는 일 분 내외 수준에서 길게는 몇 십 분 수준으로 변하는데, 이것을 TRAPPIST-1f의 공전 주기인 9.2일에 비추어 보면 TRAPPIST-1 행성들의 1년은 한 번 공전할 때마다 매번 조금씩 달라지는 1년인 셈이다. 그러니까 TRAPPIST-1에서는 지구의 윤달 개념 같은 윤일 내지 윤시를 도입해야 할지도 모른다.

$g = Gm_{행성질량}/r^2_{행성반경}$을 이용하여 행성 지표에서의 중력 가속도를 구하면 TRAPPIST-1e, TRAPPIST-1f, TRAPPIST-1g는 각각 지구 표면 중력 가속도의 약 0.93배, 0.85배, 0.87배가 된다. 이 정도는 야구나 축구를 할 때 공의 움직임이 지구에서 경기하는 것과는 미묘하게 다른 수준이다.

이제 지구형 행성의 가장 중요한 요소 중 하나인 지각의 존재를 가늠할 수 있는 행성의 밀도 값을 살펴보자.

$\rho = m_{행성질량}/(4\pi r^3_{행성반경}/3)$을 이용하여 구한 TRAPPIST-1e, TRAPPIST-1f, TRAPPIST-1g의 밀도는 각각 지구 밀도의 1.02배, 0.82배, 0.76배이다. 이는 거의 명백하게 이들 행성이 암석형 행성임을, 다시 말해 지각이 존재함을 시사하는 값이다. 그럼, 생명체 거주 가능 조건 중에서 생명 현상의 발현에 막대한 영향을 미치는 요소인 물의 존재는 어떻게 유추할 수 있을까?

우리가 가장 잘 알고 있는 행성인 지구의 내부 구조를 살펴보면 지구 맨틀 하부를 구성하는 광물은 실리케이트 페로브스카이트(mgSiO₃, silicate perovskite, bridgmanite)로, 이 광물은 지구 전체에서 가장 흔한 광물로 추정되고 있다(지각만 놓고 보면 이산화규소가 가장 많지만 지각 두께는 전체 지구 반경의 0.55%에 불과하다). 또, 지구의 핵을 이루는 물질은 대부분 철(Fe)로 추정된다. 지구와 비슷한 암석형 행성들에 대해서 관측한 행성 질량과 행성 반경의 데이터는 일정한 패턴을 따르는 것으로 알려져 있는데, 이는 아마도 암석형 행성들의 내부 구조가 거의 비슷하기 때문인 것으로 여겨진다. 그렇다면 이러한 물질 구성을 TRAPPIST-1 행성에 대해서도 가정해 볼 수 있으며, 주어진 행성의 크기와 질량을 얻으려면 이러한 구성 물질들이 어떠한 비율로 있어야 하는지 이론적으로 계산할 수 있다. 그 결과가 다음 페이지의 그래프이다. 그래프의 추정에 따르면 TRAPPIST-1e, TRAPPIST-1f, TRAPPIST-1g는 지구보다 물이 풍부하다 못해 너무 많은 것이 아닌가라고 생각될 정도이다. 그 이유는 이 장의 도입에서도 이야기하였듯이 질량으로 따졌을 때 지구에서 물은 지구 질량의 0.2%에 불과하지만 TRAPPIST-1f의 경우 질량으로 물이 차지하는 비율이 25%에 육박한다. TRAPPIST-1f에는 아마 물에 잠기지 않은 지역이 거의 없는 수준이 아닌가라는 의심이 들 정도다.

앞서도 얘기했듯이 TRAPPIST-1의 행성들은 매우 가까이 붙어서 공전하기 때문에 행성에 의한 밀물과 썰물이 발생한다. 그러니까 TRAPPIST-1g가 TRAPPIST-1f의 달과 같은 역할을 하는 것이다.

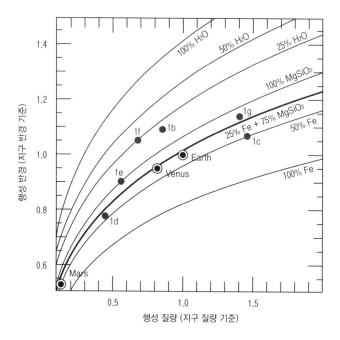

행성 질량과 행성 반경 사이의 관계를 그린 그래프. 행성이 100% $MgSiO_3$로 이루어진 경우를 기준선으로 위쪽 선은 물(H_2O)의 비율이 높아지는 경우를, 아래쪽 선은 철(Fe)의 비율이 높아지는 경우를 보여 준다. 지구는 $MgSiO_3$ 75%와 Fe 25%로 이루어진 경우에 가깝고 TRAPPIST-1e도 이 경우에 근접한다. TRAPPIST-1f의 경우에는 $MgSiO_3$ 75%와 H_2O 25%에 가까워서 지구보다 물이 훨씬 많을 것으로 추측할 수 있다.

실제로 TRAPPIST-1f와 TRAPPIST-1g 사이의 거리는 지구와 달 사이 거리의 약 3배에 불과하고 행성들은 거의 지구만 한 크기이기 때문에 TRAPPIST-1f의 하늘에 떠 있는 TRAPPIST-1g는 지구에서 달을 보는 것보다 더 크게 보인다. 어쩌면 TRAPPIST-1f에서는 옆 행성의 바다, 대륙, 대기를 맨눈으로 볼 수 있을지도 모른다. 참고로 TRAPPIST-1f에서 TRAPPIST-1a를 보면 지구에서 태양을 보는 것보다 10배 정도 커 보여 일몰을 볼 수 있는 곳에서 TRAPPIST-1f의 하늘에 TRAPPIST-1a와 TRAPPIST-1g가 같이 떠 있는 모습은 굉장한 장관을 연출할 것이다. TRAPPIST-1f가 겪는 밀물과 썰물의 차이도 지구의 경우보다 4배 정도 클 것으로 예상되며, 지구에서는 밀물과 썰물이 6시간 간격으로 일어나지만 TRAPPIST-1f에서는 한 번 공전하는 데 걸리는 시간인 9.2일에 두 번 꼴로 밀물과 썰물이 각각 발생한다. 간만의 폭이 엄청나기 때문에 그만큼 넓은 갯벌이 형성될 터인데, TRAPPIST-1f에서는 1년에 두 번 그것이 드러나는 셈이다.

TRAPPIST-1의 행성들은 행성들끼리 이웃한 거리도 가깝지만 행성들이 항성에 붙어 있는 거리도 너무나 가까운 편이다. 이 때문에 TRAPPIST-1의 행성들은 TRAPPIST-1a에 대해서 조석 고정(tidal locking) 상태로 공전하고 있을 것으로 예상된다. 조석 고정의 예는 우리 주변에서도 볼 수 있다. 달이 지구를 돌 때 달의 자전 주기와 공전 주기가 일치해서 달의 한쪽 면만 계속 지구를 향하고 있는 게 바로 조석 고정이다. 만약 TRAPPIST-1의 행성들이 조석 고정 상태라면 행성의 한쪽 면은 영원한 낮, 다른 쪽 면은 영원한 밤이 된다. 이런 행성의 대기와 기후는 매우 역동적이거나 매우 정적이거나 둘 중 하나일 가능성이 크다. 그 이유는 대기와 해수의 흐름이 만약 충분히 빠르지 못해서 열의 흐름이 원활하지 못하다면 행성의 수증기와 물이 밤의 면에서 얼게 되고 이럴 경우 열의 흐름은 더욱 어려워지기 때문이다. 물론 어떤 기상천외한 대기와 해수가 형성되어 있을지 아직 확신할 수 없고, 또 극단적인 기후 환경이 생명체가 살아가는 것을 반드시 막는 것만은 아니다. 지구 심해 열수구의 상상하기 어려운 환경에서도 생물은 살아가니까 말이다.

TRAPPIST-1f를 중심으로 지금까지의 이야기를 한번 정리해 보자. 지구와 비슷한 크기를 가진 행성. 딱딱한 암석과 어쩌면 대륙이 존재하는 행성. 걷거나 뛰는 것이 지구보다 조금은 덜 힘이 드는 곳. 대륙의 낮은 지대는 물로 잠기지 않은 곳이 없고, 하늘에는 거대한 태양과 대륙이며 바다가 보이는 이웃 행성이 떠 있는 곳. 9.2일마다 사계절이 반복되고 엄청난 밀물과 썰물이 발생하는 곳. 드넓은 갯벌이 펼쳐지고 항상 태양이 수평선에 걸쳐 있는 지역에서 차가움과 뜨거움이 교차하는 곳. 태양 빛은 눈부시기보다 은은하게 느껴지는 곳. 거의 항상 엄청난 세기의 바람이 부는 곳. 자, 어떤가? 독자는 혹시 이러한 세계 어딘가에 조그만 마이크로 생명체라도 꼼지락거리고 있을 것 같은 기대감이 들지 않는가?

더 살펴보기

2018년 현재 우주에 떠서 관측 활동 중인 우주 망원경의 개수는 30개가 넘고, 이 중에서 우리에게 가장 유명한 허블 우주 망원경은 발사된 지 28년이 넘은 지금도 여전히 임무 수행 중에 있다. 각각의 고유한 목적을 띠고서 궤도에 투입되는 우주 망원경들 중에는 통과 현상 관측에 특화된 임무를 띠고 발사된 것도 있다. 케플러 우주 망원경(Kepler space observatory)이 바로 그런 경우로, 현재 9년차가 된 이 망원경은 2017년까지 2,500개가 넘는 외계 행성을 발견하였다. 2015년 미국의 천문학자 보야잔(Tabetha Suzanne Boyajian, 1980~, 미국)을 비롯한 연구자들은 한 편의 논문을 발표하는데, 이 논문은 케플러 우주 망원경의 관측 데이터를 분석하던 중 발견한 매우 특이한 항성에 대한 것이었다. 항성의 이름은 KIC 8462852로, 이 항성의 특이한 점은 항성 밝기를 기록한 다음 그래프를 보면 잘 알 수 있다.

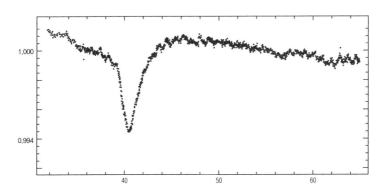

KIC 8462852의 2009년 5월 광도 곡선. 가로축은 일수(days)를 나타내고 세로축은 밝기를 나타낸다. 이 그래프의 세로축은 항성의 전체 밝기를 1로 규격화하기 전의 데이터이다. 약 1% 미만의 광도 감소를 확인할 수 있다.

KIC 8462852는 우리 태양계에서 약 1,500광년 떨어진 별로 반지름은 우리 태양의 약 1.5배, 질량은 1.4배, 밝기는 4.7배이다. 표면 온도도 우리 태양보다 약 1,000℃ 이상 높다. 여러 면에서 우리 태양보

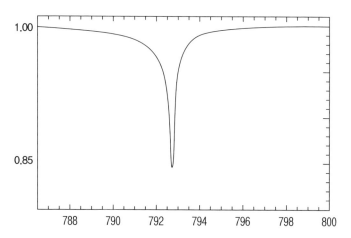

KIC 8462852의 2011년 3월 광도 곡선. 항성의 전체 밝기를 1로 규격화하였다. 약 15% 이상의 광도 감소를 확인할 수 있다.

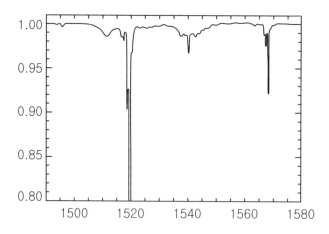

KIC 8462852의 2013년 2월 광도 곡선. 항성의 전체 밝기를 1로 규격화하였다. 약 20%의 광도 감소가 있었음을 확인할 수 있다.

다 조금 크고, 밝고, 뜨거운 항성이다. 우리 태양을 목성이 통과할 때 태양 밝기는 약 1% 정도 감소한다. 2009년 5월의 KIC 8462852 밝기 변화는 약 1% 미만이다. 이것만 보면 KIC 8462852 항성 주위를 우리 목성보다 조금 더 큰 행성이 통과한다고 봐도 좋을 것 같다. 그런데 조금 이상한 점은 보통의 통과는 수 시간이면 끝이 나는데 통과에 걸리는 시간이 일주일 가까이 걸린다는 점이다. 그리고 밝기가 감소했다가 원래대로 복귀되는 양상이 비대칭적으로, 이는 항성을 가리는 물체가 비대칭적으로 생겼음을 의미한다. 2011년 3월에는 KIC 8462852 밝기가 15%나 줄어드는데, 이 정도 밝기의 변화가 있으려면 목성보다 훨씬 큰 물체가 KIC 8462852를 가려야 한다. 밝기 감소는 이번에도 비대칭적이었으며 일주일에 걸친 밝기 감소 후에 이틀 정도 만에 원래 밝기로 돌아왔다. 2013년 2월 즈음 KIC 8462852는 약 80일에 걸쳐 들쑥날쑥한 밝기 변화를 보인다. 변화량과 시간이 불규칙적이고 어떤 경우에는 20%나 밝기가 감소했다. 이 정도 변화는 지구보다 1천 배 이상의 크기가 KIC 8462852를 가려야만 가능하다. TRAPPIST-1의 광도 곡선과 KIC 8462852의 광도 곡선을 비교해서 살펴보면 KIC 8462852의 광도 곡선이 얼마나 부자연스러운지 확연히 드러난다. 도대체 KIC 8462852 행성계에는 무슨 일이 벌어지고 있는 것일까? 여러 가설이 제시되었다. "행성계가 아직 젊어서 먼지들과 원시 행성들의 충돌이 불규칙적으로 벌어지고 있다", "혜성의 무리가 행성계를 통과하고 있다", "항성 내부의 역학 때문에 항성 자체의 밝기가 변하고 있다", "매우 특이한 고리를 가지는 행성과 소행성군이 항성을 공전하고 있다" 등등. 하지만 어느 하나 이 현상을 완벽하게 설명하지 못하고 있으며 급기야 외계 생명체의 거대 우주 구조물이 항성 빛을 가리는 것 아니냐는 논의도 나오고 있다. 이 항성의 발견자 중 한 명인 보야잔은 2016년 TED 발표에서 "우리가 행성 간 우주 전쟁을 목격한 것은 아닌가"라고 농담을 하기도 했다. 이 비정상적인 현상은 연구자들의 상상력이 어디까지인지 시험하고 있는 것처럼 보일 정도인데, 과학의 역사에서 이런 기현상의 해결은 때때로 과학 전체의 패러다임을 뒤흔드는 결과를 낳기도 했었다. 어쩌면 KIC 8462852와 외계 행성 탐색이 다음 번 과학 혁명의 진원지가 될지도 모를 일이다.

교훈

과학적인 탐구나 우주 탐사를 다루는 영화, 소설, 교양서 등에 수도 없이 등장하는 클리셰 가운데 하나가 인간의 호기심과 인간의 모험심이다. 클리셰가 되어 버린 만큼 감동을 주기는 어려운 테마이지만, 그렇다고 인간의 호기심과 모험심이 우주에서 얼마나 독특하고 중요한 생명 현상인지를 모를 사람은 없을 것이다. 아마 독자는 친구나 가족들과 국내든 국외든 여행을 떠나 본 경험이 있을 텐데, 이때 발견할 수 있는 한 가지 재미있는 사실은 여행을 떠나게 되면 누구든 들떠서 말도 많아지고 어설픈 행동도 많아진다는 것이다. 특별한 오지로 여행을 떠나는 것도 아니고, 요즘은 미리 찾아볼 수 있는 정보도 많아서 여행지에 대해 비교적 많이 알고 떠나는 경우에도 그 특유의 긴장감, 설렘, 흥분은 부정할 수가 없다. 여행지에서 만나게 될 낯선 사람, 음식, 경치, 문화에 대한 긴장감과 희미한 두려움에도 불구하고 우리는 낯선 곳에 가서 말을 걸고, 먹고, 감상하고 경험한다. 이를 실행에 옮기는 데는 정도의 차이가 있을 수 있지만 경험해 보고 싶은 본질적인 마음엔 차이가 없다고 단정해도 좋을 정도이다. 그러니까 이것은 인류의 본능이라고 할 수 있다. 이 본능이 특별히 강한 사람은 아예 아무도 가 본 적이 없는 곳까지도 가 보고 싶어 한다.

인간이 발견한 세계는 크게 외면의 세계와 내면의 세계로 나눌 수가 있다. 물론 이 두 세계가 칼로 무를 자르듯이 철저히 나눠지는 것은 아니고, 오히려 이 두 세계는 서로를 적극적으로 반영한다. 편의상 세계를 이렇게 외면과 내면으로 나누었을 때 이 두 세계에 대한 인간의 탐험이 이룩한 성과는 종교, 예술, 과학을 비롯한 문화로 포괄되어지는 모든 발견, 발명, 개념들이라고 할 수 있겠다. 이것들은 절대로 우리가 공짜로 얻은 게 아니다. 인류가 한 발 한 발 어렵게 개척해서 스스로 얻은 것들이다. 이렇게 찾은 것들 중에서 특별히 매우 강력한 생각 또는 방법론이 바로 과학이다. 이 방법론을 통해 우리는 지구가 우주는 고사하고 태양계의 회전 중심조차 아니라는 것을 알게 되었다. 지구와 천체를 구분하는 별도의 법칙과 물질이 있는 것도 아니었다. 겉보기에 너무 다를지라도, 지구상의 물체와 우주의 물체들은 같은 법칙과 물질로 이루어져 있음을 알게 되었다. 빛과 전자기 현상이 맞물려 있음을 알았고, 물질이 빛과 어떻게 어우러지는지도 알아냈다. 시간과 공간이 인식의 배경적 관념에 머무르는 것이 아니라 역동하는 대상임을 알았고, 물질의 생성과 소멸에 대한 이해에도 이르렀다. 영원히 끝나지 않을 이 탐험의 현재 최전방은 우주의 탄생 영역에 도전하고 있고, 우주 정착의 영역에 도전하고 있고, 우주에 있을지 모르는 다른 생명의 탐색 영역에 도전하고 있다.

우리 태양과 견주면 보잘것없다고 할 수 있을 정도로 어둡고 작은 별이 하나 있다. 이 별에 종속된 행성이 별 앞쪽을 지나면서 별이 손톱만큼 어두워지는 것을 우리는 포착했다. 그리고 39년에 걸쳐서 우리에게 도착한 오직 이 약간의 가려지는 빛만으로, 우리는 지금까지 구축한 지식과 방법론을 총동원하여 TRAPPIST-1의 행성 가족에 대한 중요한 사실들을 알게 되었다. 거기에는 지구처럼 대륙과 바다가 있는 행성이 있다. 기후는 지구와 너무나 다를 것으로 지금은 예상되지만, 더욱 방대하고 정밀한 관측 데이터가 쌓이게 되면 기후에 대해서도 더 정확히 알 수 있게 될 것이다. 만약 그곳에 아주 작은 원시적인 생명체라도 있다면 그 생명은 앞으로도 계속 살아갈 가능성이 크다. TRAPPIST-1은 안정한 행성계이기 때문이다. 그리고 일단 생장과 자기 복제에 대한 코드를 내부에 형성한 생물은 생명력이 매우 끈질기기 때문에 어지간한 환경 변화에는 살아남을 것이고, 이런 적응력은 행성 전체로 생명이 퍼져 나가게 할 것이다. 지구의 생명체는 처음 등장한 이후 다섯 번의 대멸종 사건과 그보다 작은 멸종 사건을 열 번도 넘게 겪었지만 지구상에서 쉽게 사라지지 않았다. 그리고 지

인물과 실험으로 보는 **스토리 물리학**

구 생명체의 유전자는 어느 정도 손상되어도, 손실되어도, 변이되어도 개체를 유지하고 다음 세대를 만들 수 있다. TRAPPIST-1에 등장한 생물들이 있다면 그들도 이 정도로 끈질길 것이다. 만약 이들이 실제로 존재한다면 우주에 대한 이해, 생명에 대한 이해는 인류가 겪은 어떤 과학 혁명보다도 급진적으로 변할 것이다. 아마 우리의 일상마저도 통째로 새롭게 바뀔 수밖에 없을 것이다. 자기 섬에만 갇혀 지내 온, 다른 섬들에는 아무것도 없을 것이라고 믿는 섬마을 사람들에게 '저쪽 다른 섬에 뭔가 살고 있다더라'는 이야기는 그들의 삶을 뿌리부터 다시 생각하게 만들 것이기 때문이다.

참고 문헌

| 실험영상 |

The Dzhanibekov effect. (2018).
Retrieved from https://youtu.be/r-TnCMZF3fA

How to make a Homopolar Motor from Battery. (2018).
Retrieved from https://youtu.be/RGFtpOZxThc?t=47s

WATER BRIDGE. (2018).
Retrieved from https://youtu.be/cPtL3S1v4jw

Bullet vs Prince Rupert's Drop at 150,000 fps - Smarter Every Day 165. (2018).
Retrieved from https://youtu.be/24q80ReMyq0?t=2m12s

LIFE SAVER LIGHTNING (Triboluminescence Slow Motion)- Smarter Every Day. (2018).
Retrieved from https://youtu.be/tW8q_JfmcbU?t=1m14s

A Cardinal Fish spitting light ('Fishy fireworks'). (2018).
Retrieved from https://www.youtube.com/watch?v=NcjqMJhCr14

TRAPPIST-1 Planetary Orbits and Transits. (2018).
Retrieved from https://youtu.be/8pBcczhaakI?t=22s

인물과 실험으로 보는 **스토리 물리학**

| 웹페이지 |

Kesling, R. (2018). The ostracod: A neglected little crustacean. Retrieved from http://hdl.handle.net/2027.42/48560

Gillon, A. (2018). TRAPPIST-1. Retrieved from http://www.trappist.one

| 논문 및 서적 |

Wexler, A. D., López Sáenz, M., Schreer, O., Woisetschläger, J., & Fuchs, E. C. (2014). The preparation of electrohydrodynamic bridges from polar dielectric liquids. *J. Vis. Exp*, 91, e51819.

Namin, R. M., Lindi, S. A., Amjadi, A., Jafari, N., & Irajizad, P. (2013). Experimental investigation of the stability of the floating water bridge. *Physical Review E*, 88(3).

Aben, H., J. Anton, M. Õis, Viswanathan K., Chandrasekar, S., & Chaudhri, M. M. (2016). On The extraordinary strength of Prince Rupert's drops. *Applied Physics Letters*, 109(23).

Camara, C. G., Escobar, J. V., Hird, J. R., & Putterman, S. J. (2008). Correlation between nanosecond X-ray flashes and stick-slip friction in peeling tape. *Nature,* 455, 1089-1092.

Shimomura, O. (2012). *Bioluminescence: Chemical principles and methods.* New Jersey: World Scientific.

Gillon, M., et al. (2017). Seven temperate terrestrial planets around the nearby ultracool dwarf star TRAPPIST-1. *Nature*, 542, 456-460.

인물과 실험으로 보는
스토리 물리학

초판 1쇄 발행 2018년 11월 28일

지은이 김현벽 강다현
펴낸곳 글라이더 **펴낸이** 박정화
편집 김동관 **디자인** 디자인뷰 **삽화** 류상욱(studio zipil) **마케팅** 임호

등록 2012년 3월 28일(제2012-000066호)
주소 경기도 고양시 덕양구 화중로 130번길 14(아성프라자 601호)
전화 070)4685-5799 **팩스** 0303)0949-5799 **전자우편** gliderbooks@hanmail.net
블로그 http://gliderbook.blog.me/
ISBN 979-11-86510-76-6 03420

이 도서의 국립중앙도서관 출판예정도서목록(CIP)은 서지정보유통지원시스템
홈페이지(http://seoji.nl.go.kr)와 국가자료공동목록시스템(http://www.nl.go.kr/
kolisnet)에서 이용하실 수 있습니다.(CIP제어번호: CIP2018037297)

글라이더는 존재하는 모든 것에 사랑과 희망을 함께 나누는 따뜻한 세상을 지향합니다.